La Última y La Primera Humanidad

Olaf Stapledon

LA CRONICA

I. LA EUROPA BALCÁNICA

1.La guerra europea y la posguerra

Observad ahora vuestra época de la historia tal como aparece ante la Última Humanidad.

Mucho antes de que el espíritu humano despertara a un claro conocimiento del mundo y de sí mismo, en algunas ocasiones se agitaba en sueños, abría asombrado los ojos y volvía a dormirse. Uno de esos momentos de experiencia temprana abarca toda la lucha de la Primera Humanidad para pasar del salvajismo a la civilización. Dentro de ese momento, vosotros os encontráis casi en el mismo instante en que la especie alcanza su cenit. Esa cultura primaria apenas progresará más allá de vuestra época, y ya en vuestros tiempos la mentalidad de la raza muestra señales de decadencia.

El primer logro de vuestra cultura «Occidental», y algunos dirían que el más grande, fue la concepción de dos ideales de conducta, ambos esenciales para el bienestar del espíritu. Sócrates, deleitándose con la verdad por amor a la verdad en sí misma y no simplemente con miras a fines prácticos, exaltó el pensamiento imparcial, la franqueza de espíritu y de palabra. Jesús, deleitándose con las personas reales que lo rodeaban, y con aquel sabor de la divinidad que, para él, impregnaba el mundo, se inclinaba por el altruista amor al prójimo y a Dios. Sócrates despertó al ideal de la inteligencia desapasionada; Jesús, al ideal de la adoración apasionada pero desinteresada. Sócrates estimulaba la integridad intelectual; Jesús, la integridad de la voluntad. Por supuesto, si bien resaltaban diferentes puntos de partida, sin duda se complementaban mutuamente.

Lamentablemente, esos dos ideales demandaban del cerebro humano un grado de vitalidad y de coherencia que el sistema nervioso de la Primera Humanidad nunca fue capaz de alcanzar. Durante muchos siglos esos dos astros gemelos sedujeron al más precozmente humano entre los animales humanos, pero de nada sirvió. Y la imposibilidad de llevar esos ideales a la práctica contribuyó a engendrar en la raza una escéptica lasitud que fue la causa de su decadencia.

Hubo otras causas. Los pueblos en donde surgieron Sócrates y Jesús fueron asimismo los primeros en admirar la fuerza del Destino. En el arte trágico griego y en la adoración hebrea de la ley divina, como también en la resignación hindú, el hombre experimentó, aunque al principio de manera muy obscura, aquella visión de una belleza extraña y suprema que lo exaltaría y aturdiría una y otra vez a lo largo de todo su desarrollo. El conflicto entre esa adoración y la lealtad intransigente a la vida, por un lado, y la lucha constante contra la muerte, resultó insoluble. Y aunque pocos individuos tuvieron una conciencia clara de la cuestión, una y otra vez esa suprema perplejidad entorpeció inconscientemente el desarrollo espiritual de la primera especie humana.

Mientras esas tempranas experiencias fustigaban y excitaban al hombre, la verdadera constitución social de su mundo seguía transformándose tan rápidamente mediante el dominio de la energía física, que su naturaleza primitiva ya no pudo hacer frente a la complejidad del entorno. Los animales que estaban dotados para la caza y la lucha en la selva de repente se vieron llamados a convertirse en ciudadanos, y lo que es más: en ciudadanos de una comunidad mundial. Al mismo tiempo, se descubrieron poseedores de ciertos poderes muy peligrosos para los que sus pequeñas mentes no estaban preparadas. El hombre luchó; pero, como veréis, se quebró en el esfuerzo.

La guerra europea, llamada en su momento «la guerra para acabar con la guerra», fue el primero y menos destructivo de esos conflictos mundiales que mostraron de forma trágica que la Primera Humanidad no era capaz de dominar su propia naturaleza. Al principio, una maraña de motivos, algunos respetables y otros desdorosos, encendieron la mecha de un conflicto para el cual ambos antagonistas se encontraban demasiado bien preparados, aunque los dos lo ocultaban. Una auténtica diferencia de temperamento entre la Francia latina y la Alemania nórdica se combinó con una rivalidad superficial entre Alemania e Inglaterra, y con una serie de gestos estúpidamente brutales por parte del gobierno alemán y los mandos militares; el mundo terminó dividido en dos campos, aunque hoy es imposible encontrar entre ellos alguna diferencia de principios. Durante la lucha, cada parte estuvo convencida de que era la única que defendía la civilización. Pero, de hecho, ambas llegaron a sucumbir a unos impulsos de la más absoluta brutalidad, y ambas llevaron a cabo actos no meramente heroicos, sino de una generosidad inusitada entre los miembros de la Primera Humanidad. Pues una conducta que para las mentes más preclaras parece simplemente la adecuada, en aquella época necesitaba una clarividencia y un autodominio más bien raros.

A medida que se sucedían los meses de dolor, entre los pueblos en guerra fue naciendo un genuino y hasta apasionado deseo de paz y de un mundo unido. Del conflicto surgió, por lo menos durante un tiempo, un espíritu más excelso que el tribal. Pero a ese fervor le faltaba aún una visión más clara y una convicción mayor. La paz que siguió a la guerra europea es uno de los momentos más significativos de la historia antigua, pues en él se resumen la visión esclarecida y la ceguera incurable, el impulso hacia una lealtad más elevada y el espíritu tribal compulsivo de una raza que era, después de todo, sólo superficialmente humana.

2. La guerra anglo-francesa

Un breve pero trágico incidente, que ocurrió un siglo después de la guerra europea, selló el destino de la Primera Humanidad. Durante ese siglo, el deseo de paz y tranquilidad ya se estaba convirtiendo en un factor importante de la historia. Salvo por un número de accidentes desgraciados, que se registrarán a su debido tiempo, la paz podría haber imperado en Europa durante su más peligroso período, y, tras los pasos de Europa, en el mundo entero.

Con un poco menos de mala suerte o una fracción más de visión y autocontrol en ese momento crítico, tal vez jamás habría llegado esa era de obscuridad en que la Primera Humanidad se sumergiría en breve. Pues, si se hubiese obtenido una victoria antes de que el nivel general de inteligencia hubiera empezado a declinar, la consecución del Estado Mundial podría haberse considerado no como un fin, sino como el primer paso hacia la verdadera civilización. Pero no habría de ser así.

Después de la guerra europea, la nación derrotada, anteriormente tan militarista como las demás, ahora se convirtió en la más pacifista y en un bastión de la cultura. En efecto, casi en todas partes se había producido un cambio profundo de sentimientos, pero sobre todo en Alemania. Los victoriosos, por otra parte, a pesar de sus verdaderos anhelos de ser humanos y generosos, y de fundar un nuevo mundo, fueron cayendo, en parte por su propia timidez, y en parte por la ciega diplomacia de sus gobernantes, en todos los vicios contra los cuales creían haber estado luchando. Después de un breve período en el que los dos bandos fingieron con desesperación un amistoso afecto mutuo, comenzaron a aparecer una vez más los conflictos físicos. De esos conflictos, deben observarse dos.

El primer estallido, y el menos desastroso para Europa, fue una corta y grotesca pelea entre Francia e Italia. Desde la caída de la antigua Roma, los italianos se habían destacado más en el arte y la literatura que en las proezas marciales. Pero la heroica liberación de Italia en el siglo XIX de la era cristiana había hecho a los italianos peculiarmente sensibles al prestigio nacional; y dado que entre los pueblos occidentales el vigor nacional se medía según las glorias militares, los italianos se sintieron impulsados a defenderse más abiertamente contra la acusación de ser mediocres en el arte de la guerra, gracias al éxito conseguido contra una vacilante dominación extranjera. Sin embargo, después de la guerra europea, Italia pasó por una fase de desorden social y de falta de confianza en sí misma. En consecuencia, un partido nacional extravagante pero auténtico logró el control del Estado y devolvió a los italianos la fe en sí mismos, basada en la reforma de los servicios sociales y en una política militarista. Los trenes se caracterizaron por su puntualidad, las calles estaban limpias y la moral se volvió puritana. Italia batió todas las marcas en el campo de la aviación. A los jóvenes, uniformados y sometidos a una enseñanza que los obligaba a actuar como soldados con armas de fuego de verdad, les dijeron que eran los salvadores de la patria, se los animó a derramar sangre y se los utilizó para fortalecer el gobierno. Todo el movimiento fue dirigido principalmente por un hombre cuyo genio para la acción combinado con su retórica y sus toscas ideas lo convirtieron en un eficaz dictador. Casi de una manera milagrosa supo disciplinar a la nación italiana hasta tornarla eficiente. Al mismo tiempo, con un gran efecto emocional y una increíble falta de humor, proclamó a los cuatro vientos la grandeza de Italia, y su voluntad de «expandirse». Y como sea que los italianos se mostraban lentos para comprender la necesidad de reducir el índice de crecimiento demográfico, la «expansión» se convirtió en una verdadera necesidad.

Así sucedió que Italia, que aspiraba a ocupar territorio francés en África, celosa del liderazgo galo entre las razas latinas e indignada ante la protección que en Francia recibían los italianos «traidores», estaba cada vez más dispuesta a pelear con el más intransigente de sus ex aliados. Fue un incidente fronterizo, un supuesto «insulto a la bandera italiana», lo que por fin provocó la incursión no autorizada de un pelotón de soldados italianos en territorio francés. Los invasores fueron capturados, pero se derramó sangre francesa. La consiguiente exigencia de disculpas y reparación se hizo con serenidad, pero era sutilmente ofensiva para la dignidad italiana. Los patriotas italianos se enceguecieron de furia. El dictador, lejos de avenirse a presentar excusas, se vio obligado a pedir la liberación de los soldados cautivos y finalmente a declarar la guerra. Después de un único y encarnizado combate, los implacables ejércitos franceses penetraron en el norte de Italia. La resistencia, heroica en un primer momento, muy pronto se volvió caótica. Consternados, los italianos despertaron de su sueño de gloria militar. El pueblo se volvió contra el dictador a quien ellos mismos habían obligado a declarar la guerra. Fracasó en su intento, teatral pero valeroso, por dominar a la plebe romana, y lo mataron. El nuevo gobierno firmó un apresurado tratado de paz, por el que cedía a Francia un territorio fronterizo que ésta ya se había anexado como medida de «seguridad».

A partir de entonces, los italianos se mostraron menos preocupados por destacar la gloria de Garibaldi que por emular la gloria mayor de Dante, Giotto y Galileo.

Francia ahora había completado el dominio del continente europeo; pero, como tenía mucho que perder, se comportaba con arrogancia y nerviosismo. No pasó mucho tiempo antes de que la paz volviera a verse alterada.

Apenas los últimos veteranos de la guerra europea dejaron de importunar a sus descendientes con los recuerdos de la contienda, la prolongada rivalidad entre Francia e Inglaterra culminó en una disputa entre sus respectivos gobiernos acerca de un caso de abuso sexual que, según se argüía, había cometido un soldado afro–francés con una mujer inglesa. En esa disputa, el gobierno británico resultó estar totalmente equivocado, quizá confundido a raíz de sus propias represiones sexuales. La violencia nunca había tenido lugar. Los hechos que desembocaron en el rumor fueron que una inglesa neurótica y ociosa que vivía en el sur de Francia, anhelando el abrazo de un «cavernícola», había seducido a un

9

cabo senegalés. Cuando, más adelante, él dio muestras de fastidio, ella se vengó denunciando que el hombre la había atacado en el bosque cercano a la ciudad.

Ese rumor fue tan convincente que los ingleses no dudaron en darle crédito. Al mismo tiempo, los magnates de la prensa inglesa no dejaron de aprovechar la sexualidad, el espíritu tribal y la pacatería del público. Luego siguió una verdadera epidemia de violaciones de ciudadanas francesas residentes en Inglaterra, con alguno que otro ataque violento; y así los partidarios del miedo y el militarismo en Francia tuvieron la oportunidad que habían esperado durante tantos años. Porque la verdadera causa de esa guerra estaba relacionada con el poder aéreo. Francia había persuadido a la Liga de las Naciones —en uno de sus momentos de menor grado de inteligencia— de que restringieran la potencia de los aviones militares de tal manera que, si bien Londres se encontraba a una distancia fácilmente salvable desde la costa francesa, París sólo podía alcanzarse con dificultad desde Inglaterra. Ese estado de cosas evidentemente no podía durar. Gran Bretaña exigía cada vez con más insistencia la anulación de las restricciones. Por otra parte, en Europa había una demanda cada vez mayor de que se llevara a cabo el desarme total de las fuerzas aéreas; y tanta influencia tenían los ciudadanos con sentido común en Francia, que, ciertamente, la proposición casi habría sido aceptada por el gobierno francés. Sin embargo, sea como fuere, los militaristas franceses estaban ansiosos por imponer su fuerza mientras aún tuviesen una oportunidad.

En un instante se malbarataron todos los frutos de los esfuerzos en pro del desarme. Esa sutil diferencia de mentalidad que siempre había sido un obstáculo para que las dos naciones se entendieran, de repente se vio exageradamente aumentada por aquel incidente hasta convertirse en un desacuerdo al parecer insoluble. Inglaterra volvió a encerrarse en su convicción de que todos los franceses estaban dominados por el sensualismo, mientras que para Francia los ingleses seguían siendo, como en tantas otras ocasiones, los más asquerosos de los hipócritas. En vano las mentes cuerdas apelaron a la humanidad fundamental de ambos países. En vano los regenerados alemanes trataron de mediar. En vano la Liga, que en esos momentos gozaba de gran prestigio y autoridad, amenazó a ambas partes con la expulsión, y hasta con la aplicación de una pena.

En París corrían rumores de que Inglaterra, rompiendo todos los tratados internacionales, estaba fabricando febrilmente aviones gigantescos capaces de arrasar Francia desde Calais hasta Marsella. Y en efecto los rumores no eran tan sólo una difamación, pues, cuando comenzó la lucha, la fuerza aérea británica alcanzaba un radio de acción inesperadamente amplio. No obstante, el estallido real de la guerra tomó a Inglaterra por sorpresa. Mientras los periódicos de Londres anunciaban que se había declarado la guerra, los aviones enemigos aparecieron sobre la ciudad. En un par de horas, la tercera parte de Londres estaba en ruinas, y la mitad de la población yacía envenenada en las calles. Una bomba, que cayó junto al Museo Británico, convirtió todo Bloomsbury en un cráter donde fragmentos de momias, estatuas y manuscritos se mezclaban con el contenido de las tiendas y los destrozados restos de los miembros de la intelectualidad. Así, en un instante, se destruyó una gran proporción de las reliquias más preciadas y los cerebros más fértiles de Inglaterra.

Luego ocurrió uno de esos incidentes insignificantes, aunque poderosos, que en algunas ocasiones afectan el curso de los acontecimientos a lo largo de muchos siglos. Durante el bombardeo, se estaba celebrando una reunión especial del gabinete británico en un sótano de Downing Street. El partido que se hallaba en el poder en esos momentos era progresista, moderadamente pacifista y tímidamente cosmopolita. En esa reunión de gabinete, un miembro idealista planteó a sus colegas la necesidad de un gesto supremo de heroísmo y generosidad por parte de Gran Bretaña. Levantando la voz con dificultad por encima del estruendo de los cañones británicos y de las violentas explosiones de las bombas francesas, sugirió transmitir por radio el siguiente mensaje:

«Del pueblo de Inglaterra al pueblo de Francia. La catástrofe se ha abatido sobre nosotros por obra vuestra. En esta hora de dolor, hemos olvidado el odio y la ira. Tenemos los ojos abiertos. Ya no podemos pensar en nosotros meramente como ingleses, ni en vosotros como meramente franceses; todos nosotros somos, ante todo, seres civilizados. No os imaginéis que estamos derrotados, y que este mensaje es un grito que implora misericordia. Nuestro armamento está intacto, y nuestros recursos aún son muy grandes. Sin embargo, a causa de la revelación que hoy hemos tenido, no vamos a luchar. Ningún avión, ningún barco, ningún soldado de Gran Bretaña cometerá en adelante acto hostil alguno. Vosotros podéis hacer lo que queráis. Sería mejor que una gran nación fuese destruida antes que la raza humana se viera arrojada a un torbellino. Pero vosotros no vais a volver a atacar. Así como el dolor nos ha abierto los ojos, este acto de hermandad abrirá ahora los vuestros. El espíritu de Francia y el de Inglaterra son diferentes. Son profundamente diferentes; pero sólo como el ojo es diferente de la mano. Sin vosotros, seríamos bárbaros. Y, sin nosotros, hasta el brillante espíritu de Francia se manifestaría tan sólo a medias. Pues el espíritu de Francia pervive en nuestra cultura y en nuestro mismo lenguaje; y el espíritu de Inglaterra os induce a desplegar vuestro esplendor más característico».

En ninguna etapa más temprana de la historia de la humanidad, ningún gobierno hubiera considerado seriamente semejante mensaje. Si alguien lo hubiera sugerido durante la última guerra, se habría ridiculizado, execrado y quizás hasta asesinado a su autor. Pero, desde aquellos tiempos, muchas cosas habían ocurrido. El aumento de las comunicaciones y del intercambio cultural, así como una prolongada y vigorosa campaña en pro del cosmopolitismo, habían cambiado la mentalidad de Europa. A pesar de todo, cuando, después de una breve discusión, el gobierno ordenó que se enviara ese singular mensaje, sus miembros se asustaron de lo que habían hecho. Como uno de ellos manifestó luego, no estaban seguros de si se había apoderado de ellos el diablo o una deidad, pero sin duda estaban poseídos.

Esa noche, la población de Londres —las gentes que aún quedaban allí— conocieron una exaltación espiritual. La desorganización de la vida ciudadana, el sufrimiento físico y la compasión más sobrecogedores, la conciencia de un acto espiritual sin precedentes en el cual cada individuo se sentía de alguna manera partícipe; todas esas influencias se combinaron para producir, aun en el ajetreo y la confusión de una metrópolis arrasada, cierto fervor contenido, así como una profunda paz espiritual totalmente desconocida para los londinenses.

Mientras tanto, el norte indemne no sabía si considerar el repentino pacifismo del gobierno como un acto de cobardía o como un gesto extraordinariamente valeroso. Sin embargo, muy pronto hicieron de la necesidad virtud, y se inclinaron por la segunda opción. La propia ciudad de París se dividió a raíz del mensaje; una parte expresaba a voz en cuello su triunfo y otra mantenía un silencio asombrado. Pero a medida que transcurrían las horas, y aquéllos exigían una política agresiva, éstos encontraban la voz para gritar: «Vive l'Angleterre, vive l'humanité». Y tan fuerte era ahora la voluntad de favorecer el cosmopolitismo, que el resultado final casi habría sido un triunfo de la cordura, si no hubiera ocurrido en Inglaterra un incidente que desvió el precario curso de los acontecimientos en la dirección contraria.

El bombardeo se había producido la noche de un viernes. El sábado, las repercusiones del magnífico mensaje de Inglaterra resonaban en todas las naciones. Esa tarde, mientras un día húmedo y neblinoso llegaba a su pálido anochecer, se avistó un avión francés que sobrevolaba los suburbios occidentales de Londres. El aparato descendió gradualmente, y los observadores lo consideraron como un mensajero de la paz. Cada vez volaba más y más bajo. Se vio que algo se desprendía de él y caía. En unos segundos, una inmensa explosión ocurrió en la vecindad de una importante escuela y un palacio real. La escuela quedó totalmente destruida. El palacio no sufrió daños. Pero el principal desastre para la causa de la paz fue que la explosión alcanzó a una hermosa y joven princesa, que gozaba de una extraordinaria popularidad. Su cuerpo, obscenamente mutilado, pero aún reconocible para todo lector de los periódicos ilustrados, quedó empalado en las rejas de un parque que se extendía junto a la avenida principal de la ciudad. Inmediatamente después de la explosión, el avión enemigo se estrelló y estalló en llamas con todos sus ocupantes.

Un momento de serena reflexión habría convencido a todos los observadores de que aquel desastre podría explicarse como un accidente, que el avión era un aparato rezagado a causa de un fallo mecánico y no un mensajero del odio. Pero, frente a los cadáveres de escolares mutilados, y estremecido por los gritos de dolor y terror, el pueblo no atendía a razones. Además, allí estaba la princesa, un símbolo sexual y un emblema del espíritu tribal sumamente poderosos, despedazada y expuesta ante los ojos de sus adoradores.

La noticia corrió como reguero de pólvora por todo el país, por supuesto, tan distorsionada que todos atribuyeron la catástrofe a la maldad de los demonios sexuales de allende el canal. En una hora, el talante de Londres cambió, y toda la población de Inglaterra sucumbió a un paroxismo de odio primitivo mucho más exagerado que cualquiera que hubiera estallado durante la guerra contra Alemania. La fuerza aérea británica, sumamente pertrechada y preparada, recibió órdenes de dirigirse a París.

Mientras tanto, en Francia había caído el gobierno militarista, y los partidarios de la paz dominaban la situación. Cuando las calles aún estaban atestadas de sus vocingleros partidarios, cayeron las primeras bombas. Para la mañana del lunes, París había sido destruida. Siguieron unos cuantos días de escaramuzas entre las fuerzas contrarias, así como de atroces matanzas en la población civil. La superior organización, la eficiencia mecánica y el cauto coraje de la fuerza aérea británica no tardaron en imposibilitar el despegue de los aparatos franceses. Pero, si Francia estaba aplastada, Inglaterra se encontraba demasiado maltrecha para aprovecharse de ello. El caos reinaba en todas las ciudades de ambos países. El hambre, los alborotos, los saqueos y sobre todo la difusión de enfermedades, que se aceleraba con rapidez y de una forma totalmente descontrolada, desintegraron a ambos estados y llevaron la guerra a un punto muerto.

En efecto, no sólo cesaron las hostilidades; ambas naciones se encontraban demasiado destruidas para seguir odiándose. Durante un tiempo se dedicaron por completo a tratar de evitar la aniquilación total, luchando contra el hambre y la peste. En la obra de reconstrucción tuvieron que depender en gran medida de la ayuda exterior. De momento, la Liga de las Naciones se hizo cargo de la administración de los dos países.

Resulta significativo comparar el talante de Europa en ese entonces con el que había imperado después de la guerra europea.

En aquel momento, aunque muchos ya estaban trabajando en la unidad de Europa, el odio y la desconfianza siguieron dominando las políticas nacionales. Hubo muchas disputas acerca de indemnizaciones, reparaciones y garantías; y el continente continuó dividido en dos campos hostiles, aunque la división para ese entonces ya era puramente artificial y sentimental. En cambio, después de la guerra anglo–francesa, prevaleció un ánimo muy diferente. No se habló de reparaciones, ni hubo posibilidad alguna de buscar garantías mediante alianzas. Durante un tiempo, el patriotismo simplemente se esfumó, bajo la influencia del desastre extremo. Los dos pueblos enemigos colaboraron con la Liga de las Naciones en la obra de reconstrucción. Este cambio de actitud se debió en parte al colapso temporal de toda la organización nacional, y en parte al rápido dominio que ejerció en cada nación el partido pacifista y antinacionalista, como también al hecho de que la Liga de las Naciones tenía suficiente poder para investigar y publicar la historia completa de los orígenes de la guerra y exponer a cada país combatiente ante sí mismo y ante el mundo a una luz lamentable.

Hasta aquí hemos observado con cierto detalle este incidente, quizás el más dramático ejemplo de una causa mínima y unos efectos impresionantes. A raíz de un cálculo erróneo, o un mero desperfecto de los instrumentos, un piloto francés se desvió de su ruta, y fue a estrellarse en Londres después de la emisión del mensaje de paz. Si eso no hubiese ocurrido, Inglaterra y Francia no se habrían destruido. Y, si la guerra se hubiese interrumpido en un comienzo, como casi estuvo a punto de suceder, el sentido común se habría ido fortaleciendo en todo el mundo; el precario deseo de unidad habría alcanzado cierto grado de convicción, y se hubiera impuesto a la humanidad como una política permanente basada en la confianza mutua. No hay duda de que en esa época los impulsos primitivos y evolucionados de la humanidad se mantenían en un equilibrio tan delicado que, si no hubiese sido por ese accidente tan trivial, el movimiento que nació con el mensaje de paz de Inglaterra se podría haber desarrollado hasta alcanzar la unificación de la raza. Es decir, podría haberse logrado ese objetivo, antes y no después del período de deterioro mental, que de hecho fue el resultado de una larga sucesión de guerras. Y así la primera Era de Obscuridad podría haberse evitado.

3. Europa después de la guerra anglo–francesa

Una transformación muy sutil comenzó a afectar ahora todo el clima mental del planeta. Esto es muy notable, puesto que, visto por ejemplo desde América o China, esa guerra fue, al fin y al cabo, nada más que una perturbación insignificante, apenas algo más que una reyerta entre unos jefes de estado pendencieros, un episodio en la declinación de una civilización senil. Expresados en dólares, los daños no fueron importantes ni para el opulento Occidente ni para el Oriente, potencialmente rico. Sin duda, el Imperio británico, esa singular higuera de Bengala formada por tantos pueblos, fue a partir de entonces menos poderoso en el mundo de la diplomacia; pero, como el vínculo que lo mantenía unido era en esos momentos un vínculo sentimental, la desventura del tronco madre no desintegró el Imperio. En efecto, un temor común al imperialismo económico norteamericano ya estaba contribuyendo a que las colonias no se rebelaran.

No obstante, esa pequeña reyerta fue de hecho un desastre irreparable y de alcances vastísimos. Pues, a pesar de esas diferencias de temperamento que habían obligado a ingleses y franceses a entrar en conflicto, ambos habían cooperado, aunque a menudo de mala gana, para moderar y clarificar la mentalidad europea. Si bien sus errores tuvieron un papel importante en el naufragio de la civilización occidental, las virtudes que de esos defectos nacieron fueron necesarias para la salvación de un mundo demasiado propenso a lanzarse a la aventura sin espíritu crítico. A pesar de la inveterada ceguera y mezquindad de Francia en la política internacional, y la aún más desastrosa cortedad de Inglaterra, su influencia en la cultura había sido saludable, y en ese momento era penosamente necesaria. Pues, aun siendo polos opuestos en gustos e ideales, esos dos pueblos seguían siendo parecidos por cuanto eran en general más escépticos que cualquier otro pueblo occidental, y sus individuos más excelsos estaban mejor dotados de una inteligencia desapasionada pero creativa. Ese mismo carácter era la causa de sus defectos más distintivos, a saber: en los ingleses, una cautela que a menudo equivalía a cobardía moral, y en los franceses, cierta suficiencia y astucia confusas, que se presentaban como realismo.

Dentro de cada nación había, por supuesto, una gran variedad. Los temperamentos ingleses eran de muchos tipos; pero la mayoría eran hasta cierto punto claramente ingleses, y de ahí el carácter especial de la influencia inglesa en el mundo. Relativamente distante, escéptico, cauteloso, práctico, más tolerante que los demás, más satisfecho de sí mismo y menos dado al fervor, el inglés típico era capaz de demostrar generosidad y resentimiento, heroísmo y un desprecio timorato o escéptico por los fines que se proclamaban como vitales para la raza. Tanto los franceses como los ingleses eran capaces de caer en transgresiones de lesa humanidad, pero de una manera distinta. Los franceses pecaban a ciegas, a raíz de una extraña incapacidad para juzgar a Francia de una manera desapasionada. Los ingleses pecaban a causa de la cobardía, y con los ojos abiertos. Se destacaban entre todas las naciones por una rara fusión del sentido común y los sueños. Pero también entre todas las naciones estaban más dispuestos a

19

traicionar sus sueños en nombre del sentido común. De ahí su reputación de pérfidos.

Las diferencias de carácter nacional y sentimiento patriótico no eran lo que más distinguía a los hombres de esa época. Aunque en cada nación una tradición común o un entorno cultural imponía cierta uniformidad a todos sus miembros, sin embargo en ellas había todo tipo de mentalidades, pero en diferentes proporciones. La más significativa de todas las diferencias culturales —la existente entre los localistas y los cosmopolitas— trascendía las fronteras nacionales. Pues en todo el mundo estaba comenzando a aparecer algo así como una «nación» cosmopolita con un patriotismo universalista. En cada país había para ese entonces una buena provisión de mentes despiertas que, cualquiera que fuese su temperamento, idea política y fe formal, estaban de acuerdo con respecto a su fidelidad a la humanidad como raza o como espíritu emprendedor. Lamentablemente, esa flamante lealtad aún se hallaba mezclada con viejos prejuicios. En ciertas mentes, la defensa del espíritu humano se identificaba francamente con la defensa de una nación en particular, concebida como la morada de todo el conocimiento. En otras, la injusticia social despertaba una fidelidad proletaria militante, la cual, si bien era cosmopolita en esencia, contaminaba con pasiones sectarias por igual a sus adalides y a sus enemigos.

Otros sentimientos, menos definidos y conscientes que el cosmopolitismo, también tenían importancia en el espíritu de los hombres, como por ejemplo la lealtad a la inteligencia desapasionada, y una admiración perpleja ante el mundo que comenzaba a revelarse: un mundo augusto, inmenso, sutil, en el cual, aparentemente, el hombre estaba destinado a interpretar un papel nimio pero trágico. En muchas razas, sin duda, había habido desde hacía mucho tiempo cierta fidelidad a la inteligencia desapasionada; pero fueron Inglaterra y Francia las que se destacaron en ese aspecto. Por otra parte, aún había mucha gente que se oponía a la alianza de las dos naciones; como todos los pueblos de la época, estaban sujetos a arranques de loco sentimentalismo. En efecto, la mentalidad francesa, en general de una visión tan clara, tan realista, tan ajena a la ambigüedad y la obscuridad, tan independiente en sus apreciaciones, estaba sin embargo también tan obsesionada con la idea de «Francia» que era totalmente incapaz de demostrar generosidad en los asuntos internacionales. Pero era Francia, junto con Inglaterra, quien había inspirado principalmente la integridad intelectual que constituía el rasgo más raro y más brillante de la cultura de Occidente, no sólo dentro de los territorios de esas dos naciones, sino en toda Europa y Norteamérica. En los siglos XVII y XVIII de la era cristiana, los franceses e ingleses llegaron a interesarse, más que otros pueblos, por el mundo objetivo; fundaron la ciencia física y, apoyándose en el escepticismo, crearon el más refulgente y constructivo de los instrumentos mentales. En una etapa posterior, fueron principalmente los franceses e ingleses quienes, mediante ese instrumento, mostraron al hombre y al universo físico en sus cuasi verdaderas proporciones; y fueron principalmente los elegidos de esos dos pueblos los que pudieron regocijarse con ese fortificante descubrimiento.

Junto con el eclipse de Francia e Inglaterra, esa formidable tradición de percepción desapasionada comenzó a desvanecerse. Europa ahora era conducida por Alemania. Y los alemanes, a pesar de su espíritu práctico, de sus eruditas contribuciones a la historia, de su rutilante ciencia y su austera filosofía, eran en el fondo unos románticos. Esa tendencia constituía a la vez su fuerza y su debilidad.

Aunque muchos de ellos se dedicaban a las bellas artes y a las más profundas especulaciones metafísicas, se mostraban muy a menudo pomposos y faltos de espíritu crítico. Más ansiosos que otras mentes occidentales por resolver el misterio de la existencia, menos escépticos ante el poder de la razón humana, y por consiguiente más inclinados a ignorar o a debatir hechos que escapaban a todo control, los alemanes poseían un valeroso espíritu de sistematización, y convertían todo en sistemas. Sin ellos, el pensamiento europeo habría sido caótico. Pero, movidos por su pasión por el orden y por una realidad sistemática yacente detrás de las apariencias desordenadas, demasiado a menudo sus razonamientos pecaban de parcialidad. Pretendían alcanzar las estrellas, y apoyaban ingeniosas escalas sobre bases inestables. Así, sin una crítica constante desde el otro lado del Rin y del mar del Norte, el alma teutona no consiguió expresarse plenamente. Una vaga inquietud acerca de su propio sentimentalismo y la falta de imparcialidad llevaron a ese gran pueblo a demostrar de vez en cuando su virilidad mediante actos absurdos y brutales, y a compensar los sueños frustrados con una actividad comercial cada vez más emprendedora y provechosa; pero lo que se precisaba era un espíritu autocrítico mucho más radical.

Junto a Alemania, Rusia. He ahí un pueblo cuyo temperamento necesitaba, aún más que los alemanes, la disciplina de la inteligencia crítica. Desde la revolución bolchevique, había aparecido en las poblaciones de ese inmenso espacio de trigales y bosques, y aún más en las metrópolis, una nueva forma de arte y pensamiento, que mezclaba una pasión iconoclasta y una vivida sensualidad, junto con una capacidad muy notable y esencialmente mística o intuitiva para no tener en cuenta los deseos privados. Norteamérica y Europa occidental se interesaban en primer lugar por la vida del individuo, y sólo en segunda instancia por el cuerpo social. Para esos pueblos, la lealtad implicaba un renuente autosacrificio, y el ideal era siempre una persona que se destacara mediante hazañas de distinta naturaleza; la sociedad no era más que el molde necesario de esa joya. Pero los rusos, fuese por un don innato, o por la influencia de una larga tiranía política, la devoción religiosa y una auténtica revolución social, eran propensos a interesarse por los grupos, con un marcado menosprecio por el individuo; eran propensos, en efecto, a la adoración espontánea de cualquier cosa que se considerara más excelsa que el individuo, ya fuese la sociedad, Dios o las fuerzas ciegas de la naturaleza. Europa occidental podía llegar a discernir una concepción precisa de la insignificancia e irrelevancia de la humanidad cuando se la consideraba como un extraño entre las estrellas; desde ese punto de vista hasta podía vislumbrar el universo cósmico en el cual todo esfuerzo humano no es más que un factor agregado. Pero la mente rusa, fuese ortodoxa, tolstoyana o fanáticamente materialista, llegaba a esa misma convicción de una manera intuitiva, mediante la percepción directa, sin necesidad de un arduo peregrinaje espiritual. No obstante, a causa de esa misma independencia intelectual, la experiencia era confusa, irregular, y con frecuencia mal interpretada; y tenía sobre la conducta un efecto a veces explosivo. Grande era, en verdad, la necesidad de que Occidente y el este de Europa unieran sus fuerzas y se templaran mutuamente.

Después de la revolución bolchevique, apareció un elemento nuevo en la cultura rusa, y que no se había conocido con anterioridad en ningún estado moderno. Un gobierno proletario auténtico desplazó al viejo régimen, y aunque era en realidad una oligarquía, y en ocasiones se mostraba sanguinario y fanático, abolió la antigua tiranía de clase, y alentó al ciudadano más humilde a sentirse orgulloso de su participación en la gran comunidad. Más importante aún: la natural disposición rusa a no tomarse demasiado en serio los bienes materiales coadyuvó a la revolución política, y dio origen a una libertad que nunca se había conocido en Occidente. El cuidado que en otras partes se ponía en acumular dinero y en ostentarlo, en Rusia se centraba principalmente en diversiones espontáneas, o bien en actividades culturales.

De hecho, fue entre los vecinos de los pueblos rusos, menos sujetos a las tradiciones que otros habitantes de las ciudades, donde el espíritu de la Primera Humanidad comenzó a ajustarse a las realidades de un mundo cambiante. Y algún aspecto de las nuevas formas de vida se fue extendiendo incluso entre los campesinos, mientras en el corazón de Asia una población osada y en constante crecimiento ponía sus ojos cada vez más en el sistema político y las ideas de los rusos. Hubo ocasiones en las que parecía que Rusia podría transformar el casi universal otoño de la raza en una nueva primavera.

Después de la revolución bolchevique, Occidente había comenzado a boicotear a la nueva Rusia, y ésta había

24

atravesado así una etapa de extremas exageraciones. El comunismo y un materialismo ingenuo se convirtieron en los dogmas de una nueva iglesia que emprendía una cruzada atea. Se reprimió toda crítica, de una forma aún más rigurosa que la empleada en otros países para reprimir las críticas de la oposición; y a los rusos se les enseñó a pensar en sí mismos como los salvadores de la humanidad. Más adelante, no obstante, a medida que el aislamiento económico comenzaba a ser una complicación para el estado bolchevique, la nueva cultura fue madurando y creciendo. Poco a poco se restableció el intercambio económico con Occidente, y con ello se incrementó el intercambio cultural. El distanciamiento intuitivo y místico de Rusia empezó a definirse —y a consolidarse— como un distanciamiento intelectual del mejor pensamiento occidental. Se frenó la iconoclasia, y un nuevo movimiento crítico atemperó la vida de los sentidos y de los impulsos. El materialismo fanático, cuyo fuego procedía de una intuición mística —mal interpretada, pero muy intensa— de la realidad desapasionada, comenzó a asimilarse al estoicismo mucho más racional que era la rara flor de Occidente. Al mismo tiempo, mediante el intercambio con la cultura campesina y con los pueblos de Asia, la flamante Rusia comenzó a abarcar en un acto unificador de aprehensión tanto la solemne desilusión de Francia e Inglaterra como el éxtasis de Oriente.

La armonización de esos dos talantes era ahora la principal necesidad espiritual de la humanidad. Si no se conseguía integrarlos en un solo sentimiento dominante, el resultado sólo podía ser la locura racial. Y así ocurrió, a su debido momento. Mientras tanto, esa tarea de integración les parecía cada vez más urgente a las mejores mentes de Rusia, y finalmente se habría podido lograr si la fría luz de Occidente los hubiese iluminado durante un tiempo más. Pero eso no habría de ser así.

La confianza intelectual de Francia e Inglaterra, que ya había sufrido fuertes sacudidas a raíz del progresivo eclipse económico en manos de Norteamérica y Alemania, ahora fue socavada totalmente. Durante muchas décadas, Inglaterra había contemplado cómo esos advenedizos se apoderaban de sus mercados. La pérdida la había sumido en un sinfín de problemas internos que sólo una cirugía drástica habría podido resolver; y ése era un paso que exigía más valor y energía de los que poseía un pueblo sin esperanza. Luego vino la guerra con Francia, y la desintegración más angustiosa. No fue presa del delirio, como ocurrió en Francia; sin embargo, toda su mentalidad cambió, y disminuyó su serena influencia en Europa.

En cuanto a Francia, su vida cultural se encontraba gravemente reducida. Sin duda se habría podido recobrar del golpe final, si no se hubiera ido envenenando lentamente por un nacionalismo insaciable. Pues el amor a Francia era lo que estaba desintegrando a los franceses. Valoraban el espíritu de Francia —verdaderamente admirable— de una forma tan absurda, que consideraban bárbaras a todas las demás naciones.

Así ocurrió que las doctrinas del comunismo y el materialismo, productos de los sistemáticos alemanes, sobrevivieron en Rusia sin ser sometidas a una crítica sana. Por otra parte, la práctica del comunismo fue socavándose de manera gradual. Pues el Estado ruso cayó cada vez más bajo la influencia del mundo financiero occidental, y en especial del norteamericano. El materialismo del credo oficial también se convirtió en una farsa, pues era algo extraño a la mentalidad rusa. Así, entre la práctica y la teoría había, en ambos aspectos, una profunda contradicción. Lo que en un tiempo había sido una cultura vital y prometedora se había convertido en algo teñido de hipocresía.

4. La guerra germano–rusa.

Las discrepancias entre la teoría comunista y la práctica individualista en Rusia fueron una de las causas del siguiente desastre que aconteció en Europa. Entre Rusia y Alemania tendría que haber habido una íntima asociación, basada en el intercambio de maquinaria y cereales. Pero la teoría comunista se interpuso en el camino, y de una extraña manera. La organización industrial rusa había demostrado ser inviable sin el capital norteamericano; y poco a poco esa influencia había transformado el sistema comunista. Del Báltico al Himalaya y el estrecho de Bering, las tierras de pastoreo, los bosques de explotación maderera, los campos cultivados mecánicamente, los pozos petrolíferos y el sinnúmero de ciudades industriales que habían proliferado dependían de forma cada vez mayor de las finanzas y la organización norteamericanas.

Sin embargo, para la mentalidad rusa, no fue Norteamérica la que se convirtió en

símbolo del capitalismo, sino la mucho menos individualista Alemania. El odio hipócrita a Alemania compensaba a Rusia por su propia traición al ideal comunista. Los norteamericanos alentaban esa equivocada animadversión, pues ellos, fuertes en su individualismo y prosperidad, y a la postre desdeñosamente tolerantes con las doctrinas rusas, sólo tenían interés por conservar las finanzas rusas en sus manos. Por supuesto, en verdad era Norteamérica la que había fomentado la autotraición de Rusia; y era el espíritu norteamericano el más ajeno al espíritu ruso. Pero en esos momentos la riqueza norteamericana resultaba indispensable a Rusia; por lo tanto, el odio que se merecían los norteamericanos se desvió hacia Alemania.

Los alemanes, por su parte, se sentían dolidos al ver que los norteamericanos los habían desbancado en un campo empresarial tan fructífero, y en particular de la explotación del petróleo ruso–asiático. Durante un tiempo la vida económica de la raza humana se había basado en el carbón, pero últimamente se había comprobado que el petróleo era una fuente de energía mucho más conveniente y, como las reservas de petróleo del planeta eran mucho más reducidas que las de carbón y el consumo de petróleo se había hecho de un modo totalmente descontrolado, ya comenzaba a sentirse su escasez. Así, la posesión nacional de los restantes campos petrolíferos se había convertido en un factor fundamental en política y en un fértil generador de guerras. Al haber utilizado la mayor parte de sus propias reservas, Norteamérica ansiaba anticiparse a Alemania en el control de Rusia a fin de competir con las aún prolíficas fuentes que estaban bajo el control chino. No es de extrañar que los alemanes estuviesen afligidos, pero ellos tenían toda la culpa. En los tiempos en que el comunismo ruso intentaba convertir al mundo, Alemania había asumido el antiguo liderazgo inglés de la Europa individualista. Aunque quería comerciar con Rusia, al mismo tiempo temía el contagio de la doctrina social rusa, tanto más por cuanto el comunismo, en un primer momento, había sido acogido con cierto fervor entre los obreros alemanes. Luego, aun cuando la prudente reorganización industrial alemana había privado al comunismo del atractivo que ejercía sobre los obreros, y así lo había tornado impotente, persistió la costumbre de las vituperaciones anticomunistas.

Por lo tanto, la paz en Europa estuvo en constante peligro a causa de las pendencias de dos pueblos que diferían más en los ideales que en la práctica. Pues uno de ellos, comunista en teoría, se había visto obligado a delegar muchos de los derechos de la comunidad a empresas individuales; mientras que el otro, teóricamente organizado sobre la base de la actividad comercial privada, comenzaba a estar cada vez más socializado.

Ninguna de las partes deseaba la guerra. Tampoco les interesaba la gloria militar, pues el nacionalismo, aunque todavía bastante poderoso, ya no tenía ningún prestigio. Cada una manifestaba estar en favor del internacionalismo y la paz, pero acusaba a la otra de profesar un patriotismo estrecho de miras. Así Europa, que parecía ser más pacifista que nunca, estaba condenada a verse envuelta en otra guerra.

Al igual que la mayoría de las contiendas, la guerra anglo-francesa había alentado los deseos de paz, pero había vuelto a ésta más insegura. La desconfianza —no sólo la antigua desconfianza de una nación por otra, sino una devastadora desconfianza en la naturaleza humana— se apoderaba de los hombres como el horror a la locura. Los individuos que se consideraban incondicionalmente europeos temían que en cualquier momento pudieran sucumbir a una absurda epidemia de patriotismo y participar en la ulterior destrucción de Europa.

Ese temor fue una de las causas de la formación de una Confederación Europea, en la que todas las naciones de Europa, salvo Rusia, sometían su soberanía a una autoridad común y ponían de hecho a buen recaudo los armamentos. Ostensiblemente, el motivo de ese acto era la paz; pero Norteamérica lo interpretó como si fuese dirigido contra ella, y se retiró de la Liga de las Naciones. China, el «enemigo natural» de Norteamérica, siguió en la Liga, con la esperanza de utilizarla contra su rival.

Sin duda, desde fuera, en un principio la Confederación aparecía como un todo firmemente unido; pero desde dentro se sabía que era muy frágil, y en cada crisis seria se resquebrajaba. No es necesario seguir las múltiples guerras de poca envergadura de ese período, aunque sus efectos acumulativos fueron graves, tanto en el aspecto económico como en el psicológico. No obstante, por fin Europa se convirtió en algo parecido a una sola nación en sus sentimientos, si bien esa unidad se logró menos a raíz de una fidelidad común que por un común temor a Norteamérica.

La consolidación definitiva fue una consecuencia de la guerra germano–rusa, cuya causa fue en parte económica y, en parte, sentimental. Todos los pueblos de Europa habían contemplado con horror la conquista financiera de Rusia por parte de los Estados Unidos, y temían que tampoco ellos tardarían en sucumbir ante el mismo tirano. Se creía que atacar a Rusia sería herir a Norteamérica en su único punto vulnerable. Pero el motivo real de la guerra fue sentimental. Medio siglo después de la guerra anglo–francesa, un autor alemán de segunda categoría publicó un libro típicamente alemán de la clase más ruin. Pues así como cada nación poseía sus virtudes características, así también cada una tenía tendencia a propiciar sus características locuras. Ese libro fue una de esas obras brillantes pero extravagantes en las que toda la diversidad de la existencia es interpretada mediante una sola fórmula, con un detallismo y una verosimilitud extremos, pero con asombrosa naïveté. Sumamente perspicaz dentro de su propio universo artificial, en un sentido más amplio distaba de ser intachable. En dos gruesos volúmenes, el autor afirmaba que el cosmos era una dualidad en la cual un espíritu heroico —y evidentemente nórdico— se imponía por derecho divino a un espíritu carente de autodisciplina, pero, sin embargo, servil... y evidentemente eslavo. La totalidad de la historia y de la evolución se interpretaba según ese principio, y del mundo contemporáneo se decía que el elemento eslavo estaba envenenando a Europa. Una frase en particular provocó la furia de Moscú: «El rostro antropoide del subhombre ruso».

Moscú exigió una disculpa y la destrucción del libro. Berlín lamentó el insulto, pero con displicencia, y arguyó que había libertad de prensa. Siguió un estallido de odio a través de la radio, y luego la guerra.

Los detalles de esa contienda no cuentan para quien se interesa en la historia del intelecto en el sistema solar, pero sus resultados fueron importantes. Moscú, Leningrado y Berlín fueron arrasadas desde el aire. Toda la parte occidental de Rusia quedó cubierta por un gas venenoso tan letal que no sólo se destruyó toda la vida animal y vegetal, sino que también los suelos entre el mar Negro y el Báltico quedaron estériles e inhabitables durante muchos años. Al cabo de una semana la guerra había terminado, pues los combatientes quedaron separados por un territorio inmenso en el que la vida no podía existir. Pero los efectos de la guerra fueron duraderos.

Los alemanes habían puesto en marcha un proceso que no podían detener. El viento arrastraba nubes de gas venenoso hacia todos los países de Europa y Asia occidental. Era primavera; pero, salvo en las tierras costeras del Atlántico, las flores primaverales se marchitaban cuando aún eran pimpollos, y todas las hojas tiernas presentaban un borde reseco. También la humanidad sufría, aunque, con excepción de las regiones cercanas a los campos de batalla, en general fueron sólo los niños y los ancianos los que soportaron las más graves consecuencias. El veneno se esparció por todo el continente en enormes trenzas flotantes, anchas como principados, que se desviaban con cada cambio de dirección del viento. Y, dondequiera que fueran, los jóvenes ojos, gargantas y pulmones quedaban agostados como las hojas.

Norteamérica, después de muchos debates, había decidido por fin defender sus intereses en Rusia mediante una incursión punitiva contra Europa. China comenzó a movilizar sus fuerzas. Pero, mucho antes de que Norteamérica estuviese en condiciones de atacar, la noticia de la expansión del gas venenoso le hizo cambiar de política. En vez de castigo, proporcionó ayuda. Ése fue un magnífico gesto de buena voluntad. Pero asimismo, tal como se consideró en Europa, en lugar de resultarle costoso, le rindió beneficios; pues inevitablemente ello colocó a Europa en mayor medida bajo el control financiero de Norteamérica.

De ese modo, el resultado de la guerra germano–rusa fue que Europa quedó unificada en un sentimiento de odio hacia

32

Norteamérica, y que la mentalidad europea definitivamente se deterioró. Eso se debió, en parte, a la secuela emocional de la guerra misma y, en parte, a los efectos socialmente dañinos del gas venenoso. Una porción considerable de la generación más joven había quedado enferma para toda la vida. Durante los treinta años que transcurrieron antes de la guerra europeo- norteamericana, Europa quedó postrada bajo un peso excepcional de inválidos. En general, la inteligencia de excelencia era aún más rara que antes, y se concentraba especialmente en la obra práctica de reconstrucción.

Para la raza humana, fue aun más desastroso el hecho de que por ese entonces fracasara la reciente empresa cultural rusa, tendente a armonizar el intelectualismo occidental y el misticismo oriental.

II. LA CAÍDA DE EUROPA

1. Europa y Norteamérica

Por encima de las cabezas de las tribus europeas, las dos naciones más poderosas se observaban mutuamente con creciente antipatía. Y motivos tenían, pues una de ellas se enorgullecía de ser una de las culturas más antiguas y acendradas de todas las que aún sobrevivían, mientras que la otra, la más joven y más segura de sí misma de todas las grandes naciones, proclamaba su espíritu novel como el espíritu del futuro.

En el lejano Oriente, China, medio norteamericana ya, aunque fundamentalmente rusa y totalmente oriental, iba mejorando con paciencia los cultivos arroceros, extendía las vías férreas, organizaba las industrias y se dirigía con su dulce voz a todo el mundo. Mucho tiempo atrás, durante la consecución de la unidad y la independencia, China había aprendido mucho del bolcheviquismo militante. Y, después del colapso del Estado ruso, fue en Oriente donde siguió viva la cultura rusa: su misticismo influyó en la India, sus ideas sociales influyeron en China. Eso no quiere decir, por cierto, que China adoptara la teoría del comunismo, y mucho menos su praxis; pero aprendió a confiar de manera creciente en un partido vigoroso, devoto y despótico, y a centrarse más en el cuerpo social que en lo individual. Sin embargo, el individualismo seguía imperando y, a pesar de sus gobernantes, había surgido una clase de esclavos asalariados, sumergida y desesperada.

En el lejano oeste, los Estados Unidos de Norteamérica se presentaban como los custodios de todo el planeta. Temidos y envidiados universalmente, también se los respetaba universalmente por su espíritu emprendedor; sin embargo, por mucho que se los despreciara por su suficiencia, los norteamericanos estaban cambiando rápidamente el carácter de la existencia humana. Por ese entonces, los seres humanos utilizaban los productos norteamericanos en todo el planeta, y no había región donde el capital de Estados Unidos no brindara apoyo a los obreros locales. Además, la prensa, los discos, la radio, el cine y la televisión de este país inundaban sin cesar el planeta con su ideología. Año tras año, el éter reverberaba con los ecos de los placeres neoyorquinos y el fervor religioso del Oeste medio. Lo que maravillaba, pues, era que, aun despreciado, Estados Unidos moldeara en forma irresistible a toda la raza humana. Eso quizá no habría tenido importancia si Norteamérica hubiese podido brindar lo mejor de ella. Pero, inevitablemente, lo que se propagaba era lo peor.

Sólo los rasgos más vulgares de ese pueblo potencialmente tan grande lograban penetrar en la mente de los extranjeros por medio de unos instrumentos tan burdos. Así, las oleadas de veneno que fluían de los miembros más viles de ese pueblo corrompieron de manera irrevocable al mundo entero, y con él las partes más nobles de la propia Norteamérica.

Pues lo mejor de Estados Unidos era demasiado débil para resistir lo peor. Sin duda los norteamericanos habían contribuido a ampliar el pensamiento humano. Ellos habían ayudado a la filosofía a liberarse de los antiguos grilletes. Habían servido a la ciencia mediante la investigación rigurosa y profusa. En astronomía, al contar con costosos instrumentos y una diáfana atmósfera, habían contribuido notablemente a revelar la disposición de los astros y las galaxias. En literatura, si bien a menudo se comportaban como bárbaros, también habían concebido nuevas formas de expresión, así como estilos de pensamiento no siempre fácilmente apreciados en Europa. También habían creado una arquitectura nueva y magnífica. Y su genio para la organización funcionaba en una escala difícil de concebir por parte de los demás pueblos, por no hablar de llevarla a la práctica. De hecho, sus mejores cerebros encararon antiguos problemas teóricos y axiológicos con una valentía y un candor puros, de tal modo que las brumas de la superstición eran aventadas dondequiera que esos norteamericanos elegidos se hallaban presentes. Pero esos seres superiores constituían después de todo una minoría en un yermo vastísimo de porfiados ilusos, entre quienes, sorprendentemente, se defendía un dogma religioso anticuado con el intolerante optimismo de la juventud. Pues ésta era esencialmente una raza de adolescentes brillantes pero inmaduros. Les faltaba algo que les habría permitido madurar. Al mirar hacia atrás a través de muchas eras para observar a ese pueblo, se puede ver su destino ya entretejido con su circunstancia y su disposición, y se advierte la torva bufonada a la que se entregarían quienes parecían dotados para rejuvenecer el planeta, hasta precipitarse, inevitablemente, a través de la desolación espiritual, en la senilidad y la noche eterna, inevitablemente.

Sin embargo, he ahí un pueblo que prometía, más dotado de un modo innato que los demás pueblos de la Tierra. He ahí una raza forjada con elementos de todas las razas, y mentalmente más efervescente que ninguna. En ella se mezclaba la obstinación anglosajona, el genio teutón para el detalle y la sistematización, la alegría italiana, el intenso fuego de España y la más variable llama celta. En ella se encontraba también el sensible y tormentoso eslavo, una instilación negroide dadora de juventud, un ligero y sutil rasgo estimulante del piel roja, y, en el Oeste, un toque del mongol. Sin duda la intolerancia mutua aisló en alguna medida a esas diversas cepas; aun así, en conjunto se fue consolidando como un solo pueblo, orgulloso de su individualidad, de su éxito, de su idealista misión en el mundo, orgulloso también de su visión optimista y antropocéntrica del universo. ¡Qué no podría haber logrado esa energía, si se hubiese comportado con un espíritu más crítico, si se hubiera visto obligada a atender los aspectos más aborrecibles de la vida! La experiencia trágica directa quizás hubiera podido abrir el corazón de su gente. El intercambio con una cultura más madura podría haber refinado su inteligencia. Pero el éxito que los había embriagado los volvió también demasiado suficientes para aprender de los competidores menos prósperos.

No obstante, hubo un momento en el que pareció que ese aislamiento desaparecería. Mientras Inglaterra era un rival económico serio, Norteamérica inevitablemente la miraba con desconfianza. Pero cuando se comprobó que la decadencia de Inglaterra era definitiva, aunque culturalmente se mantenía aún en su cenit, Norteamérica dedicó un interés más intenso a la última y más rigurosa fase del pensamiento inglés. Los mismos norteamericanos eminentes comenzaron a murmurar que tal vez su prosperidad incomparable no constituía, después de todo, una prueba válida de su propia grandeza espiritual ni de la equidad moral del universo. Un grupo reducido pero persistente de escritores empezó a afirmar que Norteamérica carecía de autocrítica, que era incapaz de apreciar un chiste que la pusiera en solfa y que, de hecho, estaba totalmente desprovista de aquella imparcialidad y resignación que constituían el genio más excelso —aunque por supuesto el más raro— de la Inglaterra de los últimos tiempos. Ese movimiento podría haber infundido en todo el pueblo norteamericano lo necesario para atemperar su bárbaro egotismo, y abrir una vez más sus oídos al silencio que reina más allá de la estridente esfera del hombre. Una vez más, pues poco tiempo atrás habían quedado gravemente sordos a raíz del estrépito de su propio éxito material. Y sin duda, esparcidos por todo el continente a lo largo de ese período, muchos reductos de verdadera cultura en proceso de desaparición se esforzaban en mantener la cabeza fuera de la creciente ola de vulgaridad y superstición. Ésos eran los que miraban a Europa en busca de ayuda y colaboración, cuando Inglaterra y Francia se entregaron a esa orgía de excesos emocionales y asesinato que exterminó a tantos de sus mejores cerebros y debilitó definitivamente su influencia cultural.

Con posterioridad, fue Alemania quien habló por Europa. Y Alemania era un rival económico demasiado importante para Norteamérica como para que se abriera a su influencia. Además, el juicio crítico alemán, aunque a menudo enfático, era excesivamente pedante, demasiado poco irónico, para hacer mella en la suficiencia norteamericana. De ese modo, Norteamérica se fue hundiendo cada vez más en el «norteamericanismo». La vasta riqueza y la industria, así como la inventiva fulgurante, se concentraron en fines pueriles. En particular, toda la vida norteamericana se organizó en torno al culto del individuo poderoso, ese fantasma ideal que en la propia Europa tan sólo había comenzado a crecer en su fase postrera. Los norteamericanos que fracasaban totalmente en la concreción de ese ideal, que permanecían en la parte inferior de la escala social, se consolaban con abrigar esperanzas para el futuro, o bien encontraban una satisfacción simbólica identificándose con alguna estrella popular, o se recreaban con su ciudadanía norteamericana y aplaudían la arrogante política exterior de su gobierno. Quienes lograban poder, a su vez, se sentían satisfechos por el mero hecho de conservarlo y proclamarlo de forma acrítica con sus característicos modales agresivos.

Fue casi inevitable que, cuando Europa se hubo recobrado del desastre germano- ruso, se liara a golpes con Norteamérica; pues ya hacía tiempo que se había escaldado bajo el yugo de las finanzas norteamericanas, y la vida cotidiana de los europeos se había visto cada vez más invadida por una vasta y despreciativa «aristocracia» extranjera integrada por hombres de negocios norteamericanos. Sólo Alemania estaba relativamente libre de esa dominación, pues ella misma era aún un ingente poder económico. Pero también allí había una fricción constante con los norteamericanos.

Por supuesto que ni Europa ni Estados Unidos deseaban la guerra. Ambos comprendían que esa contienda significaría el fin de la prosperidad comercial, y para Europa, muy posiblemente el fin de todo; pues era bien sabido que la capacidad destructiva del hombre se había incrementado recientemente, y que, si la guerra se libraba en forma inexorable, el bando más poderoso podría exterminar al otro. Pero inevitablemente ocurrió al fin un «incidente» que generó una ira ciega a ambos lados del Atlántico. Un asesinato en el sur de Italia, unos cuantos comentarios irreflexivos en la prensa europea, una respuesta ofensiva de la prensa norteamericana, acompañada por el linchamiento de un italiano en el Oeste medio, una matanza incontrolada de ciudadanos norteamericanos en Roma, el envío de una fuerza expedicionaria aerotransportada norteamericana para invadir Italia, su neutralización por la fuerza aérea europea, y la guerra ya existía antes de que se hubiese declarado. Por desgracia tal vez para Europa, esa acción aérea tuvo como consecuencia la detención momentánea del avance norteamericano. El enemigo se sintió picado en su amor propio y preparó un golpe aniquilador.

2. Los orígenes de un misterio

Mientras los norteamericanos estaban movilizando todo su arsenal, ocurrió un hecho bélico verdaderamente interesante. Sucedió que una sociedad internacional de investigadores científicos celebraba un congreso en Plymouth, Inglaterra, y un joven físico chino había manifestado su deseo de presentar un informe ante una selecta comisión de científicos. Dado que había estado realizando experimentos con el fin de descubrir los medios para la utilización de la energía subatómica mediante la desintegración de la materia, fue con cierta emoción que, según las instrucciones, los cuarenta representantes internacionales se trasladaron a la costa septentrional de Devon y se reunieron en un inhóspito cabo denominado Hartland Point.

Fue una mañana espléndida, después de la lluvia. A unos dieciocho kilómetros hacia el noroeste, los acantilados de Lundy Island lucían todo su colorido con inusitado detalle. Las aves marinas revoloteaban sobre la cabeza de los congresistas, que se habían sentado sobre sus respectivos chubasqueros, formando corro en el prado roído por los conejos.

Constituían una notable agrupación, pues cada uno de ellos era una persona singular, aunque se caracterizaba hasta cierto punto por su tipo nacional particular. Y todos eran destacados «científicos» de la época. Anteriormente, ello habría significado una inclinación más bien acrítica hacia el materialismo, y una afectación de escepticismo; pero por el momento resultaba de buen tono profesar una creencia igualmente acrítica de que todos los fenómenos naturales eran manifestaciones del espíritu cósmico. En ambos períodos, cuando alguien pasaba más allá de la esfera de su propia investigación científica seria, elegía sus creencias de forma irresponsable, de acuerdo con su gusto, de manera parecida a como escogía sus entretenimientos o la comida.

De los individuos presentes, podemos singularizar a uno o dos como ejemplo. El alemán, un antropólogo, y producto del culto de larga data a la salud mental y física, buscaba mostrar con su atlética persona los rasgos propios del hombre nórdico. El francés, un viejo pero aún vivaz psicólogo cuyo raro pasatiempo consistía en coleccionar armas, antiguas y modernas, consideraba las actuaciones con benigno escepticismo. Al inglés, uno de los pocos intelectuales de raza que aún quedaban, que compensaba el intenso estudio de la física con una investigación apenas menos ferviente sobre la historia de los expletivos y el argot ingleses, le encantaba convidar a sus colegas con los frutos de su tarea. El presidente de la sociedad, hombre del África occidental, era biólogo, famoso por sus investigaciones sobre el cruzamiento del ser humano con los antropoides.

Cuando estuvieron todos instalados, el presidente explicó el propósito de la reunión: se había logrado utilizar la energía subatómica, y se les haría una demostración.

El joven mongol se puso de pie y extrajo de un estuche un instrumento muy parecido a un rifle antiguo. Mostrando el objeto, se expresó de la manera siguiente, con aquella formalidad pomposa que en un tiempo fue característica de todos los chinos cultos:

—Antes de describir los detalles de mi delicado proceso, ilustraré su importancia mediante una demostración de lo que se puede lograr con el producto terminado. No sólo puedo iniciar la desintegración de la materia, sino que también puedo hacerlo a distancia y en una dirección precisa. Además, puedo interrumpir el proceso. Como medio de destrucción, mi instrumento es perfecto. Como fuente de energía para la obra constructiva de la humanidad, posee un potencial ilimitado.

Caballeros, éste es un gran momento en la historia de la humanidad. Estoy a punto de poner en manos de la inteligencia organizada el medio para terminar con las eternas y sanguinarias reyertas de los hombres. A partir de este momento, esta gran sociedad, de la cual ustedes son la élite, gobernará benéficamente el planeta. Con este pequeño instrumento pondrán fin a las guerras absurdas; y con otro, que muy pronto perfeccionaré, podrán suministrar energía industrial ilimitada cuándo y dónde lo consideren necesario. Caballeros, con la ayuda de este instrumento tan manejable, que tengo el honor de mostrarles, podrán llegar a ser los dueños absolutos del planeta.

Al oír eso, el representante de Inglaterra musitó una arcaica expresión cuyo significado sólo conocía él: «¡Dios nos valga!». En la mente de algunos de aquellos extranjeros que no eran físicos, aquella curiosa expresión fue interpretada como una frase técnica que tenía relación con la nueva fuente de energía.

El mongol siguió hablando. Volviéndose hacia Lundy, dijo:

—Esa isla ya no está habitada, y, como constituye un peligro para la navegación, voy a eliminarla.

Mientras hablaba, apuntó el instrumento al acantilado lejano, pero siguió diciendo:

—Este disparador estimulará las cargas fundamentales positiva y negativa de los átomos en cierto punto de la superficie de la roca para que se eliminen mutuamente. Esos átomos estimulados contagiarán a los vecinos, y así sucesivamente. Pero este segundo disparador detendrá la desintegración de hecho. Si yo dejara de utilizarlo, el proceso seguiría indefinidamente, quizás hasta la desintegración total del planeta.

Se produjo un movimiento de ansiedad entre los espectadores, pero el joven apuntó con cuidado y apretó los dos gatillos, uno después de otro en rápida sucesión. El instrumento no produjo ruido alguno. Tampoco hubo ningún efecto visible en la rielante faz de la isla. Una risita comenzó a gorgotear en la garganta del inglés, pero cesó de repente. Pues un deslumbrante punto luminoso apareció en el remoto acantilado. Fue aumentando de tamaño y de intensidad, hasta que todos los ojos quedaron cegados mientras se esforzaban por seguir mirando. La luz iluminó la parte inferior de las nubes y esfumó las sombras de unas matas de aliaga que el sol proyectaba junto a los espectadores. Todo el extremo de la isla frente a la tierra firme se había convertido en un intolerable sol abrasador, aunque en seguida su fulgor quedó velado por las nubes de vapor que emergían del mar hirviente. Luego, de pronto, la isla entera, casi cinco kilómetros de sólido granito, saltó en pedazos; un cúmulo de piedras enormes se elevó hacia el cielo, y debajo de ellas se fue formando más lentamente un hongo gigantesco de vapor y ripio. Luego llegó el estruendo. Todos se taparon los oídos con las manos, mientras los ojos se esforzaban por mirar la bahía, que la granizada de piedras había tornado blanca. Mientras tanto, un fabuloso muro de agua de mar avanzaba hacia el centro del estallido. Se vio cómo hundía un barco costero y seguía avanzando hacia Bideford y Barnstaple. Los espectadores se pusieron de pie de un salto y lanzaron exclamaciones de asombro, mientras el joven autor de aquella furia contemplaba el espectáculo exultante, aunque con cierta sorpresa ante la magnitud de aquellos meros efectos secundarios del proceso que él había desatado.

Se levantó la sesión para ir a escuchar el informe de la investigación en una capilla vecina. Mientras los congresistas iban desfilando por la puerta, se observó que el vapor y el humo se habían disipado, y que en el sitio donde había estado Lundy se extendía el mar abierto. Dentro de la capilla, se quitó respetuosamente la gran Biblia y se abrieron los ventanales, con el fin de que se desvaneciera en parte el olor de santidad. Pues, si bien las primeras interpretaciones espiritualistas de la teoría de la relatividad y el quanto habían acostumbrado a los hombres de ciencia a mostrarse respetuosos para con las religiones, muchos de ellos todavía experimentaban cierta asfixia cuando se encontraban dentro de un recinto santo. Cuando los científicos se hubieron acomodado en los vetustos e incómodos bancos, el presidente explicó que las autoridades de la capilla habían autorizado amablemente aquella reunión, porque comprendían que, puesto que los hombres de ciencia habían descubierto gradualmente la base espiritual de la física, la ciencia y la religión debían ser, en adelante, íntimos aliados. Además, el propósito de la reunión consistía en examinar uno de los misterios supremos que la ciencia tenía la honra de descubrir, y la religión, de transfigurar. El presidente felicitó entonces al joven científico por su demostración y lo invitó a dar comienzo a su explicación.

Pero en ese momento intervino el representante de Francia, y se le concedió la palabra. Nacido casi ciento cuarenta años antes, y conservado más por la natural energía espiritual que por los artificios de la regeneración, aquel anciano parecía hablar desde una época remota y más sabia. Pues, en una civilización decadente, a menudo son los viejos quienes ven más lejos y con ojos más jóvenes. Concluyó un parlamento bastante largo y retórico, pero cuidadosamente razonado, con las siguientes palabras:

—No hay duda de que somos los seres inteligentes del planeta; y, debido a la consagración a nuestra vocación, no hay duda de que somos relativamente honrados. Pero ¡ay!, hasta nosotros somos humanos. De vez en cuando cometemos algunos errores, así como pequeñas indiscreciones. La posesión de un poder como el que se nos brinda ahora no traería la paz. Al contrario, perpetuaría nuestros odios nacionales. Arrojaría el mundo a la confusión. Socavaría nuestra integridad y nos convertiría en tiranos. Además, arruinaría la ciencia. Y…, bueno, cuando al fin a causa de algún pequeño error el mundo estallara, el desastre no sería lamentable. Sé que Europa acabará seguramente destruida por esos niños poderosos y malcriados del otro lado del Atlántico. Pero, por penoso que esto sea, la alternativa es aún mucho peor. ¡No, señor! Su estupendo juguete sería un regalo adecuado para mentes desarrolladas; pero para nosotros, que aún somos bárbaros… No, no puede ser. Y así, con profundo pesar, le ruego que destruya su artefacto y, si es posible, hasta el recuerdo de su maravillosa investigación. Y, sobre todo, no cuente ni una palabra de su proceso, ni a nosotros ni a ningún otro ser viviente.

Entonces, el alemán protestó diciendo que rechazarlo sería una cobardía. Describió brevemente su visión de un mundo ordenado de acuerdo con la ciencia organizada e inspirada por un dogma religioso científicamente estructurado.

—Con toda seguridad —dijo—, rehusarlo sería rehusar el don de Dios, de ese Dios cuya presencia en el más humilde quanto hemos puesto de relieve muy recientemente y en forma muy sorprendente.

Otros hicieron uso de la palabra, en pro y en contra; pero muy pronto se hizo evidente que prevalecería el sentido común. En ese entonces, los hombres de ciencia eran definitivamente cosmopolitas en sus sentimientos. En efecto, tan alejados estaban del nacionalismo, que en esa ocasión el representante de Norteamérica exigió la aceptación del arma, aunque sería utilizada contra sus propios compatriotas.

No obstante, por fin, y de hecho por votación unánime y tras dejar constancia del profundo respeto que sentían por el científico chino, el cónclave ordenó que se destruyera el instrumento junto con todos los cálculos y fórmulas.

El joven se puso de pie, extrajo el artefacto del estuche y lo acarició suavemente. Tanto tiempo permaneció en esa posición, callado y con la vista fija en el instrumento, que los miembros del congreso comenzaron a inquietarse. Sin embargo, por fin, el chino habló:

—Me someto a la decisión de la junta, aunque resulta penoso destruir tanto el resultado de diez años de trabajo como el fruto de ese trabajo. Yo esperaba merecer la gratitud de la humanidad; pero en vez de ello soy un proscrito.

De nuevo hizo una pausa. Mirando por la ventana, extrajo del bolsillo unos prismáticos y observó el cielo hacia el oeste:

—Sí, son norteamericanos. Caballeros, se acerca la flota aérea norteamericana. Los presentes se levantaron de un salto y se agolparon junto a la ventana. En lo alto del cielo occidental, una línea de puntos espaciados se extendía indefinidamente hacia el norte y el sur. El inglés exclamó:

—Por el amor de Dios, use otra vez su condenado instrumento o Inglaterra está perdida. Deben de haber aplastado a los nuestros sobre el Atlántico... El científico chino posó los ojos en el presidente. Se oyó un grito general: «¡Deténgalos!». Sólo el francés protestó. El representante de Estados Unidos levantó la voz y dijo:

—Son mis compatriotas, tengo amigos allí arriba en el cielo. Seguramente mi propio hijo se encuentra entre ellos... Pero están locos. Quieren hacer algo horroroso. La fiebre de los linchadores se ha apoderado de ellos. Deténgalos.

El mongol seguía mirando al presidente, quien asintió con la cabeza. El francés rompió a llorar lágrimas seniles. Entonces el joven, apoyándose en el alféizar de la ventana, fue apuntando con cuidado a cada uno de los puntos negros. Uno tras otro, cada objetivo se convirtió en una estrella cegadora y un instante más tarde se desvaneció. En la capilla reinó un prolongado silencio. Luego hubo murmullos y miradas al chino, que expresaban ansiedad y disgusto.

Acto seguido, tuvo lugar una presurosa ceremonia en un campo vecino. Se encendió una hoguera, y se quemó el instrumento y el no menos letal manuscrito. Entonces, el grave mongol, después de haber estrechado la mano de todos los presentes, dijo:

—Con mi secreto vivo en mí, yo no debo vivir. Algún día una raza más digna lo redescubrirá, pero hoy soy un peligro para el planeta. Y por lo tanto yo, que olvidé estúpidamente que vivo entre salvajes, ahora recurro a la antigua sabiduría para irme.

Dicho esto, cayó muerto.

3. Europa destruida

El rumor corrió por la voz y por la radio a lo largo y ancho de todo el mundo. Se había hecho explotar una isla en forma misteriosa. La flota aérea norteamericana había sido aniquilada misteriosamente en el aire. Y, en las proximidades del lugar donde esos hechos habían ocurrido, distinguidos científicos se hallaban reunidos en una conferencia. El gobierno europeo quiso buscar al desconocido salvador de Europa, para expresarle su agradecimiento y obtener la fórmula para su propio uso. El presidente de la sociedad científica presentó un informe de la conferencia y del voto unánime. Él y sus colegas fueron detenidos en el acto y se los sometió a «presiones», primero morales y luego físicas, para obligarlos a revelar el secreto; pues el mundo estaba convencido de que ellos realmente lo conocían y lo callaban para sus propios fines.

Mientras tanto, se supo que el comandante del escuadrón aéreo norteamericano, después de abatir a la flota europea, había recibido instrucciones de realizar una simple «demostración» de fuerza sobre Inglaterra mientras se negociaba la paz. Pues, en Norteamérica, las grandes empresas habían amenazado al gobierno con un boicot si se ejercía una violencia innecesaria en Europa. Las grandes empresas eran por entonces fundamentalmente internacionalistas en sus sentimientos, y se daban cuenta de que la destrucción de Europa desquiciaría inevitablemente las finanzas norteamericanas. Pero el desastre sin precedentes de la flota aérea victoriosa despertó un odio ciego en los norteamericanos, y las conversaciones de paz se interrumpieron. Así resultó que el acto hostil del chino no sólo no había salvado a Inglaterra, sino que la había condenado.

Durante unos días los europeos vivieron sumidos en el pánico, sin saber qué horror podía abatirse sobre ellos en cualquier momento. No es de extrañar, pues, que el gobierno recurriese a la tortura con el fin de arrancarles el secreto a los científicos. Ni es de extrañar tampoco que, de los cuarenta individuos implicados, hubiese uno, el inglés, que se salvara mediante la impostura.

Prometió hacer todo lo posible para «recordar» el intrincado proceso. Bajo una estricta supervisión, se valió de sus conocimientos de física para experimentar en la investigación del descubrimiento del chino. Afortunadamente, no obstante, siguió la pista equivocada. Y sin duda él lo sabía. Pues, si bien su principal motivo era meramente su propia conservación, más adelante concibió la idea de evitar de forma indefinida el peligroso descubrimiento dirigiendo la investigación hacia un callejón sin salida. Y así su traición, al avalar una línea de investigación totalmente estéril con la autoridad de uno de los físicos más eminentes, evitó que esa raza indisciplinada y apenas humana destruyera su planeta.

El pueblo norteamericano, en ocasiones compasivo hasta el exceso, estaba ahora loco de odio contra los ingleses y todos los europeos. Con fría eficiencia inundaron Europa con el más nuevo y letal de los gases, hasta que todas las personas murieron envenenadas en sus ciudades como ratas en su madriguera. El gas que se empleó era tan poderoso que su acción sólo cesaría al cabo de tres días. Por lo tanto, una fuerza sanitaria norteamericana pudo ocupar cada una de las metrópolis una semana después del ataque. Cuando los primeros efectivos descendieron en el silencio de las ciudades exterminadas, muchos quedaron abrumadoramente trastornados en presencia de las poblaciones eliminadas. El gas había actuado en un primer momento en el nivel del suelo, pero se fue elevando como una marea hasta invadir los pisos altos, las torres y las colinas. Así, mientras que en las calles yacían millares de personas que habían sido alcanzadas por la primera oleada de veneno, en todos los tejados y en todas las cimas aparecían los cadáveres de quienes habían huido hacia lo alto con la vana esperanza de llegar más allá del alcance de la marea. Cuando los invasores llegaron, encontraron postradas y contorsionadas figuras en todos los puntos elevados.

Así murió Europa. Todos los centros de vida intelectual fueron borrados del mapa, y, de las regiones agrícolas, sólo las tierras altas y las montañas más elevadas quedaron intactas. El espíritu europeo subsistió en adelante sólo fragmentariamente en las mentes de los norteamericanos, chinos, indios y demás.

Estaban, por supuesto, las colonias británicas, pero para ese entonces eran mucho menos europeas que norteamericanas. En efecto, la guerra había desintegrado el Imperio británico. Canadá era aliado de Estados Unidos. Sudáfrica e India declararon su neutralidad al estallar la guerra. Australia se acogió muy pronto a la neutralidad, no por cobardía, sino por un conflicto de lealtades. Los neocelandeses se retiraron a las montañas y mantuvieron una insensata pero heroica resistencia durante un año. Pueblo sencillo y animoso, sus integrantes casi desconocían por completo el concepto del espíritu europeo; sin embargo, a pesar de su norteamericanización eran leales a él, o por lo menos a ese símbolo de un aspecto del europeísmo que era Inglaterra. En efecto, tan extraordinaria era su lealtad o tanta su obstinación y dogmatismo naturales que, cuando se comprobó que era imposible seguir resistiendo, muchos de ellos, tanto hombres como mujeres, se suicidaron antes que rendirse.

Pero la más prolongada agonía de esa guerra no la sufrieron los derrotados, sino los vencedores. Pues, cuando su pasión se enfrió, los norteamericanos no pudieron dejar de reconocer que habían cometido un genocidio. En el fondo, no eran un pueblo brutal, sino más bien bondadoso. Les gustaba creer que el mundo era un lugar donde es posible buscar placeres inocentes, y ellos mismos se consideraban como los principales proveedores de gozo. No obstante, de alguna manera se habían visto arrastrados a cometer aquel crimen tan terrible, y, a partir de ese momento, un sentimiento generalizado de culpa colectiva se apoderó del espíritu norteamericano. Siempre se habían mostrado vanidosos e intolerantes; pero ahora esas cualidades se tornaron en ellos tan grotescas que incluso parecían rayanas en la locura. Tanto individual como colectivamente, cada vez tenían más temor de ser criticados, cada vez tendían más a la censura y el odio, cada vez se acentuaba más su gazmoñería, cada vez más se volvían más hostiles a la crítica inteligente, cada vez eran más supersticiosos. Así fue como a ese pueblo, que en un tiempo había sido noble, los dioses lo eligieron para ser maldecido, y también como agente de las maldiciones.

III. NORTEAMÉRICA Y CHINA

1. Los rivales

Después del eclipse de Europa, la lealtad de los hombres fue cristalizando gradualmente en dos grandes sentimientos nacionales o raciales, el norteamericano y el chino. Poco a poco, todos los demás patriotismos se convirtieron en simples variantes locales de una u otra de esas dos lealtades superiores. En efecto, en un primer momento hubo muchos conflictos sangrientos. Una historia detallada de ese período nos mostraría cómo Norteamérica, repitiendo el proceso de unión de la antigua guerra civil norteamericana, incorporó a los ya norteamericanizados latinos de Sudamérica; y cómo Japón, en un tiempo el matón de China y maltrecho ahora a causa de las revoluciones sociales, se convirtió en una presa para el imperialismo norteamericano; y cómo esa servidumbre le imprimió tal sentimiento chino que terminó por liberarse mediante una heroica guerra de independencia, y se unió a la confederación asiática, bajo el liderazgo de China.

Una historia completa contaría también las vicisitudes de la Liga de las Naciones. Si bien nunca fue un gobierno cosmopolita sino una asociación de gobiernos nacionales, cada uno de ellos interesado principalmente en su propia soberanía, esa formidable organización había ido ganando gradualmente un prestigio y una autoridad muy reales sobre todos sus miembros. Y, a pesar de sus múltiples deficiencias, la mayoría de las cuales estaban vinculadas con su constitución fundamental, tenía un valor incalculable como foco de la creciente lealtad hacia la humanidad. Al principio, su existencia había sido precaria, y sin duda sólo se había mantenido gracias a un cuidado extremo, que adquiría casi tintes de servilismo para con los «grandes poderes». Poco a poco, sin embargo, fue ganando autoridad moral hasta el punto de que ninguna potencia aislada, ni siquiera la más poderosa, se atrevía abiertamente y a sangre fría a desobedecer la voluntad de la Liga o a rechazar los fallos del Tribunal Supremo.

Pero, puesto que la lealtad humana seguía residiendo en el espíritu nacional antes que en el cosmopolita, aún ocurría con frecuencia que una nación perdía la cabeza, enloquecía, olvidaba sus promesas y se libraba a agresiones inspiradas por el miedo. Una situación semejante había provocado la guerra anglo-francesa. En otras ocasiones, las naciones se dividían de manera violenta en dos grandes campos, y olvidaban temporalmente la Liga mientras duraba su desunión. Eso ocurrió en la guerra germano-rusa, que fue posible tan sólo porque Norteamérica favoreció a Rusia, y China hizo lo propio con Alemania. Después de la destrucción de Europa, el mundo se compuso de la Liga, por una parte, y Norteamérica, por la otra. Pero China dominaba la Liga, y ésta ya no era partidaria del cosmopolitismo. Siendo esto así, aquellos cuya lealtad era genuinamente humana se esforzaban en atraer a Norteamérica de nuevo al rebaño, y al fin lo lograron.

A pesar de que la Liga no fue capaz de evitar las «grandes» guerras, funcionó de forma admirable en la prevención de todos los conflictos menores que antaño habían sido una enfermedad crónica de la raza. En efecto, en los últimos tiempos la paz del mundo había quedado plenamente asegurada, salvo cuando la misma Liga se dividía. Lamentablemente, con la ascensión de Norteamérica y China, esa situación se tornó cada vez más y más común.

Durante la guerra entre América del Norte y Sudamérica, se realizó un intento de recrear la Liga como una soberanía cosmopolita, que controlara las reservas de armamento de todas las naciones. Pero, si bien la voluntad cosmopolita era fuerte, el espíritu tribal aún lo era más. El resultado fue que, a raíz de la cuestión japonesa, la Liga se dividió definitivamente en dos Ligas, pero cada una de ellas estaba, en realidad, dominada por una especie de sentimiento supranacional, norteamericano por un lado y chino por el otro.

Eso ocurría al cabo de un siglo del eclipse de Europa. El segundo siglo completó el proceso de cristalización en dos sistemas políticos e ideológicos. Por una parte, estaba la rica y sólida Federación Continental Americana, con sus parientes pobres: Sudáfrica, Australia, Nueva Zelanda, los ruinosos restos de la Europa occidental, y parte del cuerpo inanimado que era Rusia. Por otra parte, estaban Asia y África. De hecho, la antigua distinción entre Oriente y Occidente se había convertido en la base del sentimiento y la organización políticos.

Dentro de cada sistema había, por supuesto, verdaderas diferencias culturales, la principal de las cuales era la que existía entre las mentalidades china e india. Los chinos se interesaban en las apariencias, en lo sensorial, lo urbano, lo práctico; mientras que los indios tendían a buscar detrás de las apariencias una realidad última, de la cual esta existencia era, según decían, tan sólo un aspecto pasajero. Así el hindú medio nunca se tomaba en serio el problema social práctico. El ideal de perfeccionar este mundo nunca llegaba a constituir un interés excluyente para él, puesto que se le había enseñado a creer que este mundo era tan sólo una sombra. Hubo, sin duda, una época en la que China tenía mentalmente menos cosas en común con la India que con Occidente, pero el miedo a Norteamérica había llevado a los dos grandes pueblos orientales a unirse. Compartían al menos un odio intenso contra aquella extraña mezcla de viajante de comercio, misionero y conquistador bárbaro que eran los norteamericanos en el extranjero.

China, debido a su relativa debilidad y a la irritación causada por los tentáculos que la industria norteamericana extendía dentro de ella, era en esa época más nacionalista que su rival. Cierto era que Norteamérica manifestaba profesar un nacionalismo maduro y ser partidaria de la unidad política y cultural del mundo, pero concebía esa unidad como situada bajo la organización norteamericana; y cuando hablaba de cultura se refería a la norteamericana. Asia y África no miraban con buenos ojos esa clase de cosmopolitismo. En China se había llevado a cabo un esfuerzo concertado con el fin de depurar su cultura de elementos foráneos. Sin embargo, su éxito era sólo superficial. Las coletas y los palillos se habían puesto de nuevo en boga entre las clases acomodadas, y el estudio de los clásicos chinos era otra vez obligatorio en todas las escuelas, pero el modo de vida del hombre medio seguía siendo norteamericano. No sólo usaba cubiertos, zapatos, gramófonos, aparatos de origen norteamericano que facilitaban las labores domésticas, sino que también su alfabeto era europeo, su vocabulario estaba impregnado del argot norteamericano, y sus periódicos y programas de radio eran norteamericanos en la forma, aunque antinorteamericanos en el contenido. La pantalla de televisión del chino le mostraba a diario todas las fases de la vida privada norteamericana así como todos los acontecimientos públicos de aquel país. En vez del opio y los sahumerios, prefería los cigarrillos y la goma de mascar.

Su pensamiento también era principalmente una variante mongólica del pensamiento norteamericano. Por ejemplo, como la suya era una mente no metafísica, pero puesto que es inevitable alguna clase de metafísica, aceptó la ingenua metafísica materialista que habían popularizado los primeros conductistas. En este enfoque, la única realidad era la energía física, y la mente no era más que el sistema de los movimientos orgánicos en respuesta a los estímulos.

Anteriormente, el conductismo había desempeñado un gran papel depurando las mejores mentes occidentales de la superstición; y sin duda en una época fue el principal motor del pensamiento. Esa doctrina temprana, fecunda pero singular, fue la que China absorbió. Pero en su tierra natal el conductismo se había ido contagiando gradualmente de la demanda popular de ideas cómodas, y había acabado transformándose en una suerte de espiritualismo según el cual, si bien la realidad última era sin duda la energía física, esta energía se identificaba con el espíritu divino.

El aspecto más notable del pensamiento norteamericano en ese período fue la fusión del conductismo con el fundamentalismo, una forma trasnochada y bastardeada del cristianismo. En efecto, el conductismo mismo había sido en sus orígenes una especie de fe puritana a la inversa, de acuerdo con la cual la salvación intelectual implicaba la aceptación del tosco dogma materialista, principalmente porque repugnaba a los hipócritas, y resultaba ininteligible a los intelectuales de las escuelas más antiguas. Los viejos puritanos ahogaban todos los impulsos de la carne; estos puritanos de nueva data ahogaban con no menos hipocresía los anhelos espirituales. Pero el conductismo y el fundamentalismo encontraron su punto de fusión en la creciente tendencia de la física hacia lo espiritual: puesto que ahora se decía que el elemento último del universo físico era el múltiple y arbitrario «quanto» de la actividad de los «espíritus», a los materialistas y a los espiritualistas les resultó muy fácil ponerse de acuerdo. En el fondo, sin duda nunca estuvieron verdaderamente separados en su talante, aunque lo estuviesen en cuanto a la doctrina. La verdadera grieta estaba entre la visión realmente espiritual, por una parte, y la espiritualista y materialista, por la otra. Así las más materialistas de las sectas cristianas y las más doctrinarias de las sectas científicas no tardaron en encontrar una fórmula que expresara su unidad, su negación de todas aquellas otras capacidades más elevadas que habían surgido para conformar el espíritu del hombre.

Esas dos fes coincidían en su respeto por el tosco movimiento físico. Y aquí yacía la diferencia más profunda entre la mentalidad norteamericana y la china. Para aquélla, la actividad, cualquiera que fuera su clase, constituía un fin en sí misma; para ésta, la actividad no era más que un avance hacia el fin verdadero, que era el reposo y la paz mental. Sólo se debía entrar en acción cuando se alteraba el equilibrio. Y, en este aspecto, China coincidía con la India. Ambas preferían la contemplación a la acción.

Así, en China y la India la pasión por las riquezas tenía menos fuerza que en Norteamérica. La riqueza era lo que permitía poner las cosas y a la gente en movimiento; y en América, por lo tanto, llegó a ser considerada francamente como el aliento de Dios, el divino espíritu inmanente en el hombre. Dios era el jefe supremo, el patrón universal. Su sabiduría se concebía como una pasmosa eficiencia; su amor, como una generosidad hacia sus empleados. La parábola de los talentos se convirtió en la piedra angular de la educación; y ser rico era, pues, ser respetado como uno de los principales agentes de Dios. El típico hombre de negocios importante norteamericano era aquel que, en medio de una gran exhibición de lujos, en el fondo se consideraba un ascético. Valoraba su pompa sólo porque ésta anunciaba a todos los hombres que era el elegido. El típico hombre adinerado chino, en cambio, saboreaba sus lujos con un paladar delicado y lento, y raras veces se sentía tentado a sacrificarlos en aras de la estéril sensualidad del poder.

Por otra parte, puesto que la cultura norteamericana se centraba totalmente en los valores de la vida individual, era más sensible que la china con respecto al bienestar de los humildes individuos. Por consiguiente, las condiciones industriales eran mucho mejores en el capitalismo norteamericano que en el chino. Y en China coexistían ambas clases de capitalismo. Había fábricas norteamericanas donde los operarios chinos prosperaban con el sistema norteamericano, y había fábricas chinas donde los operarios eran en comparación abyectos esclavos asalariados. El hecho de que muchos obreros industriales chinos no pudiesen tener automóvil, y mucho menos un avión, constituía una fuente de mucha indignación farisaica entre los patrones norteamericanos. Y el hecho de que esa circunstancia no causara una revolución en China, y que los patrones chinos pudiesen procurarse abundante mano de obra a pesar de las mejores condiciones en las fábricas norteamericanas, constituía una fuente de perplejidad. Pero, en verdad, lo que el obrero chino medio deseaba no era dar rienda suelta a una agresividad simbólica mediante la posesión privada de máquinas, sino la seguridad en la vida, y un ocio carente de responsabilidades.

En la fase más temprana de la China «moderna», sin duda se habían producido graves estallidos de odio de clase. Casi todos los grandes centros industriales de China habían asesinado a sus patrones en algún momento de su existencia, y se habían declarado una ciudad–estado comunista independiente. Pero el comunismo era algo extraño a China, y ninguno de esos experimentos tuvo un éxito permanente. Con posterioridad, cuando el dominio del Partido Nacionalista quedó establecido, y se hubieron abolido los peores males del régimen industrial, el sentimiento de clase dio lugar a una patriótica aversión a la intervención y la febril actividad norteamericanas, y a quienes trabajaban bajo las órdenes de patrones norteamericanos a menudo se los llamaba traidores.

El Partido Nacionalista no era, empero, el alma de China; pero era, por así decirlo, el sistema nervioso central, en el cual el alma actuaba como principio rector. Era una organización idealista pero eminentemente práctica, mitad servicio civil, mitad orden religiosa, aunque se oponía violentamente a cualquier clase de religión. Formado en su origen según el modelo del Partido bolchevique de Rusia, se había inspirado asimismo en el servicio civil literario y nativo de la antigua China, así como también en la tradición de la integridad administrativa, que había sido la mejor —o la única— contribución que el imperialismo británico había hecho a Oriente.

Así, mediante un itinerario propio, el Partido había adoptado el ideal de los gobernantes platónicos. Para poder ser admitido en el Partido era necesario hacer dos cosas: aprobar un examen escrito muy estricto sobre la teoría social china y occidental, y realizar un aprendizaje de cinco años en tareas administrativas reales. Al margen del Partido, China aún era un país extremadamente corrupto, pues el peculado y el nepotismo no se censuraban, siempre y cuando se mantuvieran decentemente ocultos. En cambio, el Partido daba un brillante ejemplo de generosa devoción, y esa honradez inaudita constituía una fuente de poder. Se reconocía universalmente que el hombre del Partido estaba genuinamente interesado en los asuntos sociales antes que en los privados, y que, por consiguiente, era una persona digna de confianza. El objeto supremo de su lealtad no era el Partido, sino China; no, por supuesto, la masa de individuos chinos, a quienes consideraba casi con la misma indiferencia con que se consideraba a sí mismo, sino la unidad corporativa de la raza y su cultura. Todo el poder ejecutivo en China se encontraba ahora en manos de miembros del Partido, y la Asamblea de Delegados del Partido era la suprema autoridad legislativa. Entre esas dos instituciones se encontraba el presidente. Aunque en ocasiones se limitaba a presidir la Junta Ejecutiva, de vez en cuando era casi un dictador, combinándose en él los atributos de primer ministro, emperador y papa. Pues el jefe del Partido era el jefe del Estado, y, al igual que los antiguos emperadores, era el objeto simbólico de la adoración ancestral.

El plan de acción del Partido estaba dominado por el respeto que los chinos tenían hacia la cultura. Así como en los estados occidentales la organización solía obedecer a la búsqueda de prestigio militar, en la nueva China se organizó con el fin de lograr prestigio cultural. El Estado norteamericano fue, pues, vilipendiado como el ejemplo supremo de la vulgaridad bárbara, y se recurrió al patriotismo para fortalecer la política cultural del Partido. Se jactaban de que, mientras que en Norteamérica todo hombre y mujer podía esperar abrirse camino hacia la riqueza material, en China toda persona inteligente podía gozar de la riqueza cultural de la raza.

La política económica del Partido se basaba en el principio de proporcionar a todos los obreros la seguridad de la subsistencia y la oportunidad de una educación plena. Sin embargo, a los ojos de los norteamericanos, la subsistencia que se aseguraba a los obreros apenas era adecuada para las bestias, y la educación brindada era anticuada e impía. El Partido se ocupaba cuidadosamente de reunir en su seno todo lo mejor de cada clase social, y también de fomentar en las masas carentes de inteligencia un respeto por la instrucción, así como la ilusión de que también ellos compartían hasta cierto punto la cultura nacional. Pero, en verdad, esa cultura, que el común de la gente tanto veneraba en sus superiores e imitaba en su propia vida, era apenas menos superficial que el culto al poder contra el cual apuntaba. Pues consistía casi totalmente en un culto a la equidad social y al aprendizaje textual; no tanto al simple aprendizaje literario que había obsesionado a la antigua China, como al vasto corpus del dogma científico contemporáneo, y sobre todo a la matemática pura.

En los viejos tiempos, el candidato a un cargo público tenía que demostrar un conocimiento minucioso, pero desprovisto de toda crítica, de los autores clásicos; ahora tenía que dar pruebas de una no menos estéril habilidad en describir las fórmulas establecidas de la física, la biología, la psicología y más particularmente de la economía y la teoría social. Y, si bien nunca era estimulado para que tratara de resolver la base filosófica de la matemática, se esperaba que al menos estuviese familiarizado con el intrincado nudo de una rama de ese vasto campo de conocimientos. Tan grande era la masa de información que se imponía al estudiante, que éste no tenía tiempo de pensar en las inferencias mutuas de las distintas ramas de su saber.

No obstante, había un alma en China. Y en esa alma esquiva de China radicaba la única esperanza de la Primera Humanidad. El Partido contaba con una minoría de mentes originales, que constituían su fuente de inspiración y el centro de maduración del espíritu humano de ese período. Aun siendo muy conscientes de la pequeñez del hombre, esos pensadores lo consideraban la cima del universo. Sobre la base de una metafísica positivista y bastante superficial, elaboraron un ideal social y una teoría del arte. En efecto, veían que el logro más alto de la humanidad residía en la práctica y apreciación del arte. Pesimistas acerca del remoto futuro de la raza, desdeñaban el evangelismo norteamericano y aceptaban como fin de la existencia la creación de un patrón de vidas humanas, intrincadamente unificado, en un ambiente apropiado. La sociedad, la obra de arte suprema —como decían ellos—, constituía una delicada y perecedera textura de relaciones humanas. Incluso contemplaban la posibilidad de que en última instancia, no sólo la vida individual, sino todo el derrotero de la raza pudiese ser trágico y hubiera que juzgarlo según las normas del arte trágico. Comparando su propio espíritu con el de los norteamericanos, uno de ellos había dicho: «Norteamérica, un joven inmaduro en un cuarto de juegos equipado con todo tipo de lujos y energía eléctrica, simula que su juguete mecánico mueve el mundo. China, un caballero que pasea por el jardín al anochecer, admira especialmente la fragancia y el orden porque en el aire ya se siente el primer anuncio del invierno, y en sus oídos resuena el rumor del irresistible bárbaro».

En esa actitud había algo admirable, y muy necesario en esa época; pero también había una deficiencia fatal. En sus mejores exponentes se elevó hasta un distante pero ferviente saludo a la existencia, pero muy fácilmente degeneró en una abúlica suficiencia y un culto al ceremonial social. De hecho, siempre corrió el peligro de corromperse mediante la inveterada costumbre china de ocuparse sólo de las apariencias. En algunos aspectos, el espíritu de Norteamérica y el espíritu de China eran complementarios, puesto que uno era inquieto, y el otro, pasivo; uno era entusiasta, y el otro, desapasionado; uno era religioso, y el otro, artístico; uno era superficialmente místico o al menos romántico, y el otro, clásico y racional, si bien demasiado complaciente para el pensamiento riguroso prolongado. Si hubiesen cooperado, esas dos mentalidades podrían haber obtenido grandes logros. Por otra parte, en ambos existía una carencia idéntica y fundamental: ninguno de ellos sentía el aguijón de la insaciable sed de la verdad, la pasión por el libre ejercicio de la inteligencia crítica, la abrumadora ansia de realidad, que habían sido la gloria de Europa y aun de los albores de Norteamérica, pero que ahora ya no reinaban en ninguna parte durante la Primera Humanidad. Y, como consecuencia de esa carencia, otra incapacidad los paralizó. Ambas carecían ahora de aquel humor irreverente que a los individuos de una generación anterior les había encantado emplear en los demás y en ellos mismos, y hasta en sus más sagrados valores.

A pesar de esa debilidad, con un poco de buena suerte habrían podido triunfar. Pero, como contaré más adelante, el espíritu de Norteamérica socavó la integridad de China, y destruyó así su única oportunidad de salvación. Se produjo, de hecho, uno de esos desastres, en parte inevitables y en parte accidentales, que periódicamente se abatieron sobre la Primera Humanidad, como si fuese por la expresa voluntad de alguna divinidad preocupada más por la excelencia de su dramática creación que por las sensibles marionetas que había concebido para su puesta en escena.

2. El conflicto

Después de la guerra euro–norteamericana, primero hubo un siglo de pequeños conflictos nacionales, y luego un siglo de paz forzada, durante el cual Norteamérica y China se fueron encocorando cada vez más. Al final de ese período, la gran masa de la humanidad era mucho más cosmopolita que nacionalista; sin embargo, el inveterado espíritu tribal acechaba dentro de cada mente, y siempre estaba dispuesto a tomar el control. El planeta era ahora una unidad económica sutilmente organizada, y en todos los países las grandes empresas mostraban un abierto desdén por el patriotismo. Sin duda, toda la generación adulta de ese período era internacionalista y pacifista de manera consciente y sin reservas. Pero esa convicción lógicamente irrefutable se veía socavada por el anhelo biológico de una existencia aventurera. La prolongada paz y unas mejores condiciones de vida habían reducido en gran medida los peligros y penalidades de la existencia, y no existía ningún sustituto socialmente inocuo que ocupara el lugar de la guerra para ejercitar el coraje y la rabia primitivos de animales preparados para la vida salvaje. Conscientemente, el hombre deseaba la paz; inconscientemente, aún necesitaba el heroísmo que la guerra proporcionaba. Y esa disposición combativa reprimida se manifestaba una y otra vez en irracionales estallidos de localismo.

Era inevitable que finalmente se produjera un conflicto grave. Como de costumbre, la causa fue a la vez económica y sentimental. El desencadenante económico fue la necesidad de combustible. Un siglo antes, una muy grave escasez de petróleo había vuelto tan cuerdos a los pueblos, que la Liga de las Naciones había logrado imponer un sistema de control cosmopolita sobre los campos petrolíferos existentes, y hasta en las zonas carboníferas, así como estrictas medidas sobre el uso de esos invalorables elementos. En particular, el petróleo sólo debía usarse en empresas en las que no se pudiera utilizar ninguna otra fuente de energía. El control planetario del petróleo fue quizás el logro supremo de la Liga, y perduró como una política fija de la humanidad mucho después de su disolución. Sin embargo, por una curiosa ironía del destino, esa política, de una sensatez infrecuente, contribuyó en gran medida a la caída de la civilización. A consecuencia de ella, como se verá más adelante, el agotamiento del carbón se retrasó hasta un momento en que la inteligencia de la raza estaba tan deteriorada, que no fue capaz de afrontar la crisis. En vez de adaptarse a la nueva situación, simplemente se hundió.

Pero en la época de la que nos ocupamos ahora se había descubierto la forma de explotar provechosamente los enormes depósitos de combustible de la Antártida. Por desgracia, ese vasto caudal se hallaba fuera de la jurisdicción del Consejo Mundial de Control del Combustible. Norteamérica era la primera en ese campo, y vio en el combustible de la Antártida un medio para su progreso, así como para su autoimpuesto deber de norteamericanizar el planeta. China, temerosa de esa norteamericanización, exigió que los nuevos yacimientos se pusieran bajo la jurisdicción del Consejo. Durante unos años, las actitudes se volvieron cada vez más violentas en ese punto, y ambos pueblos cayeron de nuevo en el crispado sentimiento del antiguo nacionalismo. La guerra comenzó a parecer casi inevitable.

La real ocasión de conflicto, empero, fue, como siempre, un accidente. Se produjo un escándalo acerca del uso de mano de obra infantil en ciertas fábricas de la India. Niños y niñas de menos de doce años eran cruelmente explotados, y su única salida de tan miserable estado era la prostitución. El gobierno norteamericano protestó, y en términos que daban por sentado que Norteamérica era el guardián de la moral mundial. De inmediato, la India esgrimió la reforma que había comenzado a imponer, y replicó a Norteamérica que era una entremetida. Estados Unidos amenazó con enviar una comisión a poner las cosas en su lugar, «respaldada por la aprobación de todas las razas moralmente sensibles de la Tierra». Entonces, China intervino para mantener la paz entre su rival y su socio, y se comprometió a ocuparse de que se aboliera el mal, si Norteamérica retiraba sus insultantes calumnias contra la conciencia oriental. Pero ya era demasiado tarde. Un banco norteamericano en China fue asaltado, y la cabeza cercenada del gerente se hizo rodar a puntapiés por las calles. Las tribus humanas habían vuelto a oler una vez más la sangre. Occidente declaró la guerra a Oriente. De los combatientes en pugna, Asia y África del Norte eran geográficamente el sistema más compacto, pero Norteamérica y los estados dependientes de ella estaban mejor organizados. Al estallar la guerra, ninguno de los dos bandos contaba con una cantidad de armamento apreciable, pues hacía tiempo que la guerra estaba «proscrita». Sin embargo, este hecho tenía poca importancia, puesto que en esa época la contienda podía librarse con gran eficacia simplemente por medio de las vastas flotas de aviones civiles cargados con gas venenoso, potentes explosivos, microbios causantes de enfermedades y los aún más letales organismos «hipobiológicos», que la ciencia contemporánea en ocasiones consideraba como la materia viviente más simple, y a veces, como las moléculas más complejas.

La lucha comenzó con violencia; luego perdió virulencia y prosiguió durante un cuarto de siglo. Al término de ese período, África se hallaba en su mayor parte en manos de los norteamericanos. Pero Egipto era una tierra de nadie inhabitable, pues los sudafricanos habían logrado envenenar las aguas del Nilo. Europa se encontraba bajo el gobierno militar chino. Eso fue impuesto por los ejércitos de vigorosos soldados del Asia central, que ya estaban comenzando a preguntarse por qué no se convertían en dueños de China también. El idioma chino, con alfabeto europeo, se enseñaba en todas las escuelas. Sin embargo, en Inglaterra no había escuelas ni habitantes, pues al comienzo de la guerra se había establecido en Irlanda una base aérea norteamericana e Inglaterra había sido repetidamente devastada. Los pilotos que sobrevolaban lo que había sido Londres aún podían percibir el trazado de Oxford Street y el Strand entre las abigarradas ruinas grises y verdes. La salvaje naturaleza, en un tiempo tan celosamente preservada en «bellos lugares» nacionales contra la invasión de la civilización urbana, ahora se extendía desenfrenadamente por toda la isla.

En el otro lado del mundo, las islas japonesas habían sido devastadas de manera similar en el vano esfuerzo norteamericano por establecer una base aérea desde donde llegar al corazón del enemigo. Aun así, hasta el momento ni China ni Norteamérica habían sufrido daños muy serios; pero en fecha reciente los biólogos de Estados Unidos habían desarrollado un nuevo germen maligno más infeccioso e irresistible que cualquier otro conocido hasta la fecha. Su acción consistía en desintegrar los niveles más altos del sistema nervioso, de modo que cualquiera que se viese ligeramente afectado quedaba incapacitado para cualquier acción inteligente mientras que un ataque grave causaba la parálisis total y finalmente la muerte. Con esa arma los militares norteamericanos ya habían convertido una ciudad china en un infierno, y algunos bacilos errantes habían penetrado en los cerebros de varios altos oficiales en toda la provincia, lo cual tornó incoherente su conducta. Se estaba convirtiendo en costumbre atribuir todos los males que alguien sufriera a la acción del nuevo microbio. Hasta el momento, no se había descubierto ningún medio eficaz para evitar la difusión de la plaga. Y, dado que en las primeras etapas de la enfermedad el paciente se entregaba a una incansable actividad, lo que le llevaba a emprender viajes interminables y sin objeto con el pretexto más insustancial, parecía probable que la «locura norteamericana» se expandiese por toda China.

En conjunto, pues, la ventaja militar les correspondía definitivamente a los americanos; pero en la esfera económica ellos eran quizá los más perjudicados, pues su más elevado nivel de prosperidad dependía fundamentalmente de la inversión extranjera y del comercio exterior. En todo el continente americano reinaba ahora una auténtica pobreza y se manifestaban graves síntomas de una guerra de clases, no entre los obreros y empleados en el campo privado, sino entre obreros y la autocrática casta militar gobernante, que la guerra inevitablemente había creado. En un primer momento, las grandes empresas habían sucumbido a la fiebre patriótica, pero en seguida recordaron que la guerra es ruinosa y una locura para el comercio. En efecto, en ambos bandos el fervor nacionalista había durado tan sólo un par de años, después de los cuales el ansia de aventuras había dado lugar al simple temor al enemigo. Pues en ambas partes al vulgo se le había hecho creer que su enemigo era diabólico.

Cuando hubo transcurrido un cuarto de siglo desde el inicio de una libre relación entre los dos pueblos, la verdadera diferencia mental que siempre había existido entre ellos se les apareció a muchos casi como una diferencia de carácter biológico. Así, en Norteamérica, la Iglesia predicaba que los chinos no tenían alma. Satanás, se decía, se había entremetido en la evolución de la raza china cuando estaba surgiendo del animal prehumano. Él había decidido que serían astutos, pero totalmente carentes de bondad. Les había insuflado una sensualidad insaciable, así como una terca ceguera ante lo divino, ante aquella soberbia y poderosa energía por la energía misma que constituía la gloria de Norteamérica. Así como en la era prehistórica la joven raza de los mamíferos había barrido a los perezosos, lascivos y primitivos reptiles, así ahora, se decía, la joven y sensible Norteamérica estaba destinada a librar al planeta de los repelentes mongoles. Por otra parte, en China, la visión oficial era que los norteamericanos constituían un caso típico de regresión biológica. Como todos los organismos parasitarios, habían prosperado al especializarse en un modo inferior de conducta a expensas de su naturaleza superior; y ahora, como «lombrices solitarias del planeta», estaban debilitando las más elevadas facultades de la raza humana por medio de su frenética voracidad.

Ésas eran las doctrinas oficiales. Pero últimamente la tensión de la guerra había provocado en ambos bandos una aguda desconfianza de su gobierno, y un marcado deseo de paz a cualquier coste. Los gobiernos detestaban los tratados de paz aún más que a sus oponentes, puesto que su existencia ahora dependía de la guerra. Hasta llegaron al punto de informarse mutuamente acerca de las actividades clandestinas de los pacifistas, descubiertas por sus propios servicios secretos en territorio enemigo.

Así, cuando las grandes empresas y los obreros en ambos lados del Pacífico tomaron la decisión de poner fin a la guerra mediante una acción concertada, a sus representantes les resultó difícil reunirse.

3. En una isla del Pacífico

Con excepción de los gobiernos, la raza humana entera deseaba ahora seriamente la paz; pero en Norteamérica la opinión estaba dividida entre la voluntad de efectuar simplemente una unificación política y económica del mundo, y unas ansias fanáticas de imponer la cultura norteamericana en Oriente. En China también existía un equilibrio entre una disposición meramente comercial de sacrificar los ideales en pro de la paz y la prosperidad, y el deseo de proteger la cultura china. Los dos individuos que debían reunirse en secreto con el fin de negociar la paz eran característicos de sus respectivas razas; en ambos primaban los motivos culturales y comerciales, aunque el comercial era ahora el dominante en mayor medida.

Fue en el año vigesimosexto de la guerra cuando dos hidroaviones convergieron por la noche desde el este y el oeste en una isla del Pacífico, y amerizaron en una ensenada aislada. La luna, que en una época futura hundiría toda aquella región ecuatorial con su destrozado cuerpo, en la actualidad simplemente rielaba en las olas. De cada avión surgió un pasajero, que se dirigió a la costa remando él mismo en una barca inflable. Los dos hombres se encontraron en la playa y se estrecharon la mano, uno con actitud ceremoniosa, el otro con una cordialidad ligeramente forzada. El sol ya asomaba sobre el mar, desplegando su brillo y su calor. El chino, quitándose el casco de piloto, se desenroscó la coleta con cierto énfasis y se despojó de su pesado traje de viaje hasta quedar vestido con un quimono de seda celeste, bordado con dragones dorados. El otro, observando con desagrado apenas disimulado aquel delicado atuendo, se quitó la ropa de abrigo y mostró un austero traje gris con que los hombres de negocios norteamericanos de ese período simbolizaban inconscientemente su vuelta al puritanismo. Fumando sendos cigarrillos del enviado chino, ambos se dispusieron a reordenar el planeta.

La conversación fue amigable y se desarrolló sin tropiezos, pues hubo acuerdo sobre las medidas prácticas que cabía adoptar. Era necesario derrocar de inmediato el gobierno de cada país. Ambos representantes confiaban en que ello se podría efectuar si se intentaba simultáneamente en ambos lados del Pacífico, ya que en los dos países se podía contar con el sector financiero y el pueblo. En lugar de los gobiernos nacionales, había que crear un Directorio Económico Mundial. Éste se compondría de los principales magnates de la industria y el comercio de todo el mundo, junto con los representantes de las organizaciones obreras. El representante norteamericano sería el primer presidente del Directorio, y el chino, el primer vicepresidente.

El Directorio se encargaría de la reorganización económica de todo el mundo. En particular, las condiciones industriales de Oriente debían equipararse a las de Norteamérica, mientras que, por otra parte, se debía abolir el monopolio norteamericano en la Antártida. Esa región tan rica y casi virgen estaría sujeta al control del Directorio. Durante la conversación, en algunas ocasiones se hizo referencia a la extraordinaria diferencia cultural entre Oriente y Occidente; pero ambos negociadores parecían ansiosos por creer que ése era apenas un asunto de menor importancia que no valía la pena discutir.

En ese momento ocurrió uno de esos incidentes que, insignificantes como son, tienen efectos desproporcionadamente grandes. La naturaleza inestable de la Primera Humanidad la tornaba peculiarmente propensa a sufrir esos incidentes, y tanto más en su decadencia.

La charla fue interrumpida por la aparición de una figura humana que nadaba junto a un promontorio de la pequeña bahía. Al llegar a las aguas menos profundas, se puso de pie, salió del mar y avanzó hacia los fundadores del Estado Mundial. Una mujer joven, bronceada y sonriente, completamente desnuda, con los pechos palpitantes después de haber nadado aquel largo trecho, se detuvo ante ellos mostrando cierta vacilación. La relación entre los dos hombres cambió en seguida, aunque ninguno de ellos lo advirtió en un primer momento:

—Deliciosa hija del océano —exclamó el chino, en aquel inglés arcaico y deliberadamente poco americano que ahora los asiáticos adoptaban para comunicarse con los extranjeros—, ¿qué pueden hacer por ti estos dos despreciables animales terrestres? Por mi amigo no puedo responder, pero al menos yo soy desde ahora tu esclavo.

Sus ojos recorrieron apreciativamente todo el cuerpo de la joven, aunque con absoluto comedimiento. Y ella, con aquella gracia suplementaria que aureola a las mujeres cuando sienten la caricia de una mirada admirativa, se escurrió el agua de los cabellos y estuvo a punto de responder.

Pero el norteamericano protestó:

—Quienquiera que seas, te ruego que no nos interrumpas. Estamos realmente muy ocupados tratando un asunto de gran importancia, y no tenemos tiempo que perder. Te ruego que te vayas. Tu desnudez ofende a quien está acostumbrado a los modales civilizados. En un país moderno, no te permitirían presentarte sin bañador. Cada vez somos más sensibles respecto a ese particular. Un rubor que denotaba aflicción, pero que realzaba su belleza, se extendió por su rostro, y la intrusa hizo ademán de retirarse. Pero el chino exclamó:

—¡Quédate! Nosotros ya casi hemos terminado nuestra conversación. Vivifícanos con tu presencia. Devuelve la realidad a nuestra discusión permitiéndonos contemplar por unos instantes los perfectos contornos de tus muslos y tu cintura. ¿Quién eres? ¿A qué raza perteneces? Mis estudios antropológicos no me permiten clasificarte. Tu piel es más clara que la de los nativos de estas islas, a pesar del bronceado solar. Tus senos son griegos. Tus labios están cincelados con el recuerdo de Egipto. Tus cabellos, a pesar de ser obscuros como la noche, adquieren un asombroso tinte dorado al secarse. Y déjame observar tus ojos. Almendrados, delicados, como los de las mujeres de mi tierra, insondables como el espíritu de la India, se revelan, sin embargo, ante tu nuevo esclavo no totalmente negros, sino violetas como el cenit antes del amanecer. Esa exquisita unidad de elementos incompatibles conquistan tanto mi corazón como mi entendimiento.

Durante esa perorata, ella recobró la compostura, si bien echaba una mirada de vez en cuando al norteamericano, que seguía apartando la vista de su cuerpo.

La joven respondió casi con la misma dicción del otro; pero, sorprendentemente, con un acento inglés antiguo:

—En efecto, soy mestiza. Podrías llamarme, no hija del océano, sino hija de la humanidad, pues viajeros de todas las razas han sembrado su simiente en esta isla. Mi cuerpo, lo sé, delata su diverso linaje en una mezcla de caracteres bastante rara. También mi mentalidad es quizás insólita, pues jamás salí de esta isla. Y, si bien ha transcurrido menos de un cuarto de siglo desde que nací, el siglo pasado ha tenido para mí tal vez más significación que los obscuros acontecimientos del presente.

»Un ermitaño me enseñó. Hace doscientos años, él vivía en Europa; pero hacia el final de su larga vida se recluyó en esta isla. Me amó cuando era anciano. Y día tras día me hizo conocer el gran espíritu del pasado; pero de su época no me dio nada. Ahora que ya está muerto, lucho para familiarizarme con el presente, pero sigo viéndolo todo desde el ángulo de otra época. Y, asimismo —añadió, dirigiéndose al norteamericano—, si te he ofendido por ir en contra de las costumbres modernas, es porque a mi mentalidad insular no se le ha enseñado que sea indecente la desnudez. Soy muy ignorante, una auténtica salvaje. ¡Ojalá pudiese adquirir experiencia de vuestro fabuloso mundo! Si un día se acaba la guerra, voy a tener que viajar.

—¡Deliciosa, de exquisitas proporciones, una salvaje exquisitamente civilizada!

—exclamó el chino—. Vente conmigo a pasar unas vacaciones en la China moderna. Allí una mujer puede bañarse sin vestidos, siempre y cuando sea hermosa.

Ella no hizo caso de la invitación, y pareció que había caído en un ensueño. Luego siguió hablando como si estuviera ausente:

—Tal vez no sufriría esta inquietud, esta ansia por conocer el mundo, si, en cambio, pudiese experimentar la maternidad. Muchos de los isleños, de cuando en cuando, me han honrado con sus abrazos, pero con ninguno de ellos podía permitirme concebir. A todos los amo, pero ninguno de ellos es en el fondo más que un niño.

El norteamericano se impacientaba. Pero de nuevo terció el mongol, con voz baja y profunda:

—Yo —dijo—, el vicepresidente del Directorio Económico Mundial, me sentiré muy honrado de brindarte la oportunidad de ser madre.

Ella lo contempló con grave expresión; luego sonrió como si estuviese ante un niño que pidiera más de lo que razonablemente se puede dar. Pero el norteamericano se levantó prestamente. Dirigiéndose al elegante mongol, le dijo:

—Seguramente usted ya sabrá que el gobierno norteamericano está a punto de enviar una segunda flota aérea con bombas de gas venenoso para volver loca a toda la población de su país, más loca aún de lo que ya está. Ustedes no se pueden defender contra esa nueva arma; y, para salvarlo, no tengo que perder más tiempo. Y usted tampoco, pues tenemos que actuar de forma simultánea. Por el momento, ya hemos resuelto todos los problemas. Pero, antes de irme, debo decir que su conducta para con esta mujer me ha recordado obligadamente que hay algo censurable en el pensamiento y las formas de vida de los chinos. En mis anhelos de paz, pasé por alto mi deber a ese respecto. Le advierto ahora, pues, que, cuando el Directorio esté establecido, nosotros, los norteamericanos, tendremos que obligarlos a poner remedio a esos abusos, por el bien del mundo y de su pueblo.

El chino se puso de pie y respondió:

—Este asunto debe ser resuelto localmente. Nosotros no esperamos que ustedes acepten nuestras normas; por lo tanto, tampoco espere que nosotros aceptemos las suyas.

Avanzó hacia la mujer, sonriendo. Y el norteamericano tomó la sonrisa como un insulto. No necesitamos seguir la disputa que se entabló entre los dos representantes, cada uno de los cuales, si bien en cierto modo tenía sentimientos cosmopolitas, en el fondo despreciaba los valores del otro. Baste decir que el norteamericano se puso cada vez más serio y dictatorial, y el otro, cada vez más indiferente e irónico. Por fin, el norteamericano alzó la voz y presentó un ultimátum.

—Nuestro tratado de unión mundial —dijo— quedará sin firmar a menos que usted agregue una cláusula prometiendo reformas drásticas, que, en verdad, mis colegas ya habían propuesto como condición para la cooperación. Yo había resuelto suspenderlas, en el caso de que ellas pusiesen en peligro nuestro tratado; pero ahora veo que son esenciales. Ustedes deben educar a su pueblo para que abandone las actitudes lascivas y la pereza, y enseñarle la religión científica moderna. En las escuelas y las universidades, los profesores deben adscribirse al conductismo y la física fundamentalizada moderna, e inculcar la adoración al Divino Motor. El cambio será difícil, pero nosotros les ayudaremos. Precisarán una poderosa orden de inquisidores, responsables ante el Directorio, que se ocuparán de reformar la frivolidad sexual de su pueblo, en la cual derrochan tanta energía divina. A menos que esté usted de acuerdo con esto, no voy a poder detener la guerra. La ley de Dios debe preservarse, y quienes lo saben tienen que imponerla.

La mujer lo interrumpió:

—Dígame, ¿qué es ese «Dios» de ustedes? Los europeos adoraban el amor, no la energía. ¿Qué quiere decir la palabra energía? ¿Es tan sólo para hacer funcionar los motores más aprisa y para agitar el éter?

Él respondió secamente, como si repitiese una lección:

—Dios es el omnipresente espíritu del movimiento, que busca realizarse dondequiera que esté latente. Dios ha encargado al gran pueblo norteamericano que se ocupe de mecanizar el universo.

Hizo una pausa, mientras contemplaba las puras líneas de su hidroavión. Luego siguió diciendo con énfasis:

—¡Pero vamos! El tiempo es precioso. O se sirve a Dios o se estorba en medio del camino de Dios.

La mujer se le acercó, diciendo:

—Hay algo ciertamente grandioso en ese entusiasmo. Pero, de alguna manera, aunque mi corazón me dice que tiene usted razón, mi cabeza aún lo duda. Tiene que haber una equivocación en alguna parte.

—¡Una equivocación!— se echó a reír el norteamericano, amenazándola con su máscara de poder.

—Si el alma de un hombre es acción, ¿cómo puede estar equivocado al decir que la acción es divina? Yo he servido al gran Dios, la energía, toda mi vida, desde que era aprendiz en un garaje hasta llegar a ser presidente del mundo. ¿Acaso todo el pueblo norteamericano no ha probado la verdad de su fe con su propio éxito?

Fascinada, pero aún con perplejidad, ella se quedó mirándolo.

—Hay algo de terquedad en ustedes, los norteamericanos —dijo—, pero no hay duda de que son grandes. —Lo miró a los ojos. Luego, de repente, le puso una mano sobre el pecho y dijo con convicción—: Siendo lo que eres, seguramente tienes razón. De cualquier manera, eres un hombre, un hombre de verdad. Tómame. Sé el padre de mi hijo. Llévame a las peligrosas ciudades de Norteamérica a colaborar contigo.

El presidente se vio invadido por un súbito deseo del cuerpo de aquella mujer, y ella lo advirtió; pero él se dirigió al vicepresidente y le dijo:

—Ella ha visto dónde está la verdad. ¿Y usted? ¿Guerra, o cooperación en la obra de Dios? —La muerte de nuestro cuerpo, o la muerte de nuestra alma— contestó el chino, pero con una amargura carente de convicción, pues él no era un fanático.

—Bien, puesto que el alma es sólo la armonía de la conducta del cuerpo, y puesto que, a pesar de esta pequeña disputa, estamos de acuerdo en que la coordinación de la actividad es actualmente la principal necesidad del planeta, y dado que con respecto a nuestras diferencias de temperamento esta dama se ha pronunciado a favor de Norteamérica, y además, puesto que, si existe alguna virtud en nuestro modo de vida asiático, no sucumbirá bajo un poco de propaganda, sino que antes bien se fortalecerá por oposición…, puesto que todas esas cosas son así, acepto sus condiciones. Pero en China sería indigno consentir que ese gran cambio le fuese impuesto desde fuera. Tiene que darme tiempo para formar en Asia un partido nativo y espontáneo de energistas, que se ocuparán de divulgar su evangelio, y tal vez le otorgarán un donaire que, si me permite decirlo, aún no posee. Incluso eso lo haremos para asegurar el control cosmopolita de la Antártida.

De modo que se firmó el tratado; pero también se redactó un nuevo y secreto codicilo, y ambos fueron refrendados por la hija de la humanidad, con letra clara, redonda y anticuada. Luego, tomándoles la mano a ambos, dijo:

—Y así por fin el mundo está unido. Me pregunto por cuánto tiempo. Me parece oír la voz de mi antiguo dueño que me riñe, como si hubiese sido una estúpida. Pero él me abandonó, y he elegido un nuevo amo, el amo del mundo.

Le soltó la mano al asiático e hizo un gesto como para llevarse al norteamericano con ella. Y éste, aunque era un monógamo muy estricto, con su media naranja esperándolo en Nueva York, se moría de ganas de apretar aquel cuerpo bronceado por el sol contra sus puritanas ropas. Ella se lo llevó hasta perderse entre las palmeras.

El vicepresidente del mundo volvió a sentarse, encendió un cigarrillo y meditó, sonriendo.

IV. UN PLANETA NORTEAMERICANIZADO

1. La fundación del primer Estado Mundial

Ahora hemos llegado a ese punto de la historia de la Primera Humanidad en el que, unos trescientos ochenta años terrestres después de la guerra europea, se había logrado la unidad del mundo…, pero no antes de que la mente de la raza hubiese quedado gravemente dañada.

No es necesario volver a contar en detalle la transición de las soberanías nacionales rivales al control unitario a cargo del Directorio Económico Mundial. Baste decir que, mediante la acción concertada en Norteamérica y China, los gobiernos militares se encontraron paralizados por la resistencia pasiva de las grandes empresas cosmopolitas. En China, ese proceso fue casi instantáneo e incruento; en Norteamérica hubo serios desórdenes durante unas cuantas semanas, mientras el asombrado gobierno intentaba reducir a los rebeldes por medio de la ley marcial. Pero para ese entonces la población ya estaba ansiando la paz; y, si bien se fusiló a unos cuantos magnates, y se segó la vida de una multitud de obreros aquí y allá, la oposición fue irresistible. Muy pronto la pandilla gobernante fue derrocada.

El nuevo orden consistió en un vasto sistema similar al socialismo gremial, pero individualista en el fondo. Toda industria era, en teoría, dirigida democráticamente por sus miembros, pero en la práctica la controlaban los individuos más dominantes. Un Consejo Industrial Mundial se encargaba de la coordinación de todas las industrias; en su seno los líderes de cada rama industrial trataban los asuntos del planeta en conjunto. La situación de cada industria en el Consejo estaba determinada, en parte, por su poder económico en el mundo, y en parte, por la consideración pública. Pues las actividades humanas ya comenzaban a considerarse «nobles» o

«innobles»; y las nobles no eran necesariamente las más poderosas en el plano económico. Así en el Consejo hizo aparición un núcleo de «industrias» nobles, que eran, en aproximado orden de prestigio: las finanzas, la aviación, la ingeniería, el transporte de superficie, la industria química y el atletismo profesional. Pero el verdadero asiento del poder no se hallaba en el Consejo, ni siquiera en el núcleo del Consejo, sino en el Directorio Económico. Éste consistía en una docena de millonarios, con el presidente norteamericano y el vicepresidente chino a la cabeza.

En esa augusta comisión, las disensiones internas eran inevitables. Poco después de haberse inaugurado el sistema, el vicepresidente trató de derrocar al presidente haciendo públicas sus relaciones con la mujer de color que ahora se arrogaba el nombre de hija de la humanidad. Se suponía que esta nota escandalosa encendería las iras del virtuoso público norteamericano contra su héroe. Pero, gracias a un golpe de genio del presidente, se salvó él y la unidad del mundo. Lejos de negar el cargo, lo ensalzó. En ese momento de triunfo sexual, dijo, le había sido revelada una gran verdad. Sin aquel osado sacrificio de su pureza privada, nunca habría estado realmente preparado para ser presidente del mundo; habría seguido siendo simplemente un norteamericano. Por las venas de aquella dama corría la sangre de todas las razas, y en su espíritu se fundían todas las culturas. Su unión con ella, confirmada por muchas visitas consecuentes, le había enseñado a penetrar en el espíritu de Oriente, y había engendrado en él una infinita compasión humana como la que su alto cargo exigía. Como individuo privado, afirmaba, seguía siendo monógamo, con una esposa en Nueva York; y, como individuo privado, había pecado y debía sufrir eternamente los remordimientos de la conciencia. Pero como presidente del mundo tenía la obligación de desposarse con el mundo.

Y, puesto que nada se podía decir que fuese real sin tener una base física, aquella unión espiritual debía personificarse y simbolizar mediante su unión física con la hija de la humanidad. Con tonos de grave emoción, describió frente al micrófono cómo, en presencia de aquella mujer mística, había vencido de repente los escrúpulos de su moral privada; y entonces, en un súbito acceso de energía divina, había consumado el matrimonio con el mundo a la sombra de un bananero. La adorable imagen de la hija de la humanidad — decentemente vestida— se transmitió por televisión a todos los receptores de la Tierra. Su cara, en la que se mezclaban Asia y Occidente, se convirtió en un símbolo potentísimo de la unidad humana. Todo hombre del planeta imaginó ser su amante. Toda mujer se identificó con aquella suprema joven.

Sin duda había un asomo de verdad en la afirmación de que la hija de la humanidad había ensanchado la mente del presidente, pues inesperadamente su política se tornó muy diplomática con respecto a Oriente. A menudo moderó la exigencia norteamericana de la inmediata norteamericanización de China. En más de una ocasión persuadió a los chinos de acoger con beneplácito una acción política que en un principio habían considerado con desconfianza.

La explicación que el presidente hizo de su conducta aumentó su prestigio tanto en Norteamérica como en Asia. Norteamérica estaba hipnotizada por la romántica religiosidad de la historia. No tardó en ponerse de moda ser un monógamo estricto con una esposa doméstica, y una esposa «simbólica» en Oriente, o en otra ciudad, o calle vecina, o con varias en distintas localidades. En China, la fría tolerancia con la que el presidente fue tratado en un principio, se volvió más cálida a raíz de ese incidente hasta convertirse en una suerte de afecto. Y fue en parte gracias a su tacto, o a la influencia de la esposa simbólica, que la aceleración de la norteamericanización de China se produjo sin desorden alguno.

Durante unos meses después de la fundación del Estado Mundial, China estuvo plenamente ocupada en mitigar los efectos de la plaga de la demencia, llamada «la locura norteamericana», con la que su ex enemigo la había envenenado. La región costera del norte de China había quedado completamente desorganizada. La industria, la agricultura, el transporte se hallaban estancados. Enormes muchedumbres, enloquecidas y famélicas, vagaban por el país devorando toda clase de elementos vegetales y cebándose en la carne de sus propios muertos. Pasó mucho tiempo antes de que se pudiera dominar la enfermedad, y sin duda muchos años después se produciría de vez en cuando algún brote que causaría pánico en todo el país.

Para algunos de los chinos con ideas más anticuadas, era como si toda la población se hubiese contagiado ligeramente del germen; pues, en toda China, una secta nueva, cuyos miembros se autodenominaban energistas, y que al parecer había surgido espontáneamente, comenzó a predicar una nueva interpretación del budismo que defendía la santidad de la acción. Y, cosa extraña, este nuevo evangelio se extendió hasta tal punto, que en pocos años todo el sistema educativo pasó a manos de sus seguidores, aunque para ello tuvo que entablar una lucha con los miembros reaccionarios de las antiguas universidades. Sin embargo, a pesar de esa aceptación general del Nuevo Camino, a pesar del hecho de que a los jóvenes chinos se les enseñaba ahora a admirar el movimiento en todas sus formas, a pesar de contar con una escala de sueldos muy incrementados, que colocaba a todos los obreros en posesión de locomoción mecánica, en el fondo, las masas chinas seguían considerando que la acción era un medio hacia el descanso.

Y cuando por fin un físico nativo señaló que la suprema expresión de la energía la constituía el tenso equilibrio de fuerzas en el átomo, los chinos se aplicaron la doctrina a sí mismos y manifestaron que en ellos la quietud era el perfecto equilibrio de fuerzas poderosas. De esa forma contribuyó Oriente a la religión de esa época. La adoración de la actividad terminó por incluir la adoración a la inactividad. Y ambas se fundaban en los principios de las ciencias naturales.

2. La supremacía de la ciencia

A partir de ahora, la ciencia ocuparía una posición de honor única en la Primera Humanidad. Eso era así no tanto porque ése fuera el campo en el que la raza había pensado con más rigor mucho tiempo atrás, durante su apogeo, ni porque hubiera sido mediante la ciencia como los hombres habían logrado penetrar en la naturaleza del mundo físico, sino más bien porque la aplicación de los principios científicos había revolucionado sus circunstancias materiales. Las doctrinas de la ciencia, flexibles en otro tiempo, ahora habían comenzado a cristalizar en un dogma fijo e intrincado; pero la inventiva inteligencia científica aún se ejercitaba de manera brillante en mejorar la tecnología, y así dominaba por completo la imaginación de una raza en la que la curiosidad intelectual pura había desaparecido. El científico era visto como la encarnación, no sólo del conocimiento, sino del poder; y ninguna leyenda de la capacidad de la ciencia parecía demasiado fantástica para creer en ella. Un siglo después de la fundación del primer Estado Mundial, comenzó a correr un rumor en China acerca del supremo secreto de la religión científica, el espantoso misterio de Gordelpus, por medio del cual sería posible utilizar la energía encerrada en la oposición del protón y el electrón. Descubierto mucho tiempo atrás por un físico y santo chino, ahora se decía que ese conocimiento invalorable se había conservado desde entonces entre la élite científica, y que estaba a punto de darse a conocer en cuanto el mundo pareciera estar en condiciones de poseerlo. La nueva secta de energistas afirmaba que el joven descubridor era una encarnación de Buda, y que, puesto que el mundo aún no estaba preparado para la suprema revelación, él había confiado su secreto a los científicos.

Por parte del cristianismo, una leyenda similar se relacionaba con el mismo individuo. La Hermandad Cristiana Regenerada, a la postre la más abrumadoramente poderosa de las iglesias occidentales, consideraba que el descubridor era el Hijo de Dios, que en ese Segundo Advenimiento había propuesto inaugurar el milenio mediante la revelación del secreto del divino poder; pero, al ver que los pueblos aún eran incapaces de poner en práctica hasta el más primitivo de los evangelios de amor anunciados en su Primer Advenimiento, había sufrido el martirio por amor al hombre, y había confiado su secreto a los científicos.

Hacía tiempo que los trabajadores científicos del mundo se habían organizado como una corporación cerrada. El ingreso en el Colegio Internacional de Ciencias sólo se lograba mediante un examen y el pago de elevadas cuotas. Al asociarse se tenía el derecho al título de «científico», así como a realizar experimentos. Asimismo era una cualificación esencial para muchos puestos lucrativos. Además, se decía que había ciertos secretos técnicos que a los miembros se les prohibía revelar. Se rumoreaba que por lo menos en un caso, en el que alguien se había ido un poco de la lengua, el traidor había muerto misteriosamente poco después.

La misma ciencia, el cuerpo real del conocimiento natural, se había vuelto tan compleja, que un cerebro sólo podía dominar una mínima fracción. Así, los estudiantes de una rama de la ciencia no conocían prácticamente nada acerca de la obra de los que estudiaban ramas afines. En especial, ése era el caso de la extraordinaria ciencia denominada Física Subatómica. En ella se concentraban una docena de asignaturas, cada una de las cuales era tan compleja como toda la física del siglo XIX de la era cristiana.

Esa complejidad creciente había obligado a los estudiantes de un campo a ser más renuentes en criticar los principios de otros campos, o incluso a tratar de comprenderlos. Cada pequeño departamento, celoso de sus descubrimientos, era meticulosamente respetuoso de los descubrimientos de los demás. En un comienzo, los mismos filósofos y dirigentes técnicos eran los que coordinaban y criticaban filosóficamente las ciencias. Pero la filosofía, como disciplina técnica rigurosa, ya no existía. Había, por supuesto, un vago marco de ideas o de presunciones basado en la ciencia, y común a todos los hombres; una seudociencia popular, creada por los periodistas a partir de frases altisonantes de uso corriente entre los científicos. Pero los verdaderos científicos se enorgullecían de rechazar esa destartalada estructura, a pesar de que ellos mismos inconscientemente la daban por sentada. Y cada uno afirmaba que su tema especial tenía que seguir siendo ininteligible incluso para la mayoría de sus hermanos científicos.

En esas circunstancias, cuando se rumoreó que los físicos conocían el misterio de Gordelpus, todos los departamentos de física subatómica se resistían a negar el cargo explícitamente en su caso, y estaban dispuestos a creer que algún otro departamento realmente poseía el secreto. En consecuencia, la conducta de los científicos como cuerpo fortaleció la creencia general de que lo conocían y no querían confesarlo.

Unos dos siglos después de la formación del primer Estado Mundial, el presidente del mundo declaró que la época estaba madura para aceptar una unión oficial de la ciencia y la religión, y convocó una conferencia de los adalides de esas dos grandes disciplinas. En aquella isla del Pacífico que se había convertido en la Meca del sentimiento cosmopolita, y que actualmente era un Templo de la Paz, de múltiples pisos y coronado por las nubes, los jefes del budismo, islamismo, hinduismo, la Hermandad Cristiana Regenerada y la Iglesia Católica Moderna de Sudamérica acordaron que sus diferencias eran apenas diferencias de expresión. Todos y cada uno eran adoradores de la energía divina, tanto si se expresaba en la actividad, como en la tensa quietud. Todos y cada uno reconocieron al santo descubridor como el último y más grande de los profetas o una encarnación real del divino movimiento. Y se demostraba fácilmente que esos dos conceptos, a la luz de la ciencia moderna, eran idénticos.

En una época más antigua había reinado la costumbre de identificar la herejía y extirparla a fuego y espada, pero ahora el ansia de uniformidad se satisfacía justificando las diferencias, en medio del aplauso universal.

Cuando la conferencia hubo registrado la unidad de las religiones, continuó con el fin de establecer la unidad de la religión y la ciencia. Todos sabían, dijo el presidente, que algunos científicos estaban en posesión del supremo secreto, si bien, prudentemente, no querían reconocerlo de manera definitiva. Era hora, pues, de que las organizaciones científicas y religiosas se fusionasen, para una mejor conducción de la humanidad. Por lo tanto, instó al Colegio Internacional de Ciencias a elegir en su mismo seno un cuerpo selecto, que sería santificado por la Iglesia, y denominado la Sagrada Orden de los Científicos. Esos custodios del supremo secreto debían ser mantenidos con fondos del erario público. Debían dedicarse por entero al servicio de la ciencia, y en particular a la investigación de la forma más científica de adoración al divino Gordelpus. De los científicos presentes, unos pocos se mostraron claramente disconformes, pero la mayoría apenas disimuló su gozo bajo una actitud vacilante, meditabunda y digna. Entre los sacerdotes también se advirtieron dos expresiones; pero, en conjunto, se tuvo la impresión de que la Iglesia debía salir ganando al reunir en sí misma el prestigio único de la ciencia. Y así fue como se fundó la Orden que estaba destinada a convertirse en la fuerza dominante en los asuntos humanos hasta la caída de la primera civilización mundial.

3. Logro material

Salvo por alguno que otro conflicto local de poca importancia, fácilmente reprimido por la Policía Mundial, la humanidad ahora era una sola unidad social que duró unos cuatro mil años. Durante el primero de esos milenios, al menos el progreso material fue rápido, pero en los años sucesivos se fueron produciendo pequeños cambios hasta la desintegración total. Toda la energía de la humanidad se concentró en mantener en un ritmo constante la frenética rutina de la civilización, hasta que, después de otros tres mil años de despilfarro, ciertas fuentes esenciales de energía se agotaron de repente. En ninguna parte se tuvo la agilidad mental necesaria para hacer frente a esa nueva crisis.

El orden social se colapsó totalmente.

Podemos pasar por alto las primeras etapas de esa fantástica civilización, y examinar cómo se encontraba poco antes de que se comenzara a sentir el cambio fatal. Las circunstancias materiales de la raza en esa época habrían sorprendido a todos sus predecesores, incluso a aquellos que, en el verdadero sentido, eran seres mucho más civilizados. Pero para nosotros, los seres de la Ultima Humanidad, hay un patetismo extremo y hasta cierta comicidad, no sólo en ese hábito tan extendido de confundir el desarrollo material con la civilización, sino también en la insuficiencia real del tan cacareado desarrollo material mismo, comparado con el de nuestra propia sociedad.

En efecto, todos los continentes se hallaban en esos momentos reducidos a un estado minuciosamente artificial. Con excepción de las múltiples reservas en estado silvestre, que eran apreciadas como museos y campos de juegos, no quedaba ni un solo kilómetro cuadrado de territorio en estado natural. Tampoco había distinción alguna entre zonas agrícolas y zonas industriales. Todos los continentes estaban urbanizados, aunque, por supuesto, no a la manera de las congestionadas ciudades industriales de la primera época. La industria y la agricultura se compenetraban en todas partes. Eso era posible, por un lado, gracias al gran desarrollo de las comunicaciones aéreas, y por otro, mediante el notable perfeccionamiento de la arquitectura.

Grandes adelantos en la fabricación de materiales artificiales habían permitido la erección de edificios en forma de esbeltas torres que, elevándose a menudo hasta una altura de unos cinco kilómetros, o aún más, y con unos cimientos de unos cuatrocientos metros bajo la superficie de la tierra, podían ocupar un terreno llano de unos ochocientos metros de lado. En corte transversal, esas estructuras solían ser cruciformes, y en cada piso, en el centro de la cruz de largos brazos, había un aeropuerto, que proporcionaba el acceso directo desde el aire a los diminutos aviones privados que en esos momentos eran esenciales para la vida de toda persona adulta. Esos pilares arquitectónicos gigantescos, que prenunciaban las aún más fabulosas estructuras de una era futura, se hallaban distribuidos en todos los continentes en una densidad variable. En muy raras ocasiones se permitía que la distancia que separaba a estas estructuras una de otra fuese menor que su altura; por otra parte, salvo en el Ártico, muy raras veces estaban separadas por más de treinta kilómetros. El aspecto general de los países era muy parecido a un bosque ralo de árboles de altura gigantesca con los troncos descabezados. A menudo las nubes rodeaban esos picos artificiales a media altura o bien los envolvían por completo salvo en los pisos inferiores. Los ocupantes de los pisos superiores estaban familiarizados con el espectáculo de un mar de nubes deslumbrantes, salpicado por todas partes de elevadas islas arquitectónicas. Tal era la altura de los pisos superiores, que en ocasiones se hacía necesario proporcionarles, no sólo calefacción artificial, sino también aire y oxígeno a presión.

Entre esas columnas residenciales e industriales, en todas partes la tierra era verde o marrón, según las variaciones estacionales, o según se tratara de una explotación agrícola, un parque o una reserva silvestre. Todos los continentes estaban surcados por redes de anchos caminos grises para el tránsito de camiones pesados; pero el transporte más ligero y los servicios de pasajeros eran totalmente aéreos. En el cielo de todos los distritos más populosos se concentraba siempre un enjambre de aviones hasta una altura de ocho kilómetros, donde unas gigantescas naves aéreas unían constantemente un continente con otro.

El espíritu emprendedor de un pasado ya lejano había llevado la civilización a toda la tierra. El Sahara era una región cubierta por un lago, con infinidad de centros de veraneo orgullosos del sol de que gozaban. Las islas árticas de Canadá, ingeniosamente calentadas por corrientes tropicales directas, constituían el hogar de virosos norteños. Las costas antárticas, cuyos hielos se habían fundido de la misma manera, estaban habitadas permanentemente por aquellos que se dedicaban a la explotación de las riquezas minerales de las tierras interiores.

Buena parte de la energía que se requería para mantener la existencia de esa civilización se extraía de los restos de vegetación prehistórica que se encontraban bajo tierra, en forma de carbón. Si bien, después de la fundación del Estado Mundial, el combustible de la Antártida se había economizado con sumo cuidado, los nuevos yacimientos de petróleo se agotaron en menos de tres siglos, y los hombres se vieron obligados a hacer volar sus aviones por medio de la energía eléctrica generada con carbón. Sin embargo, en seguida resultó evidente que ni siquiera los riquísimos yacimientos de carbón de la Antártida durarían eternamente.

El agotamiento del petróleo había enseñado a la humanidad una lección muy dura: le había hecho sentir la realidad del problema de la energía. Al mismo tiempo, el espíritu cosmopolita, que estaba aprendiendo a considerar a los miembros de la humanidad entera como compatriotas, también estaba comenzando a tener una visión más amplia del aspecto temporal y a ver las cosas con los ojos de las generaciones remotas. Durante los primeros mil años del Estado Mundial, los más prudentes, había una determinación generalizada de no condenar al futuro mediante el derroche de energía. Así no sólo había una economía planificada —la primera empresa cosmopolita en gran escala—, sino que también se hicieron esfuerzos para emplear fuentes de energía más permanentes. El viento se utilizó de forma extensiva. En todos los edificios, un enjambre de molinos de viento generaban electricidad, y todas las cadenas montañosas estaban decoradas de manera similar, mientras que todo salto de agua considerable tenía que abrirse paso entre turbinas. Más importante aún era la utilización de la energía extraída de los volcanes y de perforaciones que permitían aprovechar el calor subterráneo. Esto, según se esperaba, resolvería por completo el problema de la energía, de una vez por todas.

Pero el genio inventivo ya no era lo que había sido, ni siquiera en los más tempranos e inteligentes períodos del Estado Mundial, y no se descubrió método alguno realmente satisfactorio. En consecuencia, en todas las etapas de esa civilización, las fuentes volcánicas no hicieron más que complementar los yacimientos de la Antártida, asombrosamente ricos. En esa región, el carbón se encontraba en vetas más profundas que en otras partes porque, a raíz de algún accidente, el calor central de la tierra no era allí —como en otras latitudes— tan intenso como para convertir en grafito las capas más profundas. Se sabía que otra posible fuente de energía eran las mareas marinas; pero el uso de esa energía estaba prohibido por la Sagrada Orden de los Científicos, porque, dado el origen astronómico del movimiento de las mareas, se habían llegado a considerar como algo sagrado. Tal vez el logro físico más importante del primer Estado Mundial en su fase naciente y más vital había sido la medicina preventiva. Aunque las ciencias biológicas hacía tiempo que se habían vuelto estereotipadas con respecto a las teorías fundamentales, siguieron produciendo muchos beneficios prácticos. Hombres y mujeres ya no tenían que temer que ellos o sus seres queridos fueran víctimas de afecciones como el cáncer, la tuberculosis, la angina de pecho, las enfermedades reumáticas o los terribles desórdenes del sistema nervioso. Ya no se producían súbitas plagas microbianas. Los partos ya no eran una dolorosa experiencia, ni la condición femenina una fuente de sufrimiento. No existían los inválidos crónicos, ni los tullidos para toda la vida. Sólo persistía la senilidad; y aun en ese caso se podían aliviar repetidamente sus efectos mediante el rejuvenecimiento fisiológico. La eliminación de todas esas antiguas fuentes de debilidad y dolor, que anteriormente habían afectado a la gente y acosado a tantos individuos con terrores definidos o con una vaga y apenas consciente desesperación, trajo consigo una animación generalizada y un optimismo impensables para las generaciones anteriores.

4. La cultura del primer Estado Mundial

Ésos fueron los logros físicos de esta civilización. Nada que fuese ni la mitad de tan artificial, intrincado y próspero había existido antes. Sin duda, en alguna era anterior se había perseguido un ideal semejante a ése; pero sus obsesiones nacionalistas no les habían permitido alcanzar la necesaria unidad económica. Sin embargo, esta civilización última había superado por completo el nacionalismo y había gozado de muchos siglos de paz necesarios para consolidarse. Pero... ¿con qué fin? Habiendo sido abolidos los terrores a la miseria y la enfermedad, el espíritu humano se vio liberado de una carga abrumadora, y podría haberse atrevido a emprender grandes aventuras. Pero, lamentablemente, la inteligencia del hombre ahora había menguado seriamente. Y así esa época, mucho más que el tristemente famoso siglo XIX, fue la gran era de la suficiencia estéril.

Todo individuo era un animal humano bien alimentado y físicamente saludable.

También era económicamente independiente. Su jornada de trabajo nunca superaba las seis horas, y a menudo sólo era de cuatro. Gozaba de una porción justa de los productos de la industria, y en sus largas vacaciones tenía la libertad para viajar en su propio avión por todo el planeta. En aquella época, con buena suerte, podía encontrarse rico a los cuarenta años; y, si la fortuna no lo había favorecido, aún podía esperar gozar de la opulencia a los ochenta, cuando todavía podría llevar una vida activa durante un siglo más.

Pero, a pesar de esa prosperidad material, era un esclavo. Su trabajo y su tiempo libre consistían en una actividad febril interrumpida por momentos de ocio, un tiempo que él consideraba pecaminoso y desagradable. A menos que integrara la minoría frenéticamente próspera, podía verse acuciado por momentos de cavilación, una actividad demasiado vaga para ser llamada meditación, y de ansias demasiado ciegas para ser consideradas deseos. Pues él y todos sus contemporáneos estaban regidos por ciertas ideas que no les permitían llevar una vida plenamente humana.

De esas ideas, una era la noción del progreso. Para el individuo, la meta que le imponían sus enseñanzas religiosas era el continuo avance en hazañas aeronáuticas, en la libertad sexual legal y en llegar a ser millonario. También para la raza el ideal era el progreso, y un progreso igualmente carente de inteligencia. Una aviación cada vez más excelente y extensiva, unas relaciones sexuales legales cada vez más amplias, una manufactura cada vez más gigantesca, así como un consumo cada vez mayor, todo ello tenía que ser coordinado en un sistema social más y más intrincado. En efecto, durante los últimos tres mil años, el progreso, aun siendo de especie tan ramplona, había sido reducido; pero ello era causa de orgullo más que de pesar. Significaba que la meta ya casi se había alcanzado, así como la perfección que justificaría la revelación del secreto de la energía divina, y la inauguración de una era de actividad incomparablemente más intensa.

Pues la idea generalizada que tiranizaba a la humanidad era la fanática adoración del movimiento. Gordelpus, el motor supremo, exigía a su encarnación humana una actividad compleja e intensa, y la perspectiva de la vida eterna del individuo dependía del cumplimiento de esa obligación. Curiosamente, si bien la ciencia hacía tiempo que había destruido la fe en la inmortalidad personal como un atributo intrínseco del hombre, había surgido una fe complementaria que sostenía que quienes se entregaban a la acción se conservarían eternamente, por un milagro especial, en el ágil espíritu de Gordelpus. Así, de la infancia a la muerte, la conducta del individuo estaba determinada por la obligación de producir tanto movimiento como fuese posible, ya por su propia actividad muscular o mediante el dominio de las fuerzas de la naturaleza.

En las jerarquías de la industria, eran tres las ocupaciones que merecían honores casi tan elevados como los de la Sagrada Orden de los Científicos, a saber: volar, danzar y practicar atletismo. Todo el mundo practicaba las tres disciplinas hasta cierto punto, pues la religión las imponía; pero los pilotos profesionales y los ingenieros aeronáuticos, así como los bailarines y atletas profesionales, constituían una clase privilegiada.

Varias eran las causas que habían elevado la aviación a un puesto de honor único. Como medio de comunicación era de una importancia práctica extrema; y como medio de transporte más veloz merecía el acto de adoración supremo. El hecho accidental de que la forma del avión tuviese reminiscencias del principal símbolo de la antigua religión cristiana otorgaba a la aviación una significación mística adicional. Pues, aunque el espíritu del cristianismo se había perdido, muchos de sus símbolos se habían conservado en la nueva fe. Una causa más importante del dominio de la aviación era que, como las guerras habían dejado de existir, el peligro gratuito que ella ofrecía constituía la expansión más importante para el espíritu aventurero del animal humano. Los jóvenes de ambos sexos arriesgaban la vida con fervor por la gloria de Gordelpus y su propia salvación, mientras que sus mayores obtenían una satisfacción indirecta en aquella interminable fiesta de proezas juveniles.

En efecto, de no haber sido por las emociones que causaban las devotas acrobacias aéreas, es poco probable que la raza hubiese conservado durante tanto tiempo la paz y la unidad. En cada uno de los frecuentes Días de Vuelos Sagrados se realizaban rituales especiales de vuelos comunales y solitarios en todos los centros religiosos. En esas ocasiones, todo el cielo quedaba intrincadamente salpicado de miles de aparatos que giraban, se precipitaban, dibujaban el rizo, en un orden perfecto y a diversas altitudes, de modo que la danza en un nivel se complementaba con la danza en los otros niveles. Era como si las evoluciones espontáneas de innumerables bandadas de gallinetas y petirrojos se multiplicaran en millares de complejidades, y se subordinaran a una sola coreografía siempre cambiante de Terpsícore. Luego, de repente, todo se diluía en el horizonte, dejando el firmamento despejado para los cuartetos, duetos y solos de los más brillantes astros de la aviación. También de noche, flotillas de aviones que llevaban luces de colores dibujaban en el cenit simbólicos dibujos de fuego siempre cambiantes. Además de esas danzas aéreas, había existido durante ochocientos años la costumbre de que, periódicamente, una densa escuadra de aparatos que cubría diez mil kilómetros de cielo trazara las sagradas reglas del evangelio de Gordelpus, de modo que el Verbo viviente pudiese hacerse visible en otros planetas.

En la vida de cada individuo, el vuelo tenía un gran papel. Inmediatamente después de nacer, una sacerdotisa lo llevaba en su avión y lo dejaba caer, aferrado a un paracaídas, para que se posara diestramente en las alas del avión de su padre. Ese ritual servía como sustituto de la anticoncepción —prohibida al ser considerada una interferencia con la energía divina— pues, como sea que muchos bebés tenían atrofiado el simiesco instinto de presión, una gran proporción de recién nacidos se soltaban del paracaídas y se estrellaban contra las alas del avión paterno. En la adolescencia, el individuo —ya fuera varón o mujer— se ponía al mando de un avión por primera vez, y su vida seguía marcada en lo sucesivo por estrictas pruebas aeronáuticas. De la mediana edad en adelante —digamos cuando ya era centenario, y no podía esperar seguir ascendiendo en la jerarquía de la aviación activa—, seguía volando diariamente con el fin de no perder la práctica.

Las otras dos formas de actividad ritual, la danza y el atletismo, eran apenas menos importantes. Tampoco su práctica estaba totalmente confinada al suelo, pues ciertos ritos se celebraban con danzas sobre las alas de un avión en pleno vuelo.

La danza se asociaba especialmente con la raza negra, que ocupaba una situación muy peculiar en el mundo de esa época. De hecho, las notorias diferencias de color de la humanidad estaban comenzando a desaparecer. El aumento de las comunicaciones aéreas había tenido como consecuencia que las razas negra, cobriza, amarilla y blanca se mezclaran de tal manera, que en todas partes había una gran mayoría de seres que eran racialmente indistinguibles. En ningún lugar había un gran número de personas de marcado carácter racial. Pero cada uno de los antiguos tipos era propenso a aparecer de vez en cuando en individuos aislados, sobre todo en su antigua tierra natal. Esas «regresiones» solían tratarse de una manera especial e históricamente apropiada. Así, por ejemplo, las danzas más sagradas eran confiadas a quienes presentaban definidas características negras.

En los tiempos de las naciones, los descendientes de los esclavos negros emancipados de Norteamérica habían ejercido una gran influencia en la vida artística y religiosa de la población blanca, y habían inspirado un culto de las danzas negroides que sobrevivió hasta el fin de la Primera Humanidad. Eso se debió en parte al carácter sensual y primitivo de las danzas negras, características muy necesarias en una nación dominada por los tabúes sexuales. Pero también tenía una causa más profunda. La nación norteamericana había logrado tener esclavos gracias a la captura, y durante mucho tiempo continuó despreciando a sus descendientes. Más adelante, compensaron inconscientemente su sentimiento de culpa mediante el culto del espíritu negro. Así, cuando la cultura norteamericana llegó a dominar el planeta, los negros puros se convirtieron en una casta sagrada.

Desprovistos de muchos de los derechos de ciudadanía, eran considerados como los servidores privados de Gordelpus. Eran a la vez sagrados y parias. Ese papel dual fue compendiado en un extravagante rito que se celebraba anualmente en todos los parques nacionales. Una mujer blanca y un negro, elegidos por su destreza en la danza, ejecutaban un largo y simbólico ballet, que culminaba en un acto ritual de violación sexual, realizado a la vista de los enloquecidos espectadores. Acabado éste, el negro apuñalaba a su víctima, y huía a través del bosque perseguido por una muchedumbre enfervorizada. Si llegaba al santuario, se convertía en un peculiar objeto sagrado para el resto de su vida. Pero, si lo atrapaban, era destrozado o se lo rociaba con un líquido inflamable y moría quemado. Era tal la superstición de la Primera Humanidad en esa época, que los participantes de la ceremonia raras veces se mostraban renuentes a actuar, pues creían firmemente que ambas víctimas tenían asegurada la vida eterna en Gordelpus.

En Estados Unidos, ese linchamiento sagrado era la más popular de todas las celebraciones, dada su naturaleza sexual y sangrienta, y brindaba un gozo cruel a las masas, cuya vida sexual era restringida y secreta. En la India y África, el violador siempre era un «inglés», cuando se podía encontrar un ser tan raro. En China se había modificado todo el carácter de la ceremonia: la violación se convertía en un beso, y el asesinato, en un suave golpe con un abanico.

A los miembros de otra raza, la judía, se los trataba con una combinación similar de honores y desprecio, pero por razones muy diferentes. En la antigüedad, su habitual inteligencia y su especial talento para las finanzas, sumados a su calidad de apátridas, los habían convertido en parias; y ahora, en la declinación de la Primera Humanidad, mantenían la ficción — si no estrictamente el hecho real— de la integridad racial. Seguían siendo parias, aunque indispensables y poderosos.

Casi la única suerte de actividad intelectual que la Primera Humanidad aún podía respetar eran las operaciones financieras, fuesen privadas o cosmopolitas. Los judíos se habían tornado inapreciables en la organización económica del Estado Mundial, dado que superaban a las demás razas porque sólo ellos habían conservado un respeto furtivo por la inteligencia pura. Y así, mucho después de que la inteligencia se considerara desdorosa en los hombres y mujeres comunes, se contaba con encontrarla en los judíos. En ellos era llamada astucia satánica, y se consideraba a los judíos como la encarnación de los poderes del mal, dedicados al servicio de Gordelpus.

Con el tiempo, éstos tuvieron en cierto modo el «monopolio» de la inteligencia, un precioso elemento que utilizaban mayormente para sus propósitos; pues dos mil años de persecución hacía tiempo que los habían vuelto por completo tribales, de manera subconsciente si no consciente. De forma que, cuando lograron el dominio de las contadas operaciones que aún exigían originalidad en vez de rutina, se valieron de esa ventaja sobre todo para fortalecer su posición en el mundo. Porque, si bien eran relativamente brillantes, se habían visto afectados por la grosería y limitación generales que reinaban en todos sitios. Si bien eran capaces de criticar hasta cierto punto los medios prácticos necesarios para lograr ciertos fines, en esos momentos eran totalmente incapaces de criticar los fines fundamentales que habían predominado en su raza durante miles de años. En ellos, la inteligencia había quedado totalmente subordinada al espíritu tribal. Eso justificaba el odio universal y aun la repugnancia física que despertaban, pues eran los únicos que no habían logrado efectuar el gran avance del espíritu tribal a un

102

cosmopolitismo que en otras razas ya no era simplemente teórico. Asimismo, había una buena razón para el respeto que se les tenía, puesto que conservaban y utilizaban de manera bastante despiadada cierto grado del atributo más definidamente humano: la inteligencia.

En tiempos primitivos, la inteligencia y la cordura de la raza se habían conservado gracias a la incapacidad de sobrevivir de sus miembros insanos. Cuando se puso en boga el humanitarismo, y los dementes eran atendidos a expensas del erario público, esa selección natural cesó. Y como sea que esos infortunados eran incapaces de prudencia y de responsabilidad social, procreaban sin restricciones y amenazaban con infectar a toda la especie con su corrupción. Por lo tanto, durante el cenit de la civilización occidental, a los subnormales se los esterilizaba. Pero luego, los devotos de Gordelpus consideraron la esterilización y la anticoncepción como una interferencia maligna con la divina potencia. Por lo tanto, la única restricción al crecimiento demográfico consistía en el lanzamiento en paracaídas de los recién nacidos, un proceso que, si bien eliminaba a los más débiles, entre los bebés sanos favorecía a los más primitivos y no a los más desarrollados. De esa forma fue declinando paulatinamente la inteligencia de la raza. Y nadie lo lamentó.

La repugnancia general que despertaba la inteligencia fue una consecuencia de la adoración del instinto, y ésta, a su vez, era un aspecto de la devoción a la actividad. Puesto que la fuente inconsciente del vigor humano era la energía divina, en la medida de lo posible nunca se debía frustrar el impulso espontáneo. Sin duda, al individuo le estaba permitido razonar dentro de la esfera de su trabajo oficial, pero jamás en otro ámbito. Y ni siquiera los especialistas podían razonar y experimentar sin obtener primero una licencia para la investigación del caso. La licencia era muy cara, y sólo se otorgaba si se podía demostrar que el objetivo contribuiría a incrementar la actividad mundial. En los viejos tiempos, ciertas personas de mórbida curiosidad se habían atrevido a criticar los métodos venerables de hacer las cosas, y habían sugerido métodos «mejores» que no eran convenientes para la Sagrada Orden de los Científicos. Eso se tenía que acabar. En el cuarto milenio del Estado Mundial, las operaciones de la civilización se habían vuelto tan intrincadamente estereotipadas que nunca se presentaban nuevas situaciones de orden superior.

Había una clase de actividad intelectual, además de la centrada en las finanzas, que merecía respeto: el cálculo matemático. Todos los movimientos rituales, todos los impulsos de la maquinaria industrial, todos los fenómenos naturales observables tenían que ser minuciosamente descritos con fórmulas matemáticas. Los informes se clasificaban en archivos secretos de la Sagrada Orden de los Científicos... y allí permanecían. La vasta empresa de la descripción matemática constituía la tarea principal de los científicos, y se decía que era el único medio por el cual ese algo evanescente, el movimiento, se podía introducir en el ser eterno de Gordelpus.

El culto del instinto no desembocaba simplemente en una existencia caracterizada por impulsos ingobernables; lejos de ello. Pues el instinto fundamental, se decía, era el instinto de adoración a Gordelpus en acción, y éste debía regir todos los demás instintos. De éstos, el más importante y sagrado era el impulso sexual, que la Primera Humanidad siempre había tendido a considerar divino y obsceno. Por lo tanto, la sexualidad se encontraba ahora estrictamente controlada. La ley prohibía toda referencia al sexo, salvo en forma de circunloquios. Las personas que hacían algún comentario sobre las evidentes connotaciones sexuales de las danzas religiosas eran severamente castigadas. Al individuo no se le permitía actividad sexual alguna ni ningún conocimiento relacionado con la sexualidad hasta que se ganaba sus alas. Sin duda, mientras tanto se podía obtener mucha información, si bien distorsionada y tergiversada, mediante la observación de los escritos y prácticas religiosos; pero, oficialmente, esos temas sagrados tenían una interpretación metafísica, no sexual. Y, aunque la madurez legal —el logro de las alas— podía ocurrir a la temprana edad de quince años, a veces no se alcanzaba hasta los cuarenta. Si a esa edad el individuo aún no había logrado pasar la prueba, se le prohibían las relaciones e informaciones sexuales para siempre.

En China y la India, ese antojadizo tabú sexual aparecía algo suavizado. Muchas personas de juicio más abierto habían llegado a considerar que impartir conocimientos sobre la sexualidad a los «inmaduros» sólo era un error cuando el medio de comunicación lo constituía el sagrado idioma norteamericano. Por consiguiente, utilizaban la lengua local. De manera similar, la actividad sexual de los «inmaduros» era permisible siempre y cuando se realizara aisladamente en las reservas silvestres, y sin el lenguaje norteamericano. Sin embargo, los ortodoxos condenaban esos subterfugios, incluso en Asia.

Cuando un hombre había obtenido sus alas, era oficialmente iniciado en el misterio de la sexualidad y toda su significación biológico–religiosa. También se le permitía tener una «esposa doméstica» y, después de muchas otras rigurosas pruebas de vuelo, cualquier número de esposas «simbólicas». Algo similar sucedía en el caso de la mujer. Esas dos clases de unión diferían grandemente. El marido y la esposa domésticos aparecían juntos en público, y su unión era indisoluble. La unión simbólica, en cambio, se podía disolver a voluntad por cualquiera de las partes.

También era demasiado sagrada para ser revelada, o siquiera mencionada, en público. Un gran número de personas nunca pasaban la prueba que sancionaba la sexualidad. Éstas permanecían vírgenes o bien mantenían relaciones sexuales que no sólo eran ilegales sino también sacrílegas. Por otra parte, los que triunfaban estaban autorizados a consumar el acto sexual con cualquier persona con quien hubieran establecido una relación casual.

En esas circunstancias, era natural que existiesen ciertos cultos secretos, entre el sector de la población sexualmente sumergido, que buscaban compensar la áspera realidad en un mundo de fantasía. De esas sectas ilícitas, había dos que estaban más ampliamente extendidas. Una de ellas era una corrupción de la antigua fe cristiana en un Dios de amor. Todo amor, decían, es sexual; por lo tanto en el culto, privado o público, el individuo tiene que buscar una relación sexual directa con Dios. De ahí nació un tosco culto fálico, que merecía el desdén de las personas más afortunadas que no lo necesitaban.

La otra gran herejía procedía en parte de la energía de los impulsos intelectuales reprimidos, y la practicaban las personas curiosas por naturaleza que, sin embargo, compartían la universal escasez de inteligencia. Esos patéticos devotos del intelecto se inspiraban en Sócrates. Ese gran pensador primitivo había afirmado que era imposible pensar con lucidez sin definir claramente los términos, y que sin un pensamiento esclarecido el hombre no alcanza la plenitud del ser. Estos postreros discípulos eran apenas menos fervientes admiradores de la verdad que su maestro, pero carecían por completo de su espíritu. Sólo conociendo la verdad, decían, el individuo puede alcanzar la inmortalidad; sólo definiéndola con precisión se puede conocer la verdad. Por consiguiente, reuniéndose en secreto, y bajo constante peligro de ser detenidos por actividad mental ilícita, discutían interminablemente sobre la definición de las cosas. Pero las cosas que a ellos les interesaba definir no eran los conceptos básicos del pensamiento humano; pues éstos, afirmaban, ya los habían establecido de una vez por todas Sócrates y sus seguidores inmediatos. Por lo tanto, aceptándolos como verdaderos, y tomándolos en sentido totalmente equivocado, los últimos socráticos se dedicaron a definir todos los procesos del Estado Mundial y el ritual de la religión establecida; todas las emociones de los hombres y las mujeres; todas las formas de narices, bocas, edificios, montañas, nubes y, de hecho, de todas las superficies del mundo. Así creyeron que se emancipaban del filisteísmo de su época, y establecían una camaradería con Sócrates en el futuro.

5. La caída

El colapso de esa primera civilización mundial se debió al súbito agotamiento de los yacimientos carboníferos. Hacía siglos que habían explotado todos los campos originarios, y resultaba evidente que los que se habían descubierto en fecha más reciente no podían durar eternamente. Durante unos miles de años, la principal provisión provenía de la Antártida. Tan prolífico fue ese continente, que últimamente se había generado una superstición en las obnubiladas mentes de los ciudadanos del mundo: la de que eran misteriosamente inagotables. De modo que, cuando por fin, a pesar de la estricta censura, comenzó a filtrarse la noticia de que, según se había comprobado, incluso en los posibles yacimientos más profundos no había depósitos vegetales de ninguna especie, en un primer momento el mundo se mostró incrédulo.

Una sana medida habría sido suprimir el enorme consumo de energía en los vuelos rituales, en los cuales se utilizaban más recursos que en toda la industria productiva. Pero para los fieles de Gordelpus semejante decisión era casi impensable. Además, eso habría socavado la aristocracia aeronáutica. Esa poderosa clase ahora declaraba que había llegado el momento de revelar el secreto de la energía divina, y pidió a la Sagrada Orden de los Científicos que inaugurara la nueva era. La agitación que se produjo en todos los países colocó a los científicos en una situación embarazosa. Trataron de ganar tiempo declarando que, si bien se acercaba el momento de la revelación, de hecho aún no había llegado; pues ellos habían recibido una confidencia divina de que la falta de carbón constituía una prueba suprema de la fe del hombre. El culto de Gordelpus en los vuelos rituales debía incrementarse en vez de reducirse. Destinando apenas un mínimo de la energía a las obras seculares, la raza debía concentrarse en la religión. Cuando Gordelpus tuviera pruebas de su devoción y de su fe, permitiría a los científicos que los salvasen.

Era tal el prestigio de la ciencia, que en un principio todos aceptaron esta explicación. Los vuelos rituales se mantuvieron. Se interrumpió la producción y el comercio de los artículos de lujo, y hasta los servicios vitales se redujeron al mínimo. A los obreros despedidos de sus empleos se les asignaron labores agrícolas, pues se consideró que el uso de la energía mecánica en los simples cultivos debía eliminarse lo antes posible. Pero esas transformaciones requerían una mayor capacidad de organización de la que había quedado en la raza, de modo que se generalizó la confusión, salvo aquí y allá, donde ciertos judíos intentaron llevar a cabo una organización seria.

Los primeros resultados de este gran movimiento económico y de abnegación personal iban a provocar una suerte de despertar espiritual entre muchos que hasta ese momento habían llevado una vida fácil y cómoda. Ello se incrementó a raíz de la sensación de crisis generalizada y de un inminente prodigio. La religión, que, a pesar de su autoridad universal en esa época, se había convertido en una cuestión ritual más que en una experiencia interior, comenzó a agitarse en muchos corazones, no como un movimiento de culto verdadero, sino más bien como un vago temor, no desprovisto de arrogancia. Pero a medida que la novedad de ese entusiasmo comenzó a pasar, y la vida se tornó cada vez más incómoda, hasta los más entusiastas empezaron a advertir con horror que en momentos de inactividad los asaltaban dudas demasiado chocantes para ser confesadas. Y, al empeorar la situación, ni siquiera la acción incesante bastó ya para suprimir esas fantasías terribles.

La humanidad cayó en una crisis psicológica sin precedentes, causada por el efecto del desastre económico sobre una mentalidad malsana. Debe recordarse que todo individuo había sido alguna vez un niño preguntón, pero que luego se le había enseñado a evitar la curiosidad como si fuese el aliento de Satanás. En consecuencia, la raza entera sufría una suerte de represión invertida, una represión de los impulsos del intelecto. El repentino cambio económico, que afectó a todas las clases sociales del planeta, puso bajo el foco de la atención una curiosidad sorprendente, un escepticismo obsesivo que hasta el momento había estado enterrado en los más profundos recovecos de la mente.

No resulta fácil concebir el extraño desorden mental que ahora afectaba a la humanidad entera, simbolizado en algunos casos por ataques de vértigo. Después de siglos de prosperidad, de rutina, de ortodoxia, se apoderó de la humanidad una duda que todo el mundo consideró diabólica. Nadie hablaba de ella; pero en la mente de cada individuo el demonio levantaba la cabeza murmurando, y todos se sentían perseguidos por la mirada despavorida de sus semejantes. Sin duda las circunstancias totalmente cambiadas de su vida eran una burla para su credulidad.

En una época más temprana del camino de la humanidad, esa crisis mundial podría haber servido para que aquélla abriera los ojos a la cordura. Ante el primer síntoma de peligro podría haber abandonado las extravagancias de su cultura. Pero ahora la antigua forma de vida estaba demasiado hondamente arraigada. Así pues, nos encontramos con el fantástico espectáculo de un mundo dedicado —devota y hasta heroicamente— a derrochar sus recursos en fabulosas exhibiciones aeronáuticas, no llevado por una fe sincera en su rectitud y eficacia, sino únicamente en una especie de automatismo desesperado.

Al igual que esos pequeños roedores cuya migración se veía interrumpida por la irrupción del mar, de modo que anualmente se ahogaban a millares, así la Primera Humanidad siguió irremediablemente con su conducta ritualista; pero, a diferencia de los conejillos árticos, eran lo suficientemente humanos como para sentirse al mismo tiempo llenos de incredulidad, una incredulidad que empero no se atrevían a reconocer.

Mientras tanto, los científicos se dedicaban seriamente y en secreto a sondear en la literatura antigua de sus especialidades, con la esperanza de descubrir el talismán olvidado. Efectuaban también experimentos clandestinos, pero sobre la base del falso indicio dejado por el astuto inglés contemporáneo del descubridor. Los resultados más importantes fueron que varios investigadores murieron envenenados o electrocutados, y que se hizo volar una importante universidad. Este hecho impresionó a la gente, que supuso que el accidente se debía a un arriesgado ejercicio de la divina potencia. Esa errónea interpretación inspiró a los desesperados científicos para improvisar «milagros» más impresionantes, que utilizaron para mitigar la creciente inquietud de los famélicos obreros industriales.

Así, cuando se presentó una comisión ante las puertas de las oficinas del Ministerio de Agricultura Cosmopolita para pedir más harina para los industriales, milagrosamente Gordelpus hizo estallar el suelo donde se encontraban y arrojó sus cadáveres entre la multitud de curiosos. Cuando los agricultores de China hicieron una huelga con el fin de conseguir una cuota razonable de energía eléctrica para llevar a cabo sus labores, Gordelpus los envolvió con una atmósfera nociva, de modo que se asfixiaron y murieron a millares. Estimulados de esa manera por la directa intervención divina, los elementos desleales y recelosos de la población mundial recobraron su fe y su docilidad. Y de ese modo el mundo siguió andando durante un tiempo, casi como lo había hecho durante los últimos cuatro mil años; la diferencia era un aumento generalizado del hambre y las enfermedades.

Pero, inevitablemente, a medida que las condiciones de vida se tornaban cada vez más difíciles, la docilidad dio paso a la desesperación. Los espíritus más osados comenzaron a cuestionar públicamente la sensatez, e incluso el sentido religioso, de un despilfarro tan fabuloso de energía en los vuelos rituales, cuando los artículos de primera necesidad como los alimentos y la ropa eran tan escasos. ¿Acaso esa devoción irremediable no los dejaba simplemente en ridículo ante los ojos divinos? Dios ayuda a quien se ayuda a sí mismo. Los índices de mortalidad habían aumentado de una manera alarmante, y ya había personas andrajosas y demacradas mendigando en las plazas públicas. En ciertos distritos, poblaciones enteras se morían de hambre, y el Directorio no hacía nada por ellas. En cambio, en otras partes se perdían las cosechas por falta de energía. En todos los países se elevaba un clamor airado exigiendo la inauguración de la Nueva Era.

Para ese entonces, los científicos eran presas del pánico. Nada habían logrado con sus investigaciones, y era evidente que en lo futuro toda la energía eólica e hidráulica tendría que destinarse a las industrias más importantes. Aun así, el futuro para muchos seres humanos era el hambre. El presidente de la Sociedad de Física sugirió al Directorio que redujera de inmediato los vuelos rituales a la mitad, a fin de buscar un término medio de compromiso con Gordelpus. En seguida la horrible verdad, que muy pocos se habían atrevido a reconocer ni siquiera entre ellos, se expandió por el éter en la voz de un destacado judío: toda la venerable leyenda del divino secreto era una mentira, por lo tanto, ¿por qué los físicos intentaban ganar tiempo?

La ira y la consternación se extendieron por todo el planeta. En todas partes la gente se levantaba contra los científicos, y contra las autoridades gubernativas que ellos dominaban. Las matanzas y las medidas de venganza no tardaron en convertirse en guerras civiles. China y la India se declararon estados nacionales libres, pero no pudieron lograr la unidad interna. En Norteamérica, siempre un bastión de la ciencia y la religión, el gobierno mantuvo su autoridad durante un tiempo; pero, a medida que su estabilidad se veía más amenazada, sus métodos se volvieron más despiadados. Al fin, cometió el error de usar no sólo gas venenoso, sino microbios; y era tal el grado de decadencia de la ciencia médica, que nadie pudo descubrir un medio para limitar sus estragos. Todo el continente americano sucumbió a una plaga de enfermedades pulmonares y nerviosas. La antigua «locura norteamericana», que mucho tiempo antes se había usado contra China, ahora asolaba América. Muchedumbres de locos que buscaban venganza en todo aquello que asociaban con la autoridad, destruyeron las grandes estaciones de energía hidráulica y eólica. Poblaciones enteras desaparecieron en una orgía de canibalismo.

En Asia y África se mantuvo durante un tiempo algo que se asemejaba al orden. Sin embargo, muy pronto la «locura norteamericana» se extendió también en esos continentes, y no tardaron en desaparecer todos los rastros vivientes de su civilización.

Sólo en las zonas más naturalmente fértiles del mundo los supervivientes pudieron arañar del suelo una pizca de vida En el resto, la más absoluta desolación. Lentamente, la jungla reclamó las tierras que habían sido suyas.

V. LA CAÍDA DE LA PRIMERA HUMANIDAD

1. La Primera Era Obscura

Hemos llegado a un período de la historia de la humanidad cercano a los cinco mil años después de la vida de Newton. En este capítulo debemos abarcar unos ciento quince mil años, y en el próximo, otros diez millones de años. Eso nos llevará a un punto del futuro tan remoto del primer Estado Mundial, como lejanos de éste se sitúan en el pasado los antropoides más primarios. En la primera décima parte del primer millón de años después de la caída del Estado Mundial, durante un lapso de cien mil años, la humanidad permaneció en un eclipse total. No fue hasta el fin de ese lapso, que denominaremos la Primera Era Obscura, cuando luchó de nuevo para abrirse paso desde el salvajismo, a través de la barbarie, hasta la civilización. Y su renacimiento fue relativamente breve, pues, desde los más tempranos comienzos hasta su fin transcurrieron tan sólo quince mil años; y el planeta se hallaba tan gravemente dañado en su agonía final que la mente humana permaneció sumida en un profundo sueño durante diez millones de años más. Ésa fue la Segunda Era Obscura. Éste es el campo que debemos observar en éste y el siguiente capítulo.

Se podría haber supuesto que, después de la caída del primer Estado Mundial, la recuperación se produciría en el curso de unas pocas generaciones. En efecto, los historiadores a menudo se han mostrado intrigados acerca de la causa de esta degradación tan sorprendentemente total y duradera. La naturaleza humana innata era más o menos la misma inmediatamente después que inmediatamente antes de la crisis; sin embargo, las mentes que habían mantenido con tanta facilidad una civilización mundial resultaron ser totalmente incapaces de construir un nuevo orden sobre las ruinas del viejo. Lejos de recobrarse, el estado de la humanidad se fue deteriorando rápidamente hasta que se hundió en el salvajismo más abyecto.

Muchas fueron las causas que contribuyeron a ese resultado: algunas relativamente superficiales y transitorias, otras profundas y duraderas. Es como si el destino, dirigiendo los acontecimientos hacia un fin establecido, se hubiera provisto de muchos y diversos instrumentos, de los cuales ninguno habría sido suficiente por sí mismo, si bien todos actuaron a la vez en el mismo sentido y de una manera irresistible. La causa inmediata de la debilidad de la humanidad durante la crisis del Estado Mundial fue, por supuesto, la vasta epidemia de locura y el aún más extendido deterioro de la inteligencia, que se produjo a raíz del uso de microbios. A causa de ese trance momentáneo, la humanidad no pudo evitar su caída durante esa primera etapa, cuando más fácil habría sido controlarla. Luego, cuando la epidemia hubo pasado, aunque la civilización ya estaba en ruinas, un esfuerzo concertado por parte de todos aún podría haber logrado reconstruirla con un plan más modesto. Pero entre los seres de la Primera Humanidad sólo una minoría había demostrado ser capaz de sentir tal devoción. La gran mayoría estaba demasiado obsesionada por sus impulsos privados. Y en ese período negro era tal la hondura de la desilusión y la fatiga, que toda firmeza de carácter resultaba imposible.

Al parecer había fallado, no sólo la estructura social de la humanidad, sino la estructura del universo mismo. La única reacción fue la desesperación más absoluta. Cuatro mil años de rutina le habían quitado a la naturaleza humana toda su flexibilidad. Esperar que esos seres remodelaran totalmente su conducta era casi tan irracional como esperar que las hormigas, cuando se les inunda el hormiguero, adopten los hábitos de los escarabajos de agua.

Pero una causa más profunda y duradera condenó a la Primera Humanidad a permanecer postrada durante un largo período después de haber caído. Un sutil cambio fisiológico, que resulta tentador denominar «senectud general de la especie», fue socavando el cuerpo y el espíritu humanos. El equilibrio químico de cada individuo se tornó cada vez más inestable, de modo que, poco a poco, se fue perdiendo el único don del hombre que le permitía gozar de una juventud prolongada. Mucho más rápidamente que antaño, sus tejidos dejaron de compensar el desgaste impuesto por la vida. Ese desastre no era inevitable, ni mucho menos; pero se produjo a raíz de la inclinación natural de la especie, que se agravó por causas artificiales. Pues, durante miles de años, el hombre había estado viviendo sometido a una presión demasiado alta en un medio biológicamente desnaturalizado, y no había descubierto los medios para compensar los estragos que las tensiones causaban en su naturaleza.

Así pues, después de la caída del primer Estado Mundial, las generaciones se precipitaron rápidamente del ocaso a la noche. Existir en esos siglos era vivir con la convicción de la decadencia universal, y abrumados por la leyenda de un fabuloso pasado. La población provenía casi totalmente de los agricultores del viejo orden y, dado que la agricultura se había considerado una ocupación básica y de escasa actividad, sólo adecuada para naturalezas perezosas, el planeta ahora estaba lleno de rústicos. Carentes de energía, maquinarias y fertilizantes químicos, esos patanes las pasaban negras para seguir viviendo. Y, en efecto, sólo una décima parte logró sobrevivir al gran desastre.

La segunda generación conoció la civilización sólo como una leyenda. Pasaban sus días dedicados plenamente a las labores del campo y asociándose en pandillas para combatir a los merodeadores. Las mujeres volvieron a ser objetos sexuales y domésticos. La familia, o tribu de familias, se convirtió en el núcleo social más grande. Se producían sin cesar pendencias y contiendas entre un valle y otro, así como entre los labradores y las hordas de bandoleros. Surgieron y cayeron algunos tiranos militares, pero no se podía mantener ninguna unidad permanente de control sobre regiones más vastas, ya que no había riquezas sobrantes para destinarlas a lujos tales como gobiernos y ejércitos disciplinados.

De esa forma, sin cambios apreciables, se sucedían los milenios con una penosa esclavitud del trabajo. Pues esos nuevos bárbaros estaban condenados a vivir en un planeta agotado. No sólo ya no quedaba carbón ni petróleo, sino casi ninguna otra riqueza mineral que pudiesen extraer con sus pobres herramientas e ingenio. En particular los metales inferiores, necesarios en tantas de las múltiples actividades de una civilización material desarrollada, hacía tiempo que habían desaparecido de las profundidades más accesibles de la corteza terrestre. Además la labranza se hallaba estancada por el hecho de que el hierro, que ya no se podía obtener por carecer de elementos mecánicos de explotación minera, ahora era inaccesible. Los hombres se habían visto obligados a recurrir de nuevo a los implementos de piedra, como habían hecho sus primeros antepasados humanos. Pero carecían de la habilidad y la persistencia de los antiguos. No sabían desbastar delicadamente la piedra como en el paleolítico ni obtener la pulida simetría del neolítico. Sus herramientas no eran más que guijarros rotos, piedras naturales apenas trabajadas.

En casi todas labraban el mismo y patético símbolo: la esvástica o cruz gamada, que la Primera Humanidad había utilizado como emblema sagrado durante toda su existencia, aunque con significados distintos. En este caso había sido originariamente la imagen de un avión cayendo en picado hacia la destrucción, y los rebeldes la habían usado para simbolizar la caída de Gordelpus y el Estado. Pero las generaciones siguientes volvieron a interpretar el emblema como el signo de un antepasado divino, y como un recuerdo de la edad dorada que había precedido a su decadencia, una decadencia que sería eterna si los dioses no decidían intervenir. Casi se podría decir que en el persistente uso de ese símbolo la primera especie humana compendió inconscientemente su naturaleza dual y antagónica consigo misma.

En esa época, la idea de la decadencia irreversible obsesionaba a la humanidad. La generación que provocó la caída del Estado Mundial atormentaba a su sucesora con relatos de comodidades y milagros, ocultando su certeza de que los jóvenes no poseían el ingenio para volver a crear tanta complejidad. Generación tras generación, a medida que las circunstancias de la vida real se tornaban más penosas, la leyenda de la gloria pasada se volvía más grotesca. Todo el cúmulo de conocimientos científicos se perdió rápidamente, con excepción de unos pocos fragmentos que cumplieron un servicio práctico aun en la vida salvaje. Algunos vestigios de la vieja cultura quedaron preservados en un confuso folclore que se extendió por el globo, pero aparecían distorsionados hasta ser irreconocibles.

Así, existía la creencia generalizada de que el mundo había comenzado como fuego, y que la vida había evolucionado a partir del fuego. Después de la aparición de los simios, cesó la evolución —así se decía—, hasta que descendieron unos espíritus divinos y poseyeron a las hembras de los primates, con lo que generaron a los seres humanos. De ese modo había surgido la edad dorada de los antepasados divinos. Pero, lamentablemente, al cabo de un tiempo, la bestia triunfó en el hombre sobre el dios, de tal manera que el progreso dio lugar a la prolongada decadencia. Y, en efecto, la decadencia era ahora inevitable, hasta que llegara el momento en que los dioses consideraran oportuno descender para cohabitar con las mujeres y estimular de nuevo a la humanidad. De ese modo perduró la fe en el segundo advenimiento de los dioses aquí y allá durante toda la Primera Era Obscura, y sirvió de consuelo a la humanidad por su vaga convicción del proceso degenerativo.

Aun al término de la Primera Era Obscura, las ruinas de los antiguos edificios residenciales en forma de torres piramidales todavía caracterizaban los paisajes, como una suerte de dominación senil sobre las cabañas de los salvajes contemporáneos. Pues las razas vivientes pululaban bajo esas reliquias como diminutos nietos jugando en torno a los pies de los abuelos, otrora poderosos. Tan bien se había construido en el pasado, y con materiales tan duraderos, que hasta después de un centenar de milenios las ruinas aún eran construcciones reconocibles. Si bien en su mayor parte, por supuesto, eran poco más que pirámides de escombros cubiertos de hierbas y arbustos, la mayoría conservaban tramos de pared intactos, y en ciertos lugares algún privilegiado ejemplar aún se alzaba sobre su derruida base como una colina de un centenar de metros, con infinidad de ventanas.

En torno a esas reliquias se tejían fantásticas leyendas. Según uno de los mitos, los hombres de la antigüedad se habían construido inmensos palacios que podían volar. Durante miles de años —todo un eón para esos salvajes—, los hombres habían convivido muy unidos, y reverenciando a los dioses; pero al fin se habían envanecido tanto con su propia gloria, que decidieron volar hasta el Sol, la Luna y el espacio estelar, para desalojar a los dioses de su resplandeciente hogar. Entonces los dioses sembraron la discordia entre ellos, de modo que comenzaron a combatir los unos con los otros en el

120

aire, y sus veloces palacios se estrellaron contra el suelo a millares, para convertirse eternamente en monumentos de la locura de los hombres. En otra leyenda, eran los hombres mismos quienes poseían alas. Habitaban en palomares de ladrillos, cuyas cimas sobrepasaban la altura de los astros, lo que provocó las iras de los dioses, los cuales, por lo tanto, los destruyeron. Así, en una forma u otra, el tema de la caída de los poderosos seres voladores de la antigüedad obsesionó a esos pueblos abyectos. Su ruda labor agrícola, sus cacerías y sus luchas para defenderse de los animales carnívoros redivivos se veían entorpecidas a cada momento por el temor de ofender a los dioses mediante cualquier tipo de innovación.

2. La ascensión de la Patagonia

A medida que se sucedían los siglos, de nuevo la especie humana se dividió inevitablemente en muchas razas en las diversas regiones geográficas. Y cada raza estaba constituida por una multitud de tribus, cada una de ellas ignorante de la existencia de todas las demás con excepción de sus vecinos inmediatos. Después de muchos milenios, esa vasta diversificación de razas y culturas hizo posible que se produjeran revivificaciones y nuevas transfusiones biológicas. Al fin, después de muchas mezclas raciales, surgió un pueblo en el cual se restableció de alguna manera la antigua dignidad de la humanidad. Una vez más, hubo una clara distinción entre la región progresista y la retrasada, entre la cultura «primitiva» y la relativamente esclarecida.

Ese renacimiento ocurrió en el hemisferio austral. Complejos cambios climáticos habían convertido la región meridional de Sudamérica en un adecuado semillero para la civilización. Además, un inmenso plegamiento de la corteza terrestre al

121

este y al sur de la Patagonia había convertido lo que antes era una región oceánica de aguas relativamente poco profundas en un vasto territorio nuevo que unía América con la Antártida por medio de las antiguas islas Malvinas y Georgias del Sur, y se extendía desde allí hacia el este y noreste hasta el corazón del Atlántico.

También sucedió que en Sudamérica las condiciones raciales eran más favorables que en ninguna otra parte. Después de la caída del primer Estado Mundial, el elemento europeo en esa región había mermado, mientras que la antigua estirpe indígena e inca había llegado a ser la raza dominante. Muchos miles de años antes, esa raza había alcanzado una civilización primitiva propia. Después de su destrucción a manos de los españoles, había parecido declinar por completo; sin embargo, siempre se mantuvo en espíritu curiosamente separada de sus conquistadores. Aunque ambas razas se habían mezclado de manera inextricable, en las zonas más remotas del continente perduró siempre un modo de vida que era ajeno al norteamericanismo dominante. Norteamericanizado de una manera superficial, siguió siendo fundamentalmente indígena e ininteligible para el resto del mundo. Durante la civilización anterior, ese espíritu había permanecido latente como una semilla en invierno; pero con el retorno de la barbarie volvió a germinar y se fue expandiendo calladamente. De la interacción de esa antigua cultura primitiva con los otros muchos elementos raciales que la vieja civilización cosmopolita había dejado en el continente, la vida civilizada renacería de nuevo. Así, de esa manera, los incas acabarían triunfando por fin sobre sus conquistadores.

Varias causas se combinaron, pues, en Sudamérica, y en especial en las nuevas y vírgenes llanuras de la Patagonia, para poner fin a la Primera Era Obscura. El gran tema de la mente comenzó a repetirse de nuevo, pero en menor escala; pues una grave incapacidad afectaba a los patagones: comenzaban a envejecer antes de pasar la adolescencia. En la época de Einstein, la juventud de un individuo se extendía hasta los veinticinco años, y, bajo el Estado Mundial, se había logrado duplicar esa edad por medios artificiales. Después de la caída de la civilización, la cada vez mayor brevedad de la vida del individuo ya no se disimulaba mediante artificios, y, a finales de la Primera Era Obscura, podía considerarse que un muchacho de quince años había alcanzado la mediana edad. La civilización patagónica en su punto más alto proporcionaba una considerable tranquilidad y seguridad a la existencia, y permitía que el hombre viviera hasta los setenta años o incluso los ochenta; pero el período de la juventud sensible y ágil alcanzaba, a lo sumo, poco más de una década y media. De ese modo, los verdaderamente jóvenes nunca podían contribuir a la cultura antes de haber alcanzado ya la mediana edad. A los quince años, sus huesos se volvían frágiles, sus cabellos encanecían y sus rostros se llenaban de arrugas. Sus articulaciones y músculos se ponían rígidos, su cerebro ya no se adaptaba con rapidez a los cambios y su fervor se esfumaba.

Puede parecer extraño que, en esas circunstancias, la raza pudiese crear alguna suerte de civilización, o que una generación hubiese podido hacer algo más que aprender las mañas de sus mayores. Pero, de hecho, si bien el progreso nunca fue muy acelerado, se puede decir que fue permanente. Pues, si bien esos seres carecían del vigor de la juventud, ello quedaba compensado, de alguna manera, por el hecho de que no tenían que estar sometidos a la agitación y las distracciones propias de la edad. En realidad, la Primera Humanidad era para ese entonces una raza que ya había superado los devaneos propios de la juventud, y, si bien sus correrías juveniles en cierto modo los habían dejado maltrechos, ahora gozaban de las ventajas de la sobriedad y sencillez de propósitos. Aunque el decaimiento y cierto temor a los excesos los condenaba a no alcanzar los más altos logros de sus predecesores, se evitaron en buena medida la incoherencia inútil y los conflictos mentales que habían torturado a la civilización anterior en su apogeo, aunque no en su decadencia. Además, como su naturaleza animal se hallaba bastante amansada, los patagones poseían una mayor capacidad para el conocimiento desapasionado y se inclinaban más hacia el intelectualismo. Eran un pueblo en el que la pasión no solía trastornar la conducta racional, si bien estaba más expuesto al fracaso a raíz de la simple indolencia o el desfallecimiento. Es cierto que les resultaba muy fácil caer en el desinterés, pero el suyo era el desinterés de la mera lasitud, no el salto desde la prisión de los deseos de la existencia hasta un mundo más amplio.

Uno de los orígenes del carácter especial de la mentalidad de los patagones residía en el hecho de que en ellos el impulso sexual era relativamente débil. Muchas causas obscuras habían contribuido a temperar esa pródiga sexualidad que hacía a la primera especie humana diferente de todos los demás animales, incluso de los simios más dados a las prácticas sexuales. Esas causas eran diversas, pero se combinaron para producir en la última fase de la vida de la especie una reducción general del exceso de energía. En la Era

Obscura, las dificultades de la lucha por la existencia habían reducido el interés sexual casi al nivel subordinado que ocupa en los animales. El coito se convirtió en un lujo sólo deseado en algunas ocasiones, mientras que el instinto de conservación era de nuevo una necesidad urgente y continua. Cuando por fin la existencia comenzó a ser más fácil la sexualidad siguió en estado en eclipse parcial, pues las fuerzas de la «senectud» racial se hallaban en actividad.

De ese modo, la cultura patagónica se diferenciaba en su talante de todas las anteriores culturas de la Primera Humanidad. Hasta ese entonces, había sido el choque de la sexualidad y el tabú social lo que había generado en parte el fervor y en parte las quimeras de la humanidad. El exceso de energía de la especie victoriosa, dirigido por las circunstancias hacia el caudaloso río de la sexualidad, que las convenciones sociales condenaban, se había canalizado a través de miles de labores. Y, aunque a menudo se desbordaba y asolaba todo lo que encontraba a su paso, en general se había sacado buen provecho de ella. En todas las épocas, sin embargo, había tenido tendencia a escapar en todas las direcciones y abrir canales para sí, del mismo modo que el tocón de un árbol saca no uno sino varios retoños. De ahí la riqueza, la diversidad, la incoherencia, los violentos e incomprensivos deseos y entusiasmos de los pueblos anteriores.

En los patagones no se apreciaba esa exuberancia. El hecho de que su sexualidad fuese reducida no constituía en sí mismo una debilidad. Lo que importaba era que las fuentes de energía que anteriormente fluían al canal del sexo habían menguado.

Imaginad, pues, un pueblo curiosamente sensato establecido al este de la antigua Bahía Blanca, que se fue extendiendo siglo tras siglo por las llanuras y los valles. Con el tiempo llegó hasta los picos que en un tiempo fueron las islas Georgia, mientras que hacia el norte y el oeste se adentró en las tierras altas del Brasil y traspuso los Andes. Definitivamente de una complexión más alta que cualquiera de sus vecinos, definitivamente más vigorosos e ingeniosos, los patagones no tenían auténticos rivales. Y, puesto que por temperamento eran pacíficos y conciliadores, su desarrollo cultural sufrió pocas demoras, ya fuese por el imperialismo militar o por disputas internas. Como sus predecesores en el hemisferio septentrional, pasaron por etapas de separaciones y de uniones, de retrocesos y regeneraciones; pero su avance fue en general más constante, y menos drástico que cualquiera de los que habían ocurrido antes. Los pueblos más antiguos habían saltado de la barbarie a la vida civilizada, para hundirse de nuevo al cabo de mil años. La lenta marcha de los patagones demoró diez veces ese lapso para pasar de una organización tribal a una civilizada.

Al fin, constituyeron una vasta comunidad altamente organizada de provincias autónomas, cuyo centro político y cultural se hallaba en la nueva costa noreste de las antiguas islas Malvinas, mientras que su periferia bárbara comprendía buena parte del Brasil y Perú. La ausencia de disputas serias entre las distintas regiones de ese «imperio» se debió en parte a una disposición pacífica innata, y en parte a su genio para la organización. Esas influencias se fortalecieron gracias a una tradición de cosmopolitismo —o de unidad humana— curiosamente fuerte, que se había generado en la agonía de la desunión antes de la época del Estado Mundial, y ardió con
126

tanto vigor en el corazón de los hombres que sobrevivió como un elemento mítico aun durante la Era Obscura. Tan poderosa era esa tradición que, incluso cuando las naves de la Patagonia fundaron colonias en las remotas África y Australia, esas nuevas comunidades permanecieron fielmente unidas al país madre. Y aun cuando la cultura cuasi nórdica de las nuevas y templadas costas antárticas opacó en su tiempo al antiguo centro, la armonía política de la raza nunca estuvo en peligro.

3. El culto de la juventud

Los patagones transitaron todas las etapas espirituales que habían experimentado las razas anteriores, pero de distinta manera. Ellos tenían su religión tribal primitiva, procedente del obscuro pasado, y se basaba en el temor a las fuerzas naturales. Contaban con su personificación monoteísta del poder como un creador vengativo. Su héroe racial más adorado era un dios–hombre que había abolido la vieja religión del miedo. Tuvieron también sus etapas de rituales devotos, así como sus etapas de racionalismo, y de nuevo sus etapas de curiosidad empírica.

Más significativo para el historiador que deseara comprender su mentalidad especial era el tema del dios–hombre; curiosamente se parecía, a pesar de sus diferencias, a temas similares de las culturas tempranas de la primera especie humana. Se concebía como un adolescente eterno y, místicamente, como el hijo de todos los hombres y mujeres. Lejos de ser el hermano mayor, era el Niño Favorito, y sin duda constituía el epítome de la energía y el entusiasmo juveniles, de los cuales la raza se estaba alejando. Si bien la libido de ese pueblo era débil, su interés en la paternidad era sorprendentemente fuerte. Pero el culto del Hijo Favorito no era meramente paternal, sino que expresaba, también, la sed del individuo por su propia juventud perdida, y la obscura sensación de que la raza en sí se hallaba en la senectud.

Se creía que el profeta había vivido realmente durante un siglo y en ese tiempo había sido un lozano adolescente. Lo llamaban «el muchacho que se negaba a crecer». Y esa fuerza de voluntad, se decía, se daba en él porque la débil vitalidad de la raza se concentraba millones de veces en su ser. Pues era el fruto de toda la pasión paternal habida y por haber, y por ese hecho era divino. En primer lugar, era el hijo del hombre, pero también era Dios. Pues Dios, en esa religión, no era el creador original sino el fruto del empeño del hombre. El creador era energía en estado bruto, que inadvertidamente había concebido un ser más noble que ella misma. Dios, el adorable, era el eterno resultado de la labor del hombre en el tiempo, la promesa eternamente vislumbrada de lo que el hombre tenía que llegar a ser. Sin embargo, si bien ese culto se basaba en la voluntad de alcanzar un futuro promisorio de juventud, también pesaba sobre él un temor, a veces casi una certeza, de que en realidad ese futuro jamás llegaría, de que la raza estaba condenada a envejecer y morir, de que el espíritu jamás conquistaría la carne corruptible, sino que debía desaparecer gradualmente. Sólo aceptando de corazón el mensaje del Muchacho Divino, se decía, el hombre podía tener la esperanza de escapar a ese destino.

Tal era la leyenda. Resulta instructivo examinar la realidad, el individuo real en quien se basaba ese mito del Hijo Favorito. Sin duda era un ser notable. Nacido de padres pastores en los Andes meridionales, en un primer momento se había hecho famoso como líder de un «movimiento juvenil» romántico; y fue en esa etapa temprana de su vida cuando logró ganarse a sus seguidores. Él urgía a los jóvenes a dar ejemplo a los viejos, a vivir su propia vida impertérritos ante las convenciones, a disfrutar, a trabajar arduamente pero por corto tiempo, a ser leales para con sus camaradas. Sobre todo, predicaba el deber religioso de mantenerse joven de espíritu. Nadie, decía, tenía que hacerse viejo, si lo deseaba de todo corazón, si se esforzaba en evitar que su alma se durmiera, si mantenía el corazón abierto a todas las influencias rejuvenecedoras y cerrado a todo hálito de senilidad. El gozo del alma en el alma, decía, constituía el gran rejuvenecedor; ese gozo reconstituía al amante y al amado. Si los patagones se limitaban a admirar la belleza de sus congéneres sin celos, la raza volvería a ser joven de nuevo. Y la misión de su banda de jóvenes, siempre en expansión, consistía precisamente en rejuvenecer a la humanidad.

La difusión de ese atractivo evangelio se vio favorecida por un hecho casi milagroso: el profeta resultó ser biológicamente único entre los patagones. Cuando muchos de sus contemporáneos daban muestras de senectud, él se mantenía físicamente joven. Asimismo, poseía un vigor sexual que a los patagones les parecía milagroso. Y, como fuera que el tabú sexual era desconocido, se dedicaba a hacer el amor con tanto ardor que tenía amantes en todos los pueblos, y muy pronto sus retoños se contaban a cientos. En ese aspecto, sus discípulos se esforzaban denodadamente en imitarlo, aunque con escaso éxito. El profeta seguía manteniéndose joven, y no sólo físicamente. También conservaba una asombrosa agilidad mental. Su prodigalidad sexual, si bien resultaba sorprendente para sus contemporáneos, era en él una forma moderada de descargar el exceso de energía. Lejos de dejarlo exhausto, más bien parecía que lo renovaba vitalmente. No obstante, muy pronto aquella exuberancia dio paso a una vida cada vez más tranquila de trabajo y meditación.

Fue en ese período cuando comenzó a diferenciarse mentalmente de sus semejantes. Pues a los veinticinco años, cuando la mayoría de los patagones se encontraban ya anquilosados mentalmente, él aún continuaba batallando con sucesivas oleadas de ideas, e incursionaba en lo desconocido. Pero no fue hasta los cuarenta años, si bien aún estaba físicamente en su primera juventud, cuando reunió sus energías y dio a luz su maduro evangelio. Ésta, su meditada visión de la existencia, resultó ser casi ininteligible para los patagones. Pues, aunque en cierto sentido era una expresión de su propia cultura, se trataba de una expresión en un plano de vitalidad que muy pocos de ellos podrían alcanzar jamás.

El clímax se produjo cuando, durante una ceremonia en el templo supremo de la ciudad capital, mientras los devotos se hallaban postrados ante la espantosa imagen del creador, el profeta sempiterno subió al altar, contempló primero a la congregación y luego al dios, prorrumpió en una sonora carcajada, descargó una resonante bofetada contra la imagen y exclamó:

—¡Feo, yo te saludo! No como al todopoderoso, sino como al más grande de todos los bufones. ¡Tener esa cara, y sin embargo ser admirado por ella! ¡Ser tan vacío, y sin embargo tan temido! Instantáneamente estalló un griterío. Pero era tal el resplandor divino del joven iconoclasta, tan seguro de sí mismo se veía, tan inesperada había sido la reacción del milagroso Muchacho y tal era su reputación que, cuando se volvió de cara a la multitud, todo el mundo guardó silencio y escuchó su regaño.

—¡Imbéciles! —gritó—. ¡Criaturas seniles! Si a Dios realmente le gusta vuestra adulación, y toda esta pantomima, es porque disfruta burlándose de vosotros y también de sí mismo. Sois demasiado serios, pero no lo suficiente; demasiado solemnes, y todo por fines pueriles. Estáis tan ansiosos por la vida, que no podéis vivir. Estimáis tanto la juventud, que se os escapa de las manos. Cuando yo era muchacho, os decía: «Mantengámonos jóvenes», y vosotros aplaudíais y seguíais abrazados a vuestros juguetes y no queríais crecer. Lo que yo decía no estaba mal para un muchacho, pero no era suficiente. Ahora soy hombre y os digo: ¡por el amor de Dios, creced!

«Claro que tenemos que conservarnos jóvenes; pero de nada sirve mantenerse joven si, a la vez, no crecemos, y no dejamos nunca de crecer. Claro que mantenerse joven es mantenerse ágil y vehemente; y crecer no es meramente sumirse en la rigidez y el desencanto, sino alcanzar habilidades más sutiles en todos los actos del juego de vivir. También hay otra cosa que forma parte del crecimiento: comprender que la vida, al fin y al cabo, es realmente un juego; un juego tremendamente serio, sin duda, pero nada más que un juego. Cuando practicamos un juego tal como se debe practicar, ponemos en tensión todos los músculos para ganar; pero en todo momento nos interesa menos ganar que el juego mismo. Y por ello jugamos mejor. Cuando los bárbaros juegan contra un equipo patagón, olvidan que es un juego, y se vuelven locos por vencer. Y entonces ¡cómo los despreciamos! Si ven que pierden, se vuelven salvajes; si ganan, arman una enorme batahola. Sea como fuere, se mata el juego, y no advierten que están matando una cosa adorable. ¡Y cómo insultan y maldicen al árbitro, también! »Yo mismo lo he hecho, qué duda cabe, en el pasado; no en el juego sino en la vida. De hecho, he maldecido al árbitro de la vida. De cualquier modo, más vale así que insultarlo con ofrendas, con la esperanza de obtener un favor; y eso es lo que estáis haciendo aquí, con vuestros salmos y vuestros votos. Eso yo nunca lo hice. Simplemente, lo odiaba. Luego, más adelante, aprendí a reírme de Él o, mejor dicho, de lo que vosotros ponéis en su lugar. Pero ahora, por fin, lo veo con claridad, y me río con Él, de mí mismo, por no haber comprendido el espíritu del juego. Pero…

¡vosotros venís aquí a adular, a lamentaros y a implorar favores del árbitro!

En ese momento, la gente se abalanzó hacia él para prenderlo. Pero él los detuvo con una juvenil risotada, que inspiró en ellos amor, al tiempo que también sentían odio. Volvió a tomar la palabra.

—Quiero contaros cómo llegué a aprender la lección. A mí me encanta trepar hasta la cima de las montañas más altas, y en una ocasión, cuando me encontraba entre los glaciares y precipicios del Aconcagua, me sorprendió una ventisca. Quizás algunos de vosotros sabéis lo que puede llegar a ser una tempestad en las montañas. El viento se convirtió en una ráfaga dolorosa de nieve, que me envolvió y me arrastró. Después de muchas horas de ser arrastrado y rodar por la nieve fui a parar a un ventisquero. Traté de levantarme, pero caía una y otra vez, hasta que mi cabeza quedó enterrada en la nieve. La idea de la muerte me enfureció, pues había muchas cosas que aún quería hacer. Me debatí frenéticamente, en vano.

»Luego, de repente..., ¿cómo podría explicarlo? Vi el juego que estaba perdiendo, y eso fue estupendo. No era peor perder que ganar. Pues ahora era el juego, no la victoria, lo que importaba. Hasta ese momento había estado ciego, y había sido un esclavo de la victoria; de pronto, era libre y podía ver. Me vi a mí mismo, y a todos nosotros, a través de los ojos del árbitro. Fue como si un actor pudiese ver toda la obra, con su propia interpretación, a través de los ojos del autor, desde el auditorio. Heme allí, interpretando el papel de un buen hombre que se hallaba en la agonía a causa de su propia negligencia antes de haber terminado su obra. Para mí, como personaje de la obra, la situación era horrible; sin embargo, para mí, como el espectador, se había vuelto excelente, de una excelencia superior. Vi que eso era así para todos nosotros, y para todos los mundos. Pues tuve la impresión de que veía un millar de mundos que participaban con nosotros en el gran espectáculo. Y lo veía todo a través de la mirada serena, la mirada exultante, casi burlona, pero no impía, del dramaturgo.

»Bueno, tal parecía que me había llegado la hora de hacer mutis... pero no, mi papel continuaba. De alguna manera, me sentía tan fortalecido por aquella nueva visión de las cosas, que logré salir del ventisquero. Y aquí estoy otra vez. Pero soy un hombre nuevo. Mi espíritu es libre. Cuando era muchacho os decía: «Sed más vivaces», pero en esa época no imaginaba que hubiese una vivacidad más intensa que el flamear de la juventud, una especie de incandescencia mortecina. ¿No hay nadie aquí que entienda lo que quiero decir? ¿No hay nadie que por lo menos desee esa vida más intensa? El primer paso consiste en superar esa adulación a la vida misma, y esa obsequiosidad de limosnero ante el poder. ¡Vamos! ¡Fuera! ¡Romped la ridícula imagen en vuestros corazones, como ahora yo destrozo este ídolo!

Dicho esto, agarró un enorme candelabro y destruyó la imagen. De nuevo se produjo un gran griterío, y las autoridades del templo lo hicieron detener. Poco después se lo juzgó por haber cometido sacrilegio, y fue ejecutado. Ese último disparate no había sido más que el remate de muchas imprudencias, y los que tenían el poder se alegraron de encontrar un pretexto tan obvio para liquidar a un lunático tan inteligente como peligroso.

Pero el culto del Muchacho Divino ya se había vuelto muy popular, pues las primeras enseñanzas del profeta expresaban los deseos fundamentales de los patagones. Sus seguidores incluso aceptaron su último y sorprendente mensaje sin comprenderlo realmente, ya que resaltaron el acto de iconoclasia más que el espíritu de su exhortación.

Siglo a siglo, la nueva religión, pues eso es lo que era, se propagó por todo el mundo civilizado. Y la raza pareció haberse rejuvenecido espiritualmente en cierta medida, por el fervor general.

También tuvo lugar cierto rejuvenecimiento físico; pues, antes de su muerte, ese ejemplar biológico único —que no era más que una regresión a la antigua vitalidad— engendró miles de hijos e hijas, que a su vez sembraron la buena semilla a lo largo y lo ancho. Sin duda, fue esa nueva estirpe la que llevó la edad dorada a la Patagonia, mejorando en gran manera el estado material de la raza, llevando la civilización a los continentes del norte y atacando los problemas de la ciencia y la filosofía con renovado ardor.

Pero la revitalización no fue permanente. Los descendientes del profeta se enorgullecieron demasiado de llevar una existencia violenta. Física, sexual y mentalmente se excedieron y se fueron debilitando. Además, poco a poco la sangre poderosa se fue diluyendo hasta ser anulada al relacionarse con el mayor volumen de los «seniles» innatos; de modo que, al cabo de unos pocos siglos, la raza volvió a su talante de la mediana edad. Al mismo tiempo, la visión del Muchacho Divino se fue distorsionando lentamente. En un principio había sido el ideal de los jóvenes de lo que debía ser la juventud: un entretejido de lealtad fanática, alegría irresponsable, camaradería, placer físico y no poca crueldad. Pero, inconscientemente, eso se convirtió en el modelo de lo que se esperaba de la juventud al madurar. La visión que tenían las personas mayores de una infancia ingenua y dócil, llevó a considerar de una forma muy sentimental al joven héroe violento. Todo lo que había estado impregnado de violencia cayó en el olvido; y lo que quedó se convirtió en un estímulo antojadizo y estimulante para los impulsos paternos. Al mismo tiempo, se dotó a esa imagen de toda la sobriedad y precaución que con tanta facilidad aprecian las personas de mediana edad.

Inevitablemente, esa imagen distorsionada de la juventud la convirtió en una pesadilla para los jóvenes de la raza. Se presentó como el modelo de la virtud social, pero fue un modelo al cual nunca se pudieron adaptar sin violentar lo mejor de su naturaleza, puesto que ya no era en absoluto una expresión de la juventud. Así como, en épocas anteriores, se había idealizado y al mismo tiempo esclavizado a las mujeres, lo mismo ocurría ahora con la juventud.

En efecto, apenas unos pocos, a lo largo de la historia de la Patagonia, alcanzaron una visión más clara del profeta. Menos aún fueron los que pudieron entender el espíritu de su mensaje final, fruto de la madurez, desconocida en la Patagonia, que su duradera juventud le había permitido alcanzar. Porque la tragedia de ese pueblo no fue tanto su «senectud» cuanto su detenido crecimiento. Al sentirse viejos, anhelaban volver a ser jóvenes. Pero, a raíz de su inmadurez mental permanente, jamás pudieron comprender que la verdadera, aunque imprevista, consecución de los apasionados deseos de la juventud no reside simplemente en alcanzar los fines de la juventud misma, sino en el progreso hacia una vitalidad más lúcida y precavida.

4. La catástrofe

Fue en esos días postreros cuando los patagones descubrieron la civilización que los había precedido. Al rechazar la antigua religión del miedo, habían abandonado también la leyenda de una magnificencia remota, y llegaron a considerarse a sí mismos como pioneros del entendimiento. En el nuevo continente que constituía su patria no había, claro está, reliquia alguna del antiguo orden; y las ruinas que se hallaban esparcidas por las regiones más antiguas se consideraban meras rarezas de la naturaleza. Pero últimamente, con el progreso de los conocimientos naturales, los arqueólogos habían reconstruido algo del mundo olvidado. Y la crisis se produjo cuando, en los sótanos de una torre derruida en China, encontraron almacenadas una serie de planchas de metal (fabricadas con un elemento artificial inmensamente duradero), en las cuales aparecían en relieve apretadas líneas de escritura. Esos objetos eran, de hecho, las planchas con que se imprimían los libros miles de siglos antes. No tardaron en descubrir otros depósitos, y paso a paso se fue descifrando la lengua muerta. Al cabo de tres siglos, quedó trazado el perfil de la antigua cultura; y muy pronto toda la historia de la ascensión y decadencia de la humanidad se precipitó sobre aquella civilización postrera con un efecto aplastante, como si la vieja torre de un edificio se hubiese desplomado sobre un pueblo de chozas indias levantado al pie. Los pioneros descubrieron que todo el terreno que tan dolorosamente habían ganado a la selva, ya hacía tiempo que había sido conquistado, para perderse después; que el aspecto material de su gloria no era nada comparado con la gloria del pasado, y que, en la esfera del conocimiento, ellos no habían hecho más que fundar unos cuantos caseríos donde anteriormente hubo un imperio. El sistema patagón de conocimiento natural apenas había ido más allá del que reinaba en la Europa prenewtoniana. Ellos habían hecho poco más que concebir el espíritu científico y desechar unas cuantas supersticiones. Y ahora, de pronto, se encontraban ante una vasta herencia de conocimientos.

Eso en sí mismo constituyó una experiencia gravemente perturbadora para un pueblo con un marcado interés intelectual. Pero aún más abrumador fue el descubrimiento — acaecido en el curso de sus investigaciones — de que el pasado había sido no sólo brillante sino demencial, y que el elemento insano había acabado triunfando por completo. Pues la mentalidad patagónica era en esos momentos demasiado sensata y empírica para aceptar los conocimientos antiguos sin comprobarlos. Los hallazgos de los arqueólogos fueron puestos en manos de los físicos y otros científicos, y no tardaron en diferenciar las ideas y valores de Europa y Norteamérica en su cenit de los productos degenerados del Estado Mundial. La secuela de ese encontronazo con una civilización más evolucionada fue dramática y trágica. Dividió a los patagones en leales y rebeldes, en aquellos que se aferraron a la idea de que los nuevos conocimientos eran una mentira satánica, y en aquellos que enfrentaron los hechos. Para los primeros, los hechos eran completamente deprimentes; en cambio, los otros, aunque amedrentados, vieron en ellos una grandeza cautivante, y también una esperanza.

Que la Tierra era una partícula de polvo entre las estrellas era la menos subversiva de las nuevas doctrinas, pues los patagones ya habían abandonado la visión geocéntrica. Lo que resultaba muy angustioso a los reaccionarios era la teoría de que una raza anterior hacía mucho tiempo que había poseído y despilfarrado la vitalidad que ellos tanto ansiaban. Los partidarios del progreso, por otra parte, exigían el aprovechamiento de aquellos vastos nuevos conocimientos, y manifestaban que, así pertrechada, la Patagonia podría compensar la falta de juventud con una sensatez superior. Esta divergencia de voluntades dio como resultado un conflicto físico como jamás se había conocido en el mundo patagónico. Surgió algo semejante al nacionalismo. Las costas antárticas, más pujantes, se tornaron modernas, mientras que la Patagonia se aferraba a la cultura más antigua. Hubo varias guerras; pero, a medida que la física y la química progresaban en la Antártida, los meridionales fueron capaces de inventar máquinas bélicas que los septentrionales no pudieron
138

combatir. En un par de siglos la nueva «cultura» había triunfado. El mundo volvía a estar unificado.

Hasta ese momento, la civilización patagónica había sido de tipo medieval, pero, bajo la influencia de la física y la química, comenzó a cambiar. Las energías hidráulica y eólica empezaron a usarse para generar electricidad. Se llevaron a cabo fabulosas prospecciones mineras en busca de metales y otros minerales que ya no podían encontrarse en las capas más superficiales. La arquitectura hizo uso del acero. Se construyeron aviones con motores eléctricos, pero sin éxito. Y ese fracaso fue sintomático, pues los patagones no eran lo suficientemente temerarios para dominar la aviación, aun cuando sus aparatos hubiesen sido más eficaces. Ellos mismos atribuían con toda naturalidad su fracaso a la falta de una fuente de energía conveniente, como el petróleo de la antigüedad. Sin duda esa carencia de petróleo y carbón los ponía en aprietos de vez en cuando. Disponían de la energía volcánica, por supuesto; pero, aunque los hábiles antiguos nunca la habían dominado realmente, los patagones fracasaron en forma rotunda al intentar su aplicación.

De hecho, contaban con toda el agua y el viento que necesitaban. Se podía disponer de los recursos de todo el planeta, y la población mundial ascendía a menos de cien millones. Sólo con esas fuentes, empero, jamás habrían podido competir en lujos con el anterior Estado Mundial, pero podrían haber alcanzado algo similar a una utopía.

Sin embargo, eso no habría de ser así. La industrialización, si bien fue acompañada tan sólo por un lento crecimiento demográfico, con el tiempo produjo la mayoría de las discordias sociales que casi habían llevado a la ruina a sus

139

predecesores. Ellos parecían creer que todos sus problemas se podrían solucionar con sólo contar con una energía material más abundante. Esa convicción tan fuerte y casi irracional constituía un síntoma de su obsesión permanente: el ansia de una mayor vitalidad. En esas circunstancias, era natural que un acontecimiento y unos fragmentos de historia antigua los fascinaran. En el pasado se había conocido el secreto de la energía material ilimitada, y luego se había perdido. ¿Por qué los patagones no habían de redescubrirlo y utilizarlo, con su superior cordura, para traer el cielo a la tierra? Sin duda, los antiguos habían hecho bien en renunciar a esa peligrosa fuente de energía; pero los patagones, sensatos y simples, no tenían por qué sentir miedo. Había quienes consideraban menos importante buscar una fuente de energía que encontrar un medio para frenar la senectud biológica; pero, lamentablemente, si bien la ciencia física había progresado rápidamente, las ciencias biológicas habían permanecido estancadas, sobre todo porque entre los mismos antepasados se había hecho poco más que preparar el terreno. Así aconteció que las mentes más brillantes de la Patagonia, fascinadas por la recompensa en juego, se concentraron en el problema de la materia. El Estado alentó esas investigaciones mediante la creación y dotación de laboratorios cuyo fin confesado era esa única obra.

El problema era difícil, y los científicos patagones, aunque muy inteligentes, no eran muy perseverantes. Sólo después de unos quinientos años de investigaciones intermitentes se develó el secreto, o una parte de él. Se comprobó que, mediante un enorme gasto inicial de energía, era posible anular las cargas eléctricas positivas y negativas en un tipo de átomo que no era muy común. Esa limitación, empero, no tenía mucha importancia; la raza humana ahora poseía una inagotable fuente de poder que se podía controlar y manipular con suma facilidad. Pero, si bien era controlable, el nuevo descubrimiento no era a prueba de imbéciles; por lo tanto no existía garantía alguna de que quienes lo manipularan no cometiesen una estupidez, o que, inadvertidamente, no se les escapara de las manos. Por desgracia, en la época en que se descubrió la nueva fuente de energía, los patagones estaban más divididos que antaño. La industrialización, combinada con la innata docilidad de la raza, había tenido como consecuencia una gradual división de clases aún más extrema que en el mundo antiguo, aunque se trataba de una división curiosamente distinta. La disposición marcadamente paternal de los patagones evitaba que la clase dominante cayera en la explotación brutal como había ocurrido con anterioridad. Salvo durante el primer siglo de industrialización, no hubo graves sufrimientos físicos entre el proletariado. Un gobierno paternal se ocupaba de que todos los patagones tuvieran al menos alimentos y ropas adecuados, que todos disfrutaran de un buen descanso y oportunidades de diversión. Al mismo tiempo, también procuraban que el vulgo estuviese cada vez más controlado. Al igual que en el primer Estado Mundial, la autoridad civil se encontraba de nuevo en manos de un reducido grupo de dirigentes industriales, pero con una diferencia: en otros tiempos, el motivo dominante de los grandes negocios residía en una pasión cuasi mística por la creación de actividad; ahora, la minoría gobernante tenía una actitud paternalista hacia la gente, y aspiraba a crear «un pueblo de espíritu juvenil, sencillo, alegre, vigoroso y leal». Su ideal de Estado era algo que estaba entre una escuela preparatoria regida por un cuerpo docente benévolo pero estricto, y una compañía con capital social, en la cual los accionistas tuviesen una sola función: delegar agradecidamente sus poderes a un grupo de brillantes directores.

El hecho de que el sistema funcionara tan bien y perdurara tanto tiempo se debió no sólo a la docilidad innata de los patagones, sino también al principio mediante el cual se reclutaba la clase gobernante. Del mal ejemplo de la civilización anterior, por lo menos se había aprendido una lección: el respeto por la inteligencia. Mediante un sistema de minuciosos exámenes, se seleccionaba a los niños más inteligentes entre todas las clases y se los preparaba como dirigentes. Los hijos de los dirigentes eran sometidos a los mismos exámenes, y sólo se enviaba a las escuelas para jóvenes dirigentes a aquellos que los aprobaban. Existía sin duda cierto grado de corrupción, pero en general el sistema funcionaba. A los niños seleccionados de esa forma se los capacitaba cuidadosamente en teoría y práctica, para que en el futuro fueran organizadores, científicos, sacerdotes y pensadores. A los niños menos inteligentes de la raza se los educaba de manera muy diferente. Se les inculcaba la idea de que eran menos capaces que los demás, y se les enseñaba a respetar a los dirigentes como seres superiores que estaban destinados a servir a la comunidad en obras arduas y especializadas, simplemente a causa de su capacidad. No sería cierto decir que a los menos inteligentes se los educaba meramente para ser esclavos; más bien se esperaba que fuesen los hijos e hijas dóciles, diligentes y felices de la patria. Se les enseñaba a ser leales y optimistas, se les proporcionaba capacitación profesional para las distintas ocupaciones, y se los estimulaba para que se sirvieran de su inteligencia tanto como fuese posible en el campo que más se adaptara a su mentalidad; pero los asuntos de Estado y los problemas religiosos y teóricos de las ciencias les estaban estrictamente prohibidos.

La doctrina oficial de la belleza de la juventud era fundamental en su educación. Se les enseñaban todas las virtudes convencionales de la juventud, y en particular la modestia y la sencillez. Como clase, eran extremadamente saludables, pues la educación física constituía una parte muy importante de la enseñanza en la Patagonia. Además, la práctica universal de los baños solares, que era un rito religioso, se fomentaba entre el proletariado, pues se creía que mantenían el cuerpo joven y el espíritu tranquilo. El tiempo de ocio de la clase gobernante se ocupaba sobre todo en la práctica del atletismo y otros deportes, físicos y mentales. También se practicaba la música y otras formas artísticas, pues se consideraban ocupaciones adecuadas para los jóvenes. El gobierno ejercía la censura sobre los productos artísticos, pero raras veces se imponía por ley, pues la gente común de la Patagonia era en general demasiado flemática y estaba demasiado ocupada para concebir algo que no fuese el arte más natural y respetable. El trabajo y el placer llenaban sus días, y no sufrían represiones de carácter sexual. Sus intereses impersonales se satisfacían mediante la religión oficial de adoración a la juventud y la lealtad a la comunidad.

Ese plácido estado duró unos cuatrocientos años después del primer siglo de industrialización. Pero, a medida que transcurría el tiempo, aumentaba la diferencia mental entre las dos clases. La inteligencia superior se tornó cada vez más rara entre el proletariado; los dirigentes se reclutaban cada vez más entre sus propios retoños, hasta que por fin se convirtieron en una casta. La brecha se fue ensanchando. Los dirigentes comenzaron a perder todo contacto mental con los gobernados, y cometieron un error que jamás habrían cometido si la psicología se hubiese mantenido a la par de las demás ciencias.

Al enfrentarse permanentemente con la falta de inteligencia de los obreros, se acostumbraron a tratarlos cada vez más como a niños, y olvidaron que, aunque muy simples, eran hombres y mujeres adultos que tenían la necesidad de sentirse integrantes libres de una gran empresa humana. Anteriormente, se había alentado esa ilusión de tener una responsabilidad. Pero, al ensancharse la brecha, los proletarios fueron tratados más como criaturas que como adolescentes, más como animales domésticos bien cuidados que como seres humanos. Su vida se tornó cada vez más minuciosamente sistematizada para ellos, si bien adoptaba una forma benevolente. Al mismo tiempo, se puso menos cuidado en educarlos para que comprendiesen y apreciaran la empresa común de la humanidad. En esas circunstancias, el temperamento de la gente cambió. Pese a que su situación material era mejor que en ningún otro momento del pasado — salvo bajo el primer Estado Mundial —, se volvieron apáticos, disconformes, maliciosos y desagradecidos hacia sus superiores.

Tal era el estado de las cosas cuando se descubrió la nueva fuente de energía. La comunidad mundial consistía en dos elementos muy diferentes: primero, una casta muy reducida altamente intelectual, devota apasionada del Estado y del progreso de la cultura entre ellos mismos; y, en segundo lugar, una población mucho más numerosa de obreros industriales obtusos, en buen estado físico y espiritualmente sedientos. Ya se había producido un fuerte choque entre las dos clases a consecuencia del uso de cierta droga, que la gente apreciaba por la sensación de felicidad que proporcionaba, pero que los dirigentes desaconsejaban por sus efectos secundarios nocivos. Se prohibió la droga, pero el proletariado interpretó erróneamente el motivo. Ese incidente hizo aflorar un odio que hacía tiempo estaba gestándose con fuerza en el espíritu popular, si bien de una manera inconsciente.

Cuando cundió el rumor de que en lo futuro la energía mecánica sería ilimitada, la gente esperaba el advenimiento de una era de felicidad. Todo el mundo tendría su propia fuente de energía sin limitación alguna. Se acabaría el trabajo. El placer aumentaría infinitamente. Por desgracia, el primer uso que se hizo de la nueva energía fue en la prospección minera a profundidades inconmensurables en busca de metales y otros minerales que desde hacía tiempo eran inencontrables cerca de la superficie. Ello implicaba dificultades y tareas peligrosas para los mineros. Hubo muertes en las minas. Se produjeron desórdenes, y la nueva energía se utilizó contra los amotinados, con efectos mortales. Los dirigentes declararon que, si bien su corazón paternal sangraba por la pérdida de los tontos de sus hijos, el castigo era necesario para evitar males mayores. Y exhortaron a los obreros a enfrentar sus problemas con la imparcialidad que el Muchacho Divino había predicado en su etapa final; pero ese consejo fue saludado con la burla que merecía.

Hubo más huelgas, motines, asesinatos. El proletariado tenía poco más poder contra sus patrones que el que podían tener las ovejas contra el pastor, pues carecían del seso necesario para la organización en gran escala. Pero fue a causa de una de esas rebeliones patéticamente fútiles que por fin la Patagonia fue destruida.

En una de las nuevas minas tuvo lugar una pequeña disputa. La administración se negó a permitir que los mineros enseñasen su oficio a los hijos, pues la formación profesional, se argüía, tenía que estar a cargo de profesionales. La indignación contra esa injerencia en la autoridad paterna provocó un súbito estallido de ira. Se ocupó una planta de energía, y después de hacer locamente tonterías con la maquinaria, los alborotadores llevaron sin querer las cosas a una situación tal, que por fin el terrible demonio de la energía física pudo romper los grilletes y se expandió rabiosamente por todo el planeta. La primera explosión fue tan poderosa como para volar la montaña que se elevaba sobre la mina. En las montañas había enormes cantidades del crítico elemento, y los rayos de la explosión inicial las hicieron detonar. Ello bastó para activar otros depósitos de elementos aún más remotos.

Un huracán incandescente se extendió entonces por toda la Patagonia, reforzándose con nueva furia atómica por doquiera que pasaba. Bramó a lo largo de la cordillera de los Andes y de las Rocosas, abrasando ambos continentes con su calor. Socavó e hizo estallar el estrecho de Bering, y se arrastró como una nidada de feroces serpientes gigantescas hacia Asia, Europa y África. Los marcianos, que ya observaban la Tierra como un gato a un pajarillo fuera del nido, advirtieron que el brillo del planeta vecino había aumentado repentinamente. Al poco tiempo, los océanos comenzaron a hervir aquí y allá, provocando una conmoción submarina. Las olas de las mareas arrasaron las costas e inundaron los valles. Pero, con el tiempo, el nivel general de los mares descendió considerablemente a raíz de la evaporación y de las simas que se abrieron en los lechos oceánicos. Todas las regiones volcánicas se activaron fabulosamente. Afortunadamente los casquetes polares empezaron a derretirse, lo cual evitó que las regiones árticas se calcinaran como el resto del planeta. La atmósfera se convirtió en una densa nube de humedad, vapores y polvo, que desencadenaba incesantes huracanes. Mientras seguía la furia del colapso electromagnético, la temperatura de la superficie del planeta aumentaba de forma permanente, hasta que sólo en el Ártico y unos pocos rincones privilegiados de las regiones subárticas pudo persistir la vida.

La agonía mortal de la Patagonia fue breve. En África y Europa, unas cuantas colonias remotas escaparon al efecto de las erupciones, pero sucumbieron al cabo de pocas semanas bajo los huracanes de vapores. De los doscientos millones de miembros de la raza humana, todos quedaron abrasados o achicharrados o asfixiados al cabo de tres meses; todos, menos treinta y cinco, que por casualidad se hallaban en las proximidades del polo Norte.

VI. LA TRANSICIÓN

1. La Primera Humanidad acorralada

En una de esas raras jugarretas de la fortuna, que a menudo son tan favorables como hostiles a la humanidad, poco tiempo antes de los hechos relatados más arriba, un barco de exploración había quedado atrapado en el hielo después de un largo tiempo de navegar a la deriva por el mar Ártico. Tenía provisiones para cuatro años, y cuando ocurrió la catástrofe ya llevaba seis meses en el mar. Era un barco de vela, pues la expedición había partido antes de que se pudiese utilizar la nueva fuente de energía.

La tripulación constaba de veintiocho hombres y siete mujeres. Si se hubiese tratado de individuos de una raza anterior y con mayor apetito sexual, al hallarse en esa proporción, aislados y en tan íntima proximidad, casi con toda seguridad habrían topado unos con otros más tarde o más temprano. Pero a los patagones la situación no se les hizo intolerable. Además de tener a su cargo toda la parte doméstica de la expedición, las siete mujeres podían proporcionar un moderado goce sexual a todos los hombres, pues en esa raza la sexualidad femenina estaba mucho menos disminuida que la masculina. Sin duda de vez en cuando surgían celos y riñas en la pequeña comunidad, pero quedaban subordinados a un marcado esprit de corps. Por supuesto que todo el grupo había sido elegido muy cuidadosamente teniendo en cuenta su capacidad de camaradería y lealtad y su buena salud, así como su preparación técnica. Todos se declaraban descendientes del Muchacho Divino. Todos pertenecían a la clase dirigente. Una muestra singular del temperamento paternal de los patagones la constituía el hecho de que habían llevado en la expedición un par de diminutos monos a modo de mascotas.

El primer síntoma de la catástrofe que percibió la tripulación fue un ardiente y furioso viento que derritió la superficie del hielo. El firmamento se volvió negro. El verano ártico se transformó en una noche horrorosa y sofocante, alterada por terribles tormentas eléctricas. La lluvia se precipitaba sobre la cubierta del barco en una cascada continua. Nubes de humo y polvo irritaban los ojos y la nariz. Los sismos submarinos resquebrajaban el hielo del casquete polar.

Un año después de la explosión, el barco navegaba penosamente por aguas tempestuosas llenas de témpanos de hielo, muy cerca del polo. La asombrada tripulación puso proa al sur; pero, a medida que avanzaban, el aire se volvía cada vez más ardiente y acre, y las tormentas, más brutales. Pasaron otros doce meses navegando por el mar Ártico, pero siempre regresaban de nuevo al norte, huyendo del intolerable clima meridional. Al fin, las condiciones mejoraron ligeramente, y con gran dificultad esos contados supervivientes de la raza humana se acercaron a su objetivo original en Noruega, para descubrir que las tierras bajas eran un desierto árido y estéril, mientras que en las cimas la vegetación de los valles ya estaba luchando para volver a establecerse, en pedazos de terreno de un verdor enfermizo. Su ciudad más importante había sido arrasada por un huracán, y los esqueletos de sus pobladores aún yacían en las calles.

Continuaron navegando cerca de la costa, rumbo al sur. En todas partes, la misma desolación. Confiando en que el desastre fuese sólo local, rodearon las islas Británicas y enfilaron hacia Francia. Pero Francia resultó ser un aterrador caos de volcanes. Cuando cambiaba el viento, el mar a su alrededor hervía con la lava que caía, a menudo al rojo vivo. Escaparon por milagro y volvieron al norte a toda vela. Después de seguir la costa siberiana, al fin pudieron encontrar un refugio tolerable en la desembocadura de uno de los grandes ríos. El barco quedó fondeado, y la tripulación pudo descansar. Pero era un grupo más reducido, pues seis hombres y dos mujeres habían perecido durante la travesía.

En aquellas fechas la situación debió de ser allí mucho más grave, puesto que buena parte de la vegetación se había calcinado, y con frecuencia se encontraban animales muertos. Pero era evidente que la violencia inicial de la fabulosa explosión ya había perdido fuerza. Para aquel entonces, los viajeros estaban comenzando a comprender la verdad. Recordaban las profecías medio jocosas acerca de que, más tarde o más temprano, la nueva energía destruiría el planeta, profecías sin duda bien fundadas. Se había producido un desastre de alcance mundial, y ellos se habían salvado de la suerte que seguramente habían corrido todos sus semejantes, tan sólo por el hecho de hallarse lejos y gracias al hielo ártico.

Tan desesperante era el panorama para aquel puñado de personas exhaustas en un planeta devastado, que algunas de ellas quisieron suicidarse. Todas sopesaron esa idea, salvo una mujer, que inesperadamente quedó embarazada. En ella se despertó la poderosa disposición paternal de la raza, y la mujer imploró a sus compañeros que lucharan por el bien de su hijo. Cuando se le recordó que el bebé tendría que enfrentar una existencia llena de penalidades, ella reiteró, con más porfía que razonamiento: «Mi hijo tiene que vivir».

Los hombres se encogieron de hombros. Pero, a medida que sus fatigados cuerpos se iban recuperando de la lucha reciente, comenzaron a darse cuenta de lo solemne que era su posición. Fue uno de los biólogos quien expresó una idea que ya estaba presente en la mente de todos. Existía al menos una posibilidad de sobrevivir; y, si en alguna ocasión los hombres y las mujeres habían tenido que asumir un deber sagrado, sin duda aquél era uno de esos momentos, pues ahora ellos eran, probablemente, los únicos herederos del espíritu humano. A cualquier coste de esfuerzos y sufrimientos, tenían que poblar la Tierra de nuevo.

Ese propósito común comenzó a exaltarlos, y los llevó a todos a establecer una rara intimidad. «Somos gente normal y corriente», dijo el biólogo, «pero de alguna manera tenemos que llegar a ser grandes». Y lo fueron, sin duda, de una manera que fue grande por su singular situación. En los espíritus generosos, un propósito y un sufrimiento comunes generan una profunda pasión de camaradería, que quizá no se expresa con palabras sino con actos devotos. En ese caso, en su soledad y con su sentido de la obligación, experimentaron no sólo camaradería, sino una vivida comunión mutua ya que se sentían instrumentos de una causa sagrada.

El grupo comenzó a construir una colonia junto al río. Si bien toda la región había quedado, por supuesto, devastada, la vegetación en seguida había revivido, a partir de raíces y semillas enterradas y arrastradas por el viento. Los campos estaban verdes por las plantas que se habían podido adaptar al nuevo clima. Los animales, en cambio, habían sufrido mucho más. Con excepción del zorro del ártico, algunos pequeños roedores y un rebaño de renos, no quedaba ninguna otra especie, salvo los habitantes de los mares árticos, el oso polar, y varios cetáceos y focas. Había muchos peces, al menos. Un gran número de aves se habían congregado en el sur, y habían muerto a miles por la falta de alimentos, pero ciertas especies ya se habían adaptado al nuevo medio. En efecto, toda la fauna y flora restantes del planeta se hallaban en una fase de rápida y muy penosa adaptación. Muchas especies bien constituidas no habían podido hacer pie en el nuevo mundo, mientras que ciertos tipos, insignificantes hasta ese momento, pudieron seguir adelante.

El grupo logró cultivar maíz y hasta arroz a partir de unas semillas que habían hallado en un almacén en ruinas de Noruega. Pero el enorme calor, las frecuentes lluvias torrenciales y la falta de luz solar tornaban laboriosos y precarios los trabajos agrícolas. Además, la atmósfera se había vuelto seriamente impura, y el organismo humano aún no había logrado adaptarse con éxito. Por consiguiente, el grupo sufría de fatiga permanente y era proclive a enfermar.

La mujer encinta había muerto al dar a luz, pero su hijo vivía. Se convirtió en lo más sagrado del grupo, pues despertaba en todos los espíritus la fuerte disposición paterna tan característica de los patagones.

De forma gradual, el núcleo de pobladores se fue reduciendo a causa de las enfermedades, los huracanes y los gases volcánicos. Pero con el tiempo alcanzaron una suerte de equilibrio con el entorno, y hasta gozaron de ciertas comodidades. Sin embargo, a medida que aumentó la prosperidad, fue disminuyendo la unidad. Las diferencias de temperamento comenzaron a ser peligrosas. Entre los hombres habían aparecido dos líderes, o al menos un líder y un crítico. El jefe original de la expedición había resultado ser totalmente incapaz de manejar la nueva situación, y había terminado por suicidarse. La tripulación había elegido como jefe al secundo oficial, por unanimidad. El otro líder nato del grupo fue un biólogo joven, un individuo de carácter muy diferente. Las relaciones de los dos hombres contribuyeron en gran medida a determinar la historia futura de la humanidad, y merecen ser estudiadas en sí mismas; pero aquí sólo podemos echarles una mirada. En todos los momentos de tensión, la autoridad del navegante era absoluta, pues todo dependía de su iniciativa y de su heroico ejemplo. Pero en períodos menos arduos, se murmuraba contra él porque imponía una dura disciplina cuando parecía innecesaria. Entre él y el joven biólogo nació una extraña mezcla de hostilidad y afecto; pues éste, si bien era muy crítico, quería y admiraba al otro, y afirmaba que la supervivencia del grupo dependía del temperamento práctico de aquel hombre único. Tres años después de desembarcar, la comunidad, aunque reducida en número y vitalidad, había establecido una rutina básica en lo referente a la caza, la agricultura y la construcción de viviendas. Tres criaturas relativamente sanas divertían y exasperaban a sus mayores. Con seguridad, el genio del navegante para la acción encontraba pocas ocasiones para manifestarse, mientras que los conocimientos de los científicos eran cada vez más valiosos. La cría de aves de corral y de plantas se hallaba más allá del alcance del líder heroico, y también era igualmente inútil en las exploraciones en busca de filones de minerales. Inevitablemente, a medida que pasaba el tiempo, él y los demás navegantes se volvían más inquietos e irritables; y al fin, cuando el líder dispuso que la comunidad se hiciera a la mar en busca de tierras mejores, se produjo una disputa muy seria. Todos los marinos aplaudieron; pero los científicos, gracias, en parte, a tener una comprensión más clara de la calamidad que se había abatido sobre el planeta, y, en parte, a la repugnancia que les causaban las dificultades que ello implicaba, se negaron a acompañarlos.

Se manifestaron emociones violentas; pero ambos bandos se contuvieron, llevados por su acendrado respeto mutuo y su fidelidad a la comunidad. Entonces, una súbita pasión sexual acercó una cerilla a la mecha. La mujer que, por consenso, había llegado a ser la reina de la colonia, y a quien se consideraba consagrada al líder, afirmó su independencia acostándose con uno de los científicos. El líder los sorprendió y en un repentino ataque de ira mató al joven. La pequeña comunidad en seguida se dividió en dos facciones armadas, y se derramó más sangre. Sin embargo, pronto se hizo evidente la locura y el sacrilegio de aquella disputa para los contados supervivientes de una raza civilizada, y después de un debate se tomó una grave decisión.

La comunidad tenía que dividirse. Una parte, consistente en cinco hombres y dos mujeres, bajo el liderazgo del joven biólogo, permanecería en la colonia. El propio líder, con los restantes nueve hombres y dos mujeres, navegarían en el barco hacia Europa, en busca de una tierra mejor. Prometieron enviar un mensaje, si les era posible, en el curso del año siguiente.

Tomada esa decisión, los dos bandos volvieron a mostrarse amistosos. Todos trabajaron para pertrechar a los pioneros. Cuando por fin llegó el momento de la partida, se celebró un solemne acto de despedida. Todo el mundo se sintió aliviado al cesar la dolorosa incompatibilidad; pero más agudo que el alivio fue la aflicción de quienes durante tanto tiempo habían sido camaradas en una empresa sagrada. Pero la separación tenía mucha más trascendencia de la que ellos suponían, pues de ese acto nacerían al fin dos especies humanas distintas.

Quienes permanecieron en la colonia no volvieron a saber a nada más de los viajeros, y finalmente llegaron a la conclusión de que habían perecido. Pero en realidad fueron a parar más allá de Islandia, convertida en una cadena de volcanes, hasta el Labrador. En ese viaje, castigados por terribles tormentas y convulsiones oceánicas, perdieron a casi la mitad de los miembros, y finalmente no pudieron gobernar la nave. Cuando al fin se estrellaron contra una costa rocosa, sólo el ayudante del carpintero, las dos mujeres y el par de monos lograron llegar a tierra.

Se encontraron en un clima mucho más sofocante que el de Siberia; pero, al igual que Siberia, el Labrador tenía tierras altas de exuberante vegetación. El hombre y sus dos mujeres tuvieron grandes dificultades para encontrar comida, pero con el tiempo se adaptaron a una dieta a base de bayas y raíces. No obstante, al pasar los años, el clima les fue atrofiando la mente, y sus descendientes se hundieron en un salvajismo abyecto, hasta degenerar en un tipo que sólo era humano en cuanto a su ascendencia.

La pequeña colonia siberiana vivía acosada por las necesidades, pero con un solo propósito. Los cálculos habían convencido a los científicos de que el planeta no volvería a su estado normal durante varios millones de años; pues, si bien la furia inicial y superficial del desastre había cesado, la inmensa energía reprimida de las explosiones centrales tardaría millones de años en liberarse a través de los cráteres volcánicos. El líder del grupo, por rara suerte un hombre genial, concibió así su situación. Durante millones de años, el planeta sería inhabitable salvo en una franja de la costa siberiana. La raza humana estaba condenada a un medio inhóspito y muy reducido durante siglos. Lo único que se podía esperar era la persistencia de un mero remanente de humanidad civilizada, que debería permanecer latente hasta una época más favorable. Con ese objetivo en mente, la colonia se tenía que reproducir y hacer posible cierto grado de vida cultural para sus descendientes. Sobre todo debían dejar constancia de forma permanente de todo lo que pudiesen recordar de la cultura patagónica. «Nosotros somos el germen», dijo. «Tenemos que ir sobre seguro, registrar el paso del tiempo, proteger la herencia de la humanidad. Los riesgos con que nos enfrentamos son sobrecogedores, pero es muy posible que logremos superarlos».

Y, de hecho, así lo hicieron. Casi exterminados varias veces en un primer momento, aquellos pocos y fatigados individuos conservaron la chispa de su humanidad. Un detallado examen de su existencia revelaría un intenso drama personal; pues, a pesar del sagrado propósito que los unía, casi como los músculos en una misma extremidad, eran individuos con temperamentos distintos. Además, los niños despertaban celos entre sus mayores, deseosos de brindar su afecto paternal. Siempre existía una rivalidad contenida, y a veces manifiesta, para lograr el afecto de aquellos pequeñuelos, aquellos contados y preciosos retoños de la rama humana. También había un marcado desacuerdo sobre su educación, pues, si bien todos los mayores los adoraban simplemente por su puerilidad, uno de ellos por lo menos, el líder visionario de la colonia, pensaba en ellos sobre todo como receptáculos potenciales del espíritu humano, que serían moldeados estrictamente para esa gran función. En ese perpetuo y contenido antagonismo de objetivos y temperamentos, la pequeña sociedad iba pasando de un día a
156

otro, de la misma manera que una extremidad funciona gracias al antagonismo de sus músculos. Durante los largos inviernos, las personas adultas de la colonia destinaban buena parte de su tiempo libre a la heroica labor de registrar el esquema de la totalidad de conocimientos de la humanidad. Esa tarea le resultaba muy cara al líder, pero los demás a menudo se cansaban de ella. Se asignaba a cada persona cierta esfera de la cultura; y, después de que esa persona hubiera meditado sobre una sección y la hubiera escrito en una pizarra, se sometía a la crítica de los compañeros, y finalmente se grababa en tablillas de piedra dura. En el curso de los años se produjeron muchos miles de esas tablillas, que se almacenaron en una cueva preparada con sumo cuidado para tal fin. Así se dejó constancia, en parte, de la historia de la Tierra y de la humanidad, con rudimentos de física, química, biología, psicología y geometría. Cada escriba redactaba también con cierto detalle un sumario de sus estudios especiales, y agregaba una declaración personal de sus propios conceptos sobre la existencia. Con mucho ingenio, se preparó una gramática y un enorme diccionario ilustrado, con los cuales, según se esperaba, en el remoto futuro se podría descifrar toda la biblioteca. Pasaron años mientras seguía el proceso de la inmensa tarea de registrar el pensamiento humano. Los fundadores de la colonia fueron perdiendo energías mientras los mayores de la siguiente generación aún eran adolescentes. De las dos mujeres, una había fallecido y la otra era casi una inválida, ambas mártires de los trabajos de la maternidad. Un joven, un niño y cuatro niñas de distintas edades: de ellos dependía ahora el futuro de la humanidad. Lamentablemente, esos valiosos seres habían sufrido como consecuencia de su propio valor. Se había malogrado su educación, pues se los había consentido y agobiado a la vez. Nada parecía demasiado bueno para ellos, pero fueron abrumados con un exceso de mimos y enseñanzas. Así se acostumbraron a mantener cierta distancia con los mayores, de quienes estaban hartos por los ideales que les imponían. Traídos a un mundo en ruinas sin su consentimiento, se negaron a aceptar la aplastante obligación de avanzar hacia un futuro improbable. La cacería y la lucha cotidiana en una era de colonización proporcionaron a su espíritu un pleno ejercicio del coraje, la lealtad mutua y el interés por la personalidad de los demás. Ellos estaban dispuestos a vivir únicamente para el presente y para la realidad tangible, no para una cultura que sólo conocían de oídas. En particular, detestaban la ardua tarea de grabar frases interminables en tablas de granito.

La crisis se produjo cuando la muchacha mayor cruzó el umbral de la madurez física. El líder le dijo que tenía el deber de comenzar a tener hijos en seguida, y le ordenó tener relaciones sexuales con su hermanastro, el propio hijo de él. Habiendo asistido al último parto, que había destrozado a su madre, ella se negó; y, cuando se sintió obligada, arrojó la herramienta de grabar y huyó. Ése fue el primer acto de rebeldía.

Al cabo de unos años, se quitó la autoridad a la generación más vieja. Un nuevo modo de vida, más activo, más peligroso, más gozoso y más despreocupado, desembocó en una reducción de los niveles de comodidad y organización de la comunidad, pero también en más vitalidad y salud. Se desdeñaron los experimentos en la cría de ganado y de plantas; se dejaron de restaurar los edificios; pero se organizaron grandes partidas de caza y de exploración. Los momentos de ocio se destinaban a los juegos de azar y de cálculo, a la danza, al canto y a la narración de relatos románticos. En efecto, la música y la ficción constituían la principal expresión de la naturaleza más selecta de aquellos seres, y se convirtieron en el vehículo de obscuras experiencias religiosas. Se ridiculizaba el intelectualismo de los mayores.

¿Qué podían decir de la realidad sus pobres ciencias, de lo real multifacético, siempre cambiante, soberbiamente inconsecuente? La inteligencia del hombre era adecuada para la caza y la agricultura en el mundo del sentido común; pero, si se aventuraba en otros campos, se encontraría en el desierto, y su alma perecería de sed. Que viviera como la naturaleza le indicara. Que mantuviese al dios joven vivo en su corazón. Que diera rienda suelta a la vitalidad obscura, irracional y pugnaz que bregaba por realizarse en él no como lógica sino como belleza. Ahora, sólo los viejos grababan las tablillas. Pero un día, después de que el niño hubo alcanzado la temprana adolescencia patagónica, los cuartos traseros en forma de cola de una foca despertaron su curiosidad. Las personas mayores lo alentaron tímidamente. Él realizó otras observaciones biológicas, y fue guiado hasta que conoció todo el drama de la vida en el planeta, y se despertó en él la lealtad a la causa a la que ellos habían servido.

Mientras tanto, la naturaleza sexual y paternal había triunfado donde había fracasado la enseñanza. Inevitablemente, los jovenzuelos se enamoraron unos de otros y, con el tiempo, aparecieron varios bebés.

Así, generación tras generación, la pequeña colonia se mantuvo con variable fortuna, variables alicientes y variable lealtad respecto del futuro. Con las condiciones cambiantes, la población fluctuaba: descendió hasta quedar tan sólo dos hombres y una mujer, pero luego se fue incrementando gradualmente hasta unos pocos miles, pues el límite lo impuso la capacidad alimentaria de la franja costera que ocupaban. Al cabo, si bien las circunstancias no frustraron la supervivencia material, fueron la causa de la decadencia mental. Pues la costa siberiana seguía siendo una tierra tropical limitada al sur por un sinfín de volcanes, y, como consecuencia, a la larga las generaciones fueron degenerando en vigor y sutilezas mentales. Ello se debió, quizás, en parte al exceso de reproducción intensiva dentro de la misma raza; pero ese factor tuvo también un efecto benéfico. Si bien se esfumó el vigor mental, se consolidaron ciertas características deseables.

Los fundadores del grupo representaban el mejor remanente de la primera especie humana. Se los había elegido por su resistencia y coraje, su lealtad innata, su marcado interés cognoscitivo. En consecuencia, a pesar de las etapas de decadencia, la raza no sólo sobrevivió, sino que conservó la curiosidad y la sensación de pertenencia al grupo. Si bien decreció su habilidad, se mantuvo la voluntad de comprender y el sentido de unidad racial. Y, pese a que su concepción del hombre y del universo fue cayendo gradualmente en el burdo mito, persistió una profunda lealtad irracional hacia el futuro y hacia la biblioteca lírica, ahora de carácter sagrado, que rápidamente se tornaba ininteligible para ellos. Durante miles y hasta millones de años, después de que la especie hubo cambiado materialmente su naturaleza, se conservó una vaga admiración por la destreza mental, una confusa tradición de un pasado noble, y una patética lealtad hacia un futuro aún más noble. Sobre todo, las contiendas sanguinarias eran tan raras que sólo servían para fortalecer la patente voluntad de conservar la unidad y la armonía de la raza.

2. La Segunda Era Obscura

Ahora debemos repasar rápidamente la Segunda Era Obscura, observando tan sólo aquellas influencias que afectarían al futuro de la humanidad.

Con el paso de los siglos, se fue dispersando la energía residual de la vasta explosión; pero los volcanes en actividad no comenzaron a extinguirse hasta muchos cientos de miles de años después, y tuvieron que pasar millones de años para que todo el planeta volviera a ser un lugar donde fuese posible la vida.

Durante ese período se produjeron muchos cambios. La atmósfera se tornó más clara, más pura y menos turbulenta. Con el descenso de la temperatura, aparecieron de vez en cuando el hielo y la nieve en las regiones árticas, y a su debido tiempo se volvieron a formar los casquetes polares. Mientras tanto, los procesos geológicos ordinarios, aumentados por las violentas tensiones a que sometían al planeta las crecientes presiones internas, comenzaron a modificar los continentes. América del Sur se hundió en su mayor parte en los huecos que se abrieron bajo ella, pero una tierra nueva se elevó, para unir Brasil con África occidental. Las Indias orientales y Australia se convirtieron en un continente continuo. La enorme masa del Tibet se hundió más profundamente en sus alteradas bases, arremetió contra el oeste y arqueó la región afgana hasta convertirla en una cordillera con picos de casi doce mil metros sobre el nivel del mar. Europa se hundió bajo el Atlántico.

Los ríos surcaban serpenteando los continentes en todas las direcciones, como gusanos torturados. Se formaron nuevas regiones aluviales. Nuevos estratos se superpusieron a los ya existentes bajo los flamantes océanos. De las contadas especies que sobrevivieron en el Ártico evolucionaron nuevos animales y plantas, que se expandieron por el sur a través de Asia y América. En los nuevos bosques y praderas aparecieron varios descendientes evolucionados del reno, y enormes grupos de roedores. De ellos hacían presa los grandes y pequeños descendientes de la zorra del Ártico, una especie de la cual, un ser gigantesco de forma lobuna, se convirtió rápidamente en el «rey de los animales» en el nuevo orden, y así siguió, hasta que fue superado por el retoño de los osos polares, que había evolucionado más lentamente. Cierto género de foca, en su reversión al antiguo hábito terrestre, había desarrollado un cuerpo esbelto similar al de las serpientes, así como un modo de locomoción reptante y veloz para desplazarse entre las dunas arenosas de la costa. Allí perseguía a sus presas roedoras e incluso las seguía hasta sus cuevas.

Y en todas partes había aves. Muchos de los sitios que habían quedado vacíos a causa de la destrucción de la antigua fauna, ahora estaban ocupados por los pájaros, que ya no volaban y habían desarrollado hábitos pedestres. Los insectos, casi exterminados por la fabulosa conflagración, luego se habían multiplicado tan rápidamente, y habían reformado sus tipos con tal versatilidad, que muy pronto alcanzaron casi su anterior profusión. Más rápida aún fue la propagación de los nuevos microorganismos. En general, entre todas las bestias y plantas de la tierra se produjo un profundo cambio de hábitos, así como la consiguiente superación de las antiguas formas corporales mediante nuevas formas adaptadas a un nuevo modo de vida.

Los dos asentamientos humanos habían evolucionado de manera muy diferente. El de Labrador, abrumado por un clima más sofocante, y carente de la voluntad siberiana de preservar la cultura humana, se hundió en la animalidad; pero al cabo del tiempo poblaron todo Occidente con tribus que avanzaban como las antiguas termitas. Los seres humanos en Asia siguieron siendo un simple puñado a través de los diez millones de años de la Segunda Era Obscura. Una invasión del mar los separó del sur. La vieja península Taimyir, donde se apiñaban sus colonias, se convirtió en el extremo septentrional de una isla cuyas costas eran los antiguos valles del Yenisei, el Tunguska inferior y el Lena. A medida que el clima se hizo menos sofocante, las familias se fueron expandiendo hacia la costa meridional de la isla, pero el mar les cortó el paso.

Las condiciones de un clima más temperado les permitieron recuperar cierto grado de cultura, pero ya no tenían la capacidad de sacar mucho provecho del nuevo clima más clemente, pues las épocas anteriores, con condiciones climáticas tropicales, les habían minado la salud. Además, hacia el fin de los diez millones de años de la Segunda Era Obscura, el clima ártico se extendió hacia el sur hasta penetrar en su isla. Fracasaron sus cosechas, mermaron los roedores que constituían su fuente principal de carne, y los contados rebaños de renos se fueron diezmando a causa de la falta de alimento. Gradualmente, esa limitada raza humana fue degenerando hasta convertirse en un mero remanente de salvajes árticos. Y así permanecieron durante un millón de años. Psicológicamente estaban tan atrofiados, que casi habían perdido por completo la capacidad de crear. Cuando sus sagradas canteras de las colinas quedaron cubiertas por el hielo, no tuvieron el ingenio necesario para usar las piedras de los valles, y se vieron reducidos a fabricar elementos de hueso. Su lengua degeneró hasta convertirse en unos pocos gruñidos para significar actos importantes, así como en un sistema apenas más complejo de expresiones para los sentimientos. Pues esos seres aún conservaban cierto refinamiento emocional. Además, si bien habían perdido casi por completo la capacidad de crear con inteligencia, sus reacciones instintivas solían ser las que se habrían esperado de una inteligencia superior. Eran gente muy sociable, profundamente respetuosos de la vida humana individual, hondamente paternales y a menudo tremendamente graves en sus prácticas religiosas.

No fue hasta mucho después de que el resto del planeta se cubriera de vida otra vez —casi diez millones de años después del desastre patagónico—, que un grupo de esos salvajes, a la deriva sobre un témpano de hielo, se desplazó en dirección al sur a través del mar hasta llegar a Asia. Felizmente, pues las condiciones en el Ártico iban empeorando y, con el tiempo, los isleños desaparecieron.

Los supervivientes se establecieron en la nueva tierra y penetraron, siglo tras siglo, en el corazón de Asia. Su aumento demográfico fue muy lento, pues era una raza poco fértil. Pero ahora las condiciones eran favorables en extremo. El clima era templado; Rusia y Europa formaban un mar de aguas poco profundas calentadas por las corrientes del Atlántico. No había animales peligrosos con excepción de los pequeños osos grises, un vástago de la especie polar, y los zorros lobunos. Varias clases de roedores y renos proporcionaban carne en abundancia. Había aves de todos los tamaños y hábitos. Árboles madereros y frutales, así como cereales silvestres y otras plantas alimenticias, prosperaban en el suelo volcánico con abundantes riego natural. Además, las prolongadas erupciones habían vuelto a enriquecer con metales las capas superiores de la costra rocosa.

Unos pocos centenares de miles de años en esa nueva época bastaron para que la especie humana aumentara de unos cuantos individuos hasta constituir un sinfín de razas. La humanidad por fin recobró su vitalidad gracias tanto a las luchas y mezclas de esas razas como a la absorción de ciertos elementos químicos del nuevo suelo volcánico.

VII. EL SURGIMIENTO DE LA SEGUNDA HUMANIDAD

1. La aparición de una nueva especie

Fue unos diez millones de años después del desastre patagónico cuando, tras una larga sucesión de cambios biológicos, muchos de los cuales fueron extremadamente valiosos, aparecieron los primeros elementos de unas pocas especies humanas. El nuevo y estimulante entorno actuó sobre ese material crudo durante unos cientos de miles de años hasta que por fin apareció la Segunda Humanidad.

Si bien poseían una estatura superior y más capacidad craneana, esos seres no eran totalmente distintos de sus predecesores en cuanto a las proporciones generales. Su cabeza, grande sin duda para su cuerpo, descansaba sobre un cuello muy grueso. Sus manos eran enormes, pero bellamente proporcionadas. Su casi titánica altura contaba con soportes aparentemente demasiado resistentes: unas piernas más recias, aun proporcionalmente, que las de las especies anteriores. Sus pies habían perdido los dedos separados, y, mediante el fortalecimiento y crecimiento conjunto de los huesos internos, se habían convertido en instrumentos de locomoción más eficaces. Durante el exilio siberiano, la Primera Humanidad había adquirido una gruesa capa de pelo en todo el cuerpo, y la mayoría de las razas de la Segunda Humanidad conservaron en parte aquella rubia apariencia hirsuta durante su evolución. Sus ojos eran grandes, y a menudo de color verde jade, y sus facciones parecían firmes como granito tallado, pero estaban llenas de gracia y expresividad. De la segunda especie humana se podía decir que la naturaleza había por fin repetido y superado en mucho el noble pero infortunado tipo que había alcanzado en una ocasión, mucho tiempo atrás, con las primeras especies, en ciertos prehistóricos cazadores y artistas que vivían en cavernas.

En su interior, los miembros de la Segunda Humanidad diferían de las especies anteriores en el hecho de que se habían liberado de aquellos vestigios primitivos que habían estorbado a la Primera Humanidad mucho más de lo que se imaginaban. No sólo carecían de apéndice, amígdalas y otras excrecencias inútiles, sino que también toda su estructura estaba más firmemente trabada en su unidad. Su organización química era tal, que sus tejidos se mantenían en mejor estado. Sus dientes, aunque proporcionalmente pequeños y pocos, eran casi inmunes a las caries. Tal era su dotación glandular, que la pubertad no comenzaba hasta los veinte años, y hasta los cincuenta no alcanzaban la madurez. Alrededor de los ciento noventa años empezaban a decaer sus facultades, y, al cabo de unos pocos años de retiro contemplativo, fallecían casi invariablemente antes de que comenzara la verdadera senilidad. Era como si, cuando una persona había terminado su obra y había podido meditar en paz sobre toda su existencia, no hubiera nada capaz de mantener su atención y evitar que se quedara dormida para siempre.

Las madres llevaban en su seno al feto durante tres años, amamantaban al niño durante cinco años, y se mantenían estériles todo ese período y por otros siete años más. Alcanzaban el climaterio alrededor de los ciento sesenta años. Con una maciza conformación, como la de sus parejas, a los miembros de la Primera Humanidad les habrían parecido unas hembras titánicas; pero aun aquellos seres medio humanos habrían admirado a las mujeres de la segunda especie tanto por su soberbia vitalidad como por su expresión luminosamente humana.

En temperamento, los miembros de la Segunda Humanidad eran curiosamente diferentes de las especies anteriores. Estaban presentes los mismos factores, pero en distintas proporciones y más subordinados a la voluntad deliberada del individuo. Había renacido el vigor sexual. Sin embargo, la libido se hallaba extrañamente modificada. Junto a la antigua esencia del goce mediante el contacto físico y espiritual con el sexo opuesto, ahora aparecía una suerte de apreciación innatamente sublimada —pero no por ello menos intensa— de las formas físicas y espirituales de toda clase de seres vivientes. A las naturalezas menos amplias les resulta difícil imaginar esa expansión del interés sexual innato, pues no advierten que la admiración lujuriosa que en un principio se dirige solamente hacia el sexo opuesto constituya la actitud apropiada ante todas las bellezas de la carne y el espíritu en animales, aves y plantas. El interés paternal también era fuerte en las nuevas especies, pero asimismo estaba universalizado. Se había convertido en un fuerte interés innato, así como una marcada devoción hacia todos los seres que se consideraran como necesitados de ayuda.

En las especies anteriores, ese altruismo apasionado se daba sólo en personas excepcionales. En las nuevas especies, en cambio, todos los hombres y mujeres normales experimentaban el altruismo como una pasión. No obstante, al mismo tiempo la paternidad primitiva se había moderado hasta convertirse en un amor más objetivo y menos posesivo, el cual era menos común entre los seres de la Primera Humanidad de lo que ellos mismos se complacían en creer. El afianzamiento personal también había cambiado en gran manera. Anteriormente, el hombre destinaba buena parte de su energía al afianzamiento de sí mismo como individuo en contra de los otros individuos, y buena parte de su generosidad era en el fondo egoísta. Pero, en la Segunda Humanidad, ese afianzamiento competitivo, esa competencia del animal más íntimamente conocido contra todos los demás, se había aplacado en gran medida. Antiguamente, las mayores empresas de la sociedad jamás se habrían llevado a cabo si no se hubiese contado con el egoísmo de sus dirigentes. En la Segunda Humanidad los papeles se invirtieron. Pocos individuos se habrían tomado la molestia de esforzarse hasta más no poder simplemente por fines personales, salvo cuando esos fines respondían a intereses o valores de alguna empresa pública. Sólo su visión de una comunidad de personas de alcance mundial, y de su propia función en ella, podía despertar el espíritu combativo de un hombre.

Era, pues, internamente, más que en los caracteres físicos externos, como la Segunda Humanidad se diferenciaba de la Primera. Y en nada se diferenciaban más que en su capacidad innata para el cosmopolitismo. Tenían tribus y naciones, y la guerra no era del todo desconocida entre ellos. Pero, aun en las épocas más primitivas, la más profunda lealtad del hombre tenía como objeto la humanidad en su totalidad; y tan fuertes eran los impulsos bondadosos hacia sus enemigos, que, en vez de desembocar en una guerra, las disputas se dirimían en competiciones atléticas bastante violentas, que conducían a una desenfrenada confraternización.

No sería exacto decir que el mayor interés de esos seres era de carácter social. Nunca se mostraban proclives a exaltar la abstracción llamada el Estado, o la Nación, o ni siquiera la república mundial. Pues su factor más característico no era el simple aspecto gregario, sino algo más novedoso, a saber: un interés innato en la personalidad, tanto en la diversidad real de las personas como en el ideal del desarrollo personal. Poseían una notable capacidad para considerar vívidamente a sus semejantes como personas únicas con necesidades especiales. Los individuos de las especies anteriores habían sufrido un aislamiento espiritual mutuo casi insoportable. Ni siquiera los amantes, ni los genios con un discernimiento especial para ahondar en la personalidad, lograban nunca una visión precisa del otro. En cambio, los hombres de la Segunda Humanidad, más intensa y certeramente retraídos, eran más intensa y certeramente conscientes los unos de los otros. Eso no lo lograron mediante una facultad especial, sino sólo mediante un interés más aguzado por los demás, un discernimiento más agudo y una imaginación más activa.

También poseían un notable interés innato por las más elevadas actividades mentales, o más bien por los sutiles objetos de esas actividades. Incluso los niños se inclinaban instintivamente hacia un interés genuinamente estético por su mundo y su propia conducta, así como hacia la investigación científica y las generalizaciones. Los más pequeños, por ejemplo, disfrutaban coleccionando no sólo cosas como huevos y cristales, sino fórmulas matemáticas que expresaran las diferentes formas de los huevos y cristales, o las innumerables medidas de las conchas, frondas, hojillas y tallos. Y contaban con un tesoro de cuentos de hadas tradicionales cuyo atractivo residía en los acertijos filosóficos. A los niños pequeños les encantaba escuchar cómo las pobrecillas Ilusiones eran expulsadas del País de lo Real, cómo el unidimensional señor Línea se despertaba en un mundo bidimensional y cómo un valiente y joven Tono mataba a las estruendosas bestias y conquistaba a una melodiosa esposa en el extraño país donde el paisaje lo componían todos los sonidos, y todas las cosas vivientes eran música.

La primera Humanidad había logrado interesarse por la ciencia, la matemática y la filosofía sólo después de una ardua escolarización, pero en la Segunda Humanidad existía una natural inclinación hacia esas actividades, no menos poderosa que los instintos primitivos. Eso no significa que estuviesen exentos de la obligación de aprender; pero tenían por el estudio tanto entusiasmo y facilidad como los que sus predecesores sólo habían tenido en esferas más modestas. En efecto, en las especies anteriores, la unidad del sistema nervioso era bastante precaria, y en cualquier momento se podía producir un trastorno a causa de la rebeldía de una de sus partes subordinadas. Pero, en las especies de la Segunda Humanidad, los centros superiores mantenían una armonía casi absoluta con los inferiores. De modo que el conflicto moral entre el impulso momentáneo y la voluntad nacida de la reflexión, así como entre el interés público y el privado, tenía poca incidencia en los miembros de la Segunda Humanidad.

Asimismo, esta favorecida especie superaba en mucho a sus predecesores en su capacidad cognoscitiva real. Por ejemplo, el sentido de la vista había tenido un desarrollo formidable. La Segunda Humanidad era capaz de distinguir en el espectro un nuevo color primario entre el verde y el azul; y después del azul veían, no un azul rojizo, sino otro color primario, que se fundía con una creciente rubicundez en el antiguo ultravioleta. Esos dos nuevos colores primarios eran complementarios entre ellos. En un extremo del espectro veían el infrarrojo como un púrpura peculiar. Además, debido al gran tamaño de la retina, y a la multiplicación de sus bastoncillos y conos, eran capaces de distinguir fracciones mucho más pequeñas de su campo visual.

La percepción mejorada, unida a una maravillosa fertilidad de la imaginería mental, los dotaba de una sorprendente capacidad para apreciar las características de las situaciones nuevas. Mientras que en la Primera Humanidad la inteligencia innata sólo se desarrollaba hasta los catorce años, entre los miembros de la Segunda Humanidad progresaba hasta los cuarenta. Así, una persona adulta media era capaz de resolver de forma inmediata problemas que sólo los más brillantes individuos de la Primera Humanidad habrían podido resolver, y ello después de prolongados razonamientos. Esa soberbia claridad mental permitía a la segunda especie evitar la mayoría de las confusiones y supersticiones ancestrales que habían incapacitado a sus predecesores. Y esa fabulosa inteligencia iba acompañada de una notable flexibilidad de la voluntad. De hecho la Segunda Humanidad era mucho más capaz que la Primera para romper con viejas costumbres cuando éstas ya no se justificaban.

En resumen, las circunstancias habían dado una especie muy noble. Era en esencia del mismo tipo que las anteriores, pero se había beneficiado con enormes mejoras. Muchas de las cosas que la Primera Humanidad sólo era capaz de lograr después de prolongados estudios y autodisciplina, la Segunda Humanidad lo realizaba sin esfuerzo y con deleite. En particular, dos de las capacidades que a la Primera Humanidad le parecieron ideales inalcanzables, ahora se daban en todo individuo normal: la de cognición totalmente desapasionada, y la de amar al prójimo como a sí mismo, sin reservas. Sin duda, en ese aspecto los miembros de la Segunda Humanidad podían llamarse «cristianos naturales», porque se querían unos a otros con la misma disposición y constancia que Jesús, y así infundían en todas las relaciones sociales una amorosa bondad. Al comienzo de su existencia concibieron la religión del amor, y se vieron poseídos por ella de manera constante, en formas diversas, hasta el fin. Por otra parte, el don de la cognición desapasionada les permitió desarrollar prestamente una gran admiración por el destino. Y, al ser rigurosos pensadores por naturaleza, eran peculiarmente proclives a sufrir el conflicto entre su religión de amor y su fe en el destino.

Parecería, pues, que estaban dadas ahora las condiciones para que se produjera un triunfante y rápido progreso del espíritu humano. Pero, si bien la segunda especie humana constituía un verdadero perfeccionamiento de la primera, carecía de ciertas facultades sin las cuales no se podía realizar el siguiente gran adelanto espiritual.

Además, su misma excelencia entrañaba un nuevo defecto del cual la Primera Humanidad se hallaba totalmente libre. En la vida de los individuos humildes se dan muchas ocasiones en las que nada salvo un heroico esfuerzo puede arrancar su suerte personal del estancamiento o la decadencia para abrirse camino en nuevas esferas. Entre los miembros de la Primera Humanidad, ese esfuerzo a menudo se realizaba a causa de la apasionada autoestima. Y la primera especie fue arrastrada hacia adelante por la marejada de innumerables egoísmos, que avanzaba ciegamente en una dirección. Pero, repito, en la Segunda Humanidad la autoestima nunca constituyó un motivo dominante. Sólo ante la llamada de la lealtad social o del amor personal el hombre se sentía acuciado para realizar esfuerzos extraordinarios. Cada vez que la contingencia parecía constituir un simple progreso personal, se veía impulsado a preferir la paz al arrojo; los gozos del deporte, el compañerismo, las artes o el intelecto, a la esclavitud de la autoestima.

Y así, a la larga, si bien la Segunda Humanidad era afortunada en su casi absoluta inmunidad a la seducción del poder y la ostentación personal —que habían sido una maldición para las especies anteriores mediante el industrialismo y el militarismo—, y aunque gozaron de largos períodos de idílica paz, su progreso cultural hacia un dominio plenamente consciente del planeta fue en general curiosamente lento.

2. La relación entre tres especies

En unos pocos miles de años, las nuevas especies ocuparon la región desde Afganistán hasta el mar de la China, invadieron la India y penetraron hasta el interior del nuevo continente australasiano. Su avance fue menos de carácter militar que cultural. Las tribus restantes de la Primera Humanidad, con las que las nuevas especies no podían reproducirse de forma normal, no pudieron adaptarse a la cultura superior que los rodeaba y los inundaba. Así, desaparecieron.

Durante otros miles de años más, los miembros de la Segunda Humanidad persistieron como nobles salvajes; luego pasaron rápidamente por un período pastoral que desembocó en una etapa agrícola. En esa era, enviaron una expedición a través de la nueva y gigantesca cordillera del Hindukush para explorar África. Allí fue donde se toparon con los descendientes subhumanos de la tripulación del barco que había zarpado de Siberia millones de años antes. Esos animales se habían desparramado por América y, a través del nuevo istmo atlántico, hasta África. Empequeñecidas casi hasta la altura de las rodillas de las especies superiores, encorvadas de modo que solían utilizar los brazos para ayudarse en la locomoción, de cabeza aplastada y curiosamente hocicuda, esas criaturas eran para ese entonces más semejantes a babuinos que a seres humanos. Sin embargo, en su estado salvaje mantenían una complicada organización de castas basada en el sentido del olfato. En efecto, su
174

capacidad olfativa se había desarrollado a expensas de su inteligencia. Ciertos olores, que habían llegado a ser sagrados gracias a su misma cualidad repulsiva, los exhalaban tan sólo los individuos que padecían ciertas enfermedades. Esos individuos eran tratados con respeto por parte de sus semejantes; y si bien, de hecho, la enfermedad los debilitaba, despertaban tanto temor que ningún individuo sano se atrevía a hacerles frente. Los olores característicos eran clasificados en categorías, de modo que los individuos que exhalaban un efluvio menos repulsivo debían respeto a quienes una putrefacción generalizada en su cuerpo causaba el hedor más nauseabundo. Esas pestilencias tenían el efecto especial de estimular la actividad reproductiva, y ese hecho fue una de las causas tanto del respeto que inspiraban como de la inmensa fertilidad de la especie, a tal grado que, pese a la peste y a su estupidez, habían poblado dos continentes. Pues, si bien las enfermedades eran fatales, se desarrollaban con lentitud. Además, aunque los individuos en estado muy avanzado de la enfermedad a menudo no podían alimentarse por sí mismos, gozaban de la devoción de los sanos, que se mostraban muy complacidos si también se contagiaban.

Pero el hecho más notable acerca de esos seres era que muchos de ellos habían sido esclavizados por otras especies. Cuando la Segunda Humanidad hubo penetrado hasta el corazón de África, se encontraron en una región donde hordas de simios diminutos se oponían a su intrusión. En seguida se hizo evidente que cualquier intromisión de los imbéciles y pasivos subhumanos en los asuntos de ese distrito encontraría la resistencia de los simios. Y, como éstos utilizaban una suerte de arco primitivo con flechas envenenadas, su oposición creaba serios inconvenientes a los invasores. El uso de armas y otras herramientas, así como una notable coordinación en las contiendas bélicas, demostraba que aquella especie simiesca había aventajado en inteligencia a todas las demás criaturas salvo al hombre. En efecto, la Segunda Humanidad se enfrentaba con la única especie terrestre cuyo desarrollo había llegado al extremo de competir con el hombre en versatilidad e ingenio en las cuestiones prácticas.

A medida que los invasores avanzaban, se comprobó que los simios rodeaban a grupos enteros de subhumanos y los llevaban lejos del alcance de sus semejantes. También se pudo advertir que aquellos subhumanos domesticados estaban totalmente libres de las enfermedades que afectaban a su salvaje parentela, que en ese aspecto menospreciaban abiertamente a los saludables esclavos. Luego se supo que los simios entrenaban a los subhumanos como bestias de carga y que su carne era muy apreciada como alimento. Se descubrió una población arbórea de ramas entretejidas, que se hallaba en vías de construcción, pues los subhombres arrastraban troncos y los colocaban en posición vertical, aguijoneados por las puntas de hueso de las lanzas de los simios. Era evidente también que la autoridad de los simios era mantenida más por intimidación que por el uso de la fuerza. Éstos se untaban el cuerpo con la savia de una rara planta aromática, que causaba terror en sus pobres esclavos, los cuales quedaban reducidos a la más abyecta docilidad.

Ahora los invasores eran apenas un puñado de pioneros. Habían cruzado las montañas en busca de metales, llevados a la superficie de la tierra durante la era volcánica. Como eran una raza bondadosa, no sentían hostilidad hacia los simios, sino más bien los divertían sus costumbres y su ingenio. Sin embargo, a los simios los irritaba la mera presencia de aquellos seres más fuertes, y, congregándose por millares en las copas de los árboles, aniquilaron a los miembros de la expedición con sus flechas envenenadas. Un solo hombre logró huir a Asia. Al cabo de un par de años, regresó con un ejército. No obstante, no era una expedición dispuesta a aplicar un castigo, pues a los bondadosos miembros de la Segunda Humanidad no los dominaba el rencor. Tras establecerse en los límites de la región boscosa, lograron comunicarse y traficar con los pigmeos bosquimanos, de modo que al cabo de un tiempo pudieron penetrar en su territorio sin inconvenientes, y de esa manera lograron iniciar la fabulosa explotación metalúrgica.

Un estudio minucioso de las relaciones de esas dos inteligencias tan dispares resultaría muy ilustrativo, pero no tenemos tiempo de realizarlo. Dentro de su propia esfera, los simios demostraron quizás un ingenio más agudo que los hombres; pero su inteligencia sólo actuaba dentro de límites muy estrechos. Eran hábiles cuando se trataba de buscar nuevos medios para dar más satisfacción a sus apetitos, pero carecían por completo de la capacidad de autocrítica. Además del conjunto normal de necesidades instintivas, habían desarrollado muchos deseos tradicionalmente adquiridos, la mayoría de los cuales eran extravagantes y perniciosos. Por otra parte, los miembros de la Segunda Humanidad, aunque muchas veces se veían momentáneamente superados por los simios, a la larga demostraron ser incomparablemente más hábiles y más sensatos.

La diferencia entre ambas especies se aprecia claramente en su reacción ante los metales. La Segunda Humanidad deseaba los metales tan sólo para llevar adelante la ya bien consolidada civilización. Los simios, en cambio, quedaron fascinados cuando vieron por primera vez las brillantes barras de metal. Ya habían comenzado a odiar a los invasores a causa de su innata superioridad y su riqueza material; y ahora esos celos se combinaban con una primitiva codicia para hacer que los lingotes de cobre y estaño se volvieran a sus ojos unos símbolos de poder. Con el fin de seguir tranquilos con su trabajo, los invasores habían pagado con artículos de su país: cestas, cacharros de arcilla y varias herramientas en miniatura especialmente diseñadas. Pero, ante la vista del metal en bruto, los simios exigieron una parte de aquel noble producto de su propia tierra. Su demanda fue prestamente atendida, puesto que con ello se eliminaba la necesidad de traer mercaderías de Asia. No obstante, los simios no sabían dar utilidad a los metales; se limitaban a atesorarlos y cada vez se volvían más avariciosos. Entre ellos, nadie sentía respeto por quienes no llevaran consigo una gruesa barra de metal dondequiera que fueran. Y al cabo de un tiempo se consideraba de hecho indecente ser visto sin una planchuela de metal. En las conversaciones entre individuos de uno y otro sexo, ese símbolo de refinamiento siempre se utilizaba para ocultar los genitales.

Cuanto más metal conseguían los simios, más deseaban tener. En las disputas por la posesión de metales, a menudo se derramaba sangre. Pero, con el tiempo, esas peleas sanguinarias dieron lugar a un movimiento concertado para evitar cualquier exportación de los metales de su tierra. Algunos hasta llegaron a sugerir que debían usar los lingotes que poseían para fabricar armas más eficaces, con las cuales sería posible expulsar a los invasores. Esta política fue rechazada, no sólo porque no había nadie que pudiese trabajar el metal en bruto, sino porque en general todo el mundo estaba de acuerdo en que destinar un material tan sagrado a cualquier tipo de servicio sería un sacrilegio. Una disputa acerca de los subhombres aumentó la voluntad de deshacerse de los invasores. Esos seres abyectos eran tratados muy rudamente por sus amos. No sólo eran explotados laboralmente, sino que también se los torturaba a sangre fría, no precisamente por un rasgo de crueldad, sino a causa de un raro sentido del humor, o de encontrar gozo en lo incongruente. Por ejemplo, los simios encontraban un placer singular y extrañamente inocente en obligar a esos esclavos a realizar el trabajo en una posición erecta, lo cual no era para ese entonces natural en ellos, o a comer sus propios excrementos o incluso a sus hijos. Si alguna vez esas torturas llevaban a algún subhombre excepcional a rebelarse, los simios reaccionaban con una ira despectiva ante semejante falta de sentido del humor, pues eran incapaces de comprender los procesos subjetivos de los demás. Sin duda que podían ser buenos y generosos con sus congéneres, pero incluso entre ellos mismos el diablillo del humor a veces los llevaba a la pelea. Cuando, en una discusión, los compañeros no comprendían a un individuo, era habitual que fuera hostigado, y a menudo acosado hasta la muerte. Pero, en general, era sólo la especie esclavizada la que sufría.

Los invasores se sentían irritados por aquella cruel imbecilidad, y se aventuraban a protestar. Para los simios, en cambio, la protesta era algo ininteligible. ¿Para qué eran los esclavos, sino para servir a los seres superiores? Los simios concluyeron que los invasores carecían de las capacidades espirituales más sensibles, puesto que no sabían apreciar la belleza de lo extravagante. Ésas y otras causas de fricción terminaron por llevar a los simios a concebir un medio para liberarse de aquellos inconvenientes para siempre. La Segunda Humanidad había demostrado ser tremendamente propensa a contraer las enfermedades de sus pobres parientes subhumanos. Sólo mediante una rigurosa cuarentena habían logrado terminar con la epidemia que había puesto de manifiesto ese hecho. Ahora, en parte como venganza, pero en parte también por el malicioso goce que les causaba el desbarajuste, los simios decidieron valerse de aquella debilidad humana. Existía un fruto parecido a la nuez que gustaba mucho, tanto a los hombres como a los simios, y que crecía en una remota parte del país. Los simios ya habían comenzado a canjear ese fruto por cantidades adicionales de metal, y los pioneros estaban tomando medidas para enviar caravanas cargadas de nueces a su país. Ante esa situación, los simios consideraron que había llegado su oportunidad.

Con todo cuidado infectaron grandes cantidades de nueces con la pestilencia que azotaba a las huestes de subhumanos que no habían sido domesticados. Muy pronto, caravanas que transportaban nueces infectadas partieron hacia todos los puntos de Asia. La consecuencia sobre una raza que no había sufrido jamás los efectos de aquellos microbios fue desastrosa. No sólo fueron borradas del mapa las colonias de los pioneros, sino también el grueso de la especie. Los subhumanos habían llegado a desarrollar defensas contra los microbios, y hasta se reproducían más rápidamente a causa de ello. Pero no sucedió lo mismo con las especies más delicadamente organizadas. Éstas cayeron como las hojas en otoño, y la civilización se desmoronó. En unas pocas generaciones, Asia sólo quedó poblada por un puñado de salvajes dispersos, todos enfermos y la mayoría tullidos.

Pero, a pesar de ese desastre, la especie siguió siendo potencialmente la misma. Al cabo de unos cuantos siglos, había eliminado la infección y había empezado de nuevo el ascenso hacia la civilización. Después de otros miles de años, los pioneros volvieron a cruzar las montañas y a penetrar en África, y esta vez no encontraron oposición alguna, pues los precarios destellos de la inteligencia de los simios hacía tiempo que se habían apagado. Los simios habían cargado sus cuerpos con tanto metal, y sus mentes con tal obsesión por el metal, que a la larga las hordas de esclavos subhumanos lograron rebelarse y devoraron a sus amos.

3. El cenit de la Segunda Humanidad

Durante casi un cuarto de millón de años, la Segunda Humanidad pasó por sucesivas etapas de prosperidad y decadencia, pero su progreso no fue tan permanente y triunfal como se podría haber esperado de una raza tan brillante. Tal como ocurre con las especies, también los individuos pueden ver frustradas sus más cautas expectativas por un accidente. Por ejemplo, la Segunda Humanidad se vio frenada durante mucho tiempo en su desarrollo a causa de una «época glacial», que en su apogeo extendió las condiciones árticas hasta un punto tan meridional como la India. Poco a poco, el hielo invasor fue acorralando a las tribus en el extremo de esa península y redujo su cultura al nivel de la de los esquimales. Claro que, con el tiempo, se recuperaron, pero sólo para sufrir otros flagelos, de los cuales los más devastadores fueron las epidemias causadas por las bacterias. Los tejidos de esa especie, recientemente desarrollados y

181

altamente organizados, eran muy sensibles a las enfermedades; y no sólo una vez, sino varias, las pestes eliminaron una prometedora cultura bárbara o una civilización de tipo medieval.

Pero, de todos los desastres naturales que azotaron a la Segunda Humanidad, el peor se debió a un cambio espontáneo en su constitución física. Del mismo modo que los colmillos del antiguo tigre de dientes de sable crecieron tanto que el animal terminó por no poder comer, así el cerebro de la segunda especie humana amenazó con crecer más que el resto del cuerpo. En un cráneo que en su origen tenía una capacidad suficiente, aquel raro producto de la naturaleza quedó ahora constreñido; a su vez, el sistema circulatorio, que con anterioridad era completamente adecuado, cada vez era más proclive a fallar en su intento por bombear sangre a través de una estructura tan limitada. Al fin, esas dos causas comenzaron a provocar graves efectos. La imbecilidad congénita era cada vez más común, junto con toda clase de enfermedades mentales adquiridas. Durante unos miles de años, la raza permaneció en un estado muy precario, ora llegando casi a desaparecer, ora alcanzando rápidamente un singular tipo de cultura en algunas regiones donde la naturaleza física resultaba ser peculiarmente favorable. Uno de esos efímeros destellos del espíritu tuvo lugar en el valle del Yangtsé como un súbito y breve esplendor de estados urbanos poblados por neuróticos, genios e imbéciles. La perdurable secuela de esa civilización fue una brillante literatura de la desesperanza, en la que predominaba un sentido de la diferencia entre lo real y lo potencial en la humanidad y el universo. Luego, cuando la raza hubo alcanzado su gloria máxima, se acostumbró a cavilar acerca de esa voz trágica del pasado con el fin de recordarse a sí misma el subyacente horror de la existencia. Mientras tanto, el cerebro se volvió cada vez más grande, y la raza, cada vez más desorganizada. No hay duda de que habría seguido el camino del tigre de dientes de sable, simplemente a causa de la fatal dirección de su propia evolución fisiológica, si no hubiese aparecido, por fin, una variedad más estable de esa segunda especie humana. Fue en Norteamérica —en la cual, por conducto de África, la Segunda Humanidad se había extendido hacía mucho tiempo— donde por primera vez se produjo un tipo de hombre de mayor capacidad craneana y de corazón más poderoso. Por suerte, esa nueva variedad resultó ser genéticamente dominante; así pues, como se cruzó libremente con la variedad más vieja, Norteamérica no tardó en quedar poblada por una raza soberbiamente saludable. La especie estaba salvada.

Pero tenían que pasar otros cientos de miles de años antes de que la Segunda Humanidad pudiese llegar a su cenit. No voy a entretenerme en ese movimiento de la sinfonía humana, aunque se trata de un movimiento de gran riqueza. Inevitablemente, se repitieron muchos temas del desarrollo de las primeras especies, pero con características especiales, y traspuestos, por así decirlo, del tono menor al tono mayor.

Una vez más, las culturas primitivas se sucedieron las unas a las otras, o pasaron a la civilización, bárbara o medieval; y, a su vez, éstas declinaron o se transformaron. En dos ocasiones, el planeta se convirtió en el ámbito de una sola comunidad mundial que perduró muchos miles de años, hasta que una desventura la destruyó. El colapso no resulta sorprendente; pues, a diferencia de las especies más tempranas, la Segunda

Humanidad no disponía de carbón ni petróleo. En ambas sociedades de esa primera etapa mundial de la Segunda Humanidad había una absoluta carencia de energía mecánica. En consecuencia, aunque su civilización tenía un alcance mundial y era muy compleja, en cierto modo se hallaban en una etapa equivalente a la época medieval. En todos los continentes, la agricultura intensiva y muy evolucionada se extendía con sistemas de regadío desde los valles hasta las faldas de las montañas y por los desiertos. En las laberínticas ciudades–jardín, todo ciudadano realizaba su ingrata tarea, practicaba asimismo alguna artesanía fina y aún le quedaba tiempo para la diversión y la contemplación. Las relaciones dentro de las comunidades de los cinco grandes continentes, y entre éstas, tenían que mantenerse mediante carruajes, caravanas y barcos a vela. Sin duda, la navegación a vela estaba en su apogeo de nuevo, y sobrepasaba en gran manera los adelantos de las épocas anteriores. En todos los mares, flotas de clípers de velas rojas, con casco de madera y proa y popa talladas, pero con los pulidos flancos de un delfín, transportaban productos de todos los países y a innumerables viajeros, a quienes les encantaba pasar un año sabático entre extranjeros. Era mucho lo que pudo lograr con el tiempo, aun sin energía mecánica, una especie dotada de una gran inteligencia e inmune al egoísmo antisocial. Pero, inevitablemente, llegó el fin. Un virus, que producía una sutil degeneración del sistema linfático jamás sospechada por una raza que aún desconocía la fisiología, se propagó por todo el mundo y causó una misteriosa fatiga. Con el paso de los siglos, la agricultura fue desapareciendo en las colinas y desiertos, se fueron degradando las artesanías y las ideas se tornaron estereotipadas. Y el vasto letargo produjo un no menos vasto abatimiento. A la larga, las naciones perdieron contacto entre sí, se fueron olvidando unas de otras, abandonaron su cultura y se desintegraron en tribus salvajes. Una vez más, la Tierra durmió. Varios miles de años más tarde, mucho después de que la enfermedad hubiera perdido virulencia, varios pueblos grandes se desarrollaron en su aislamiento. Cuando por fin entraron en contacto, eran tan extraños que en cada uno de ellos tuvo que ocurrir una difícil aunque incruenta revolución cultural, antes de que el mundo pudiese sentirse de nuevo como una entidad. Sin embargo, ese segundo mundo perduró apenas unos pocos siglos, pues profundas diferencias subconscientes hacían imposible que las razas se mantuviesen incondicionalmente leales las unas a las otras.

Al fin, la religión escindió la unidad que todos deseaban pero en la que nadie podía confiar. Una heroica nación de monoteístas trató de imponer su fe en un mundo vagamente panteísta. Por primera y última vez, la Segunda Humanidad se precipitó en una guerra civil de alcance mundial; y, precisamente por ser una guerra religiosa, se desencadenó con una brutalidad desconocida hasta entonces. Con una artillería tosca, pero con fanatismo, los dos ejércitos civiles se atacaron mutuamente. Los campos de labranza fueron asolados; las ciudades, quemadas; los ríos, envenenados. Mucho después de que hubiera pasado el apogeo del horror, ante el cual una especie inferior se habría descorazonado, aquellos locos heroicos siguieron organizando la destrucción. Y, cuando por fin se produjo la inevitable catástrofe, ésta fue total. Siendo una especie sensible, el entendimiento que por fin iluminó a todas las mentes, la abrumadora sensación de haber traicionado el espíritu humano, la trágica ironía de la lucha terminaron por agotar todas las energías. Ni siquiera en miles de años la Segunda Humanidad alcanzó a crear de nuevo una comunidad mundial. Pero habían aprendido la lección.

La tercera y más perdurable civilización de la Segunda Humanidad repitió el celebrado medievalismo de la primera, y lo superó hasta alcanzar una etapa en la que brillaron las ciencias naturales. Los fertilizantes químicos aumentaron las cosechas, lo que llevó al crecimiento de la población mundial. La energía eólica y la hidráulica se convirtieron en electricidad para complementar la labor humana y animal. A la larga, después de múltiples fracasos, fue posible utilizar la energía volcánica y subterránea para accionar los generadores. En unos pocos años, se transformó todo el carácter físico de la civilización. No obstante, ese precipitado paso hacia el industrialismo no hizo que la Segunda Humanidad cometiera los errores de las antiguas Europa, Norteamérica y Patagonia. Ello se debió en parte a su don de compasión, el cual, excepto durante la tremenda aberración de la guerra religiosa, convertía a todos, de una manera muy vivida, en miembros de una misma comunidad. Pero en parte también se debió a la combinación de un sentido común práctico, más marcado aún que el británico, con una indiferencia más profunda que la rusa ante la fascinación de la riqueza, así como una pasión por la vida del espíritu que ni siquiera los griegos habían conocido nunca. La minería y la manufactura, aun con sobrada energía eléctrica, eran trabajos apenas menos arduos que en la antigüedad; pero dado que, a causa de la vívida compasión, cada individuo se sentía comprometido con la vida de todas las personas conocidas, muy pocos se obsesionaban con su poder económico particular. La voluntad de evitar los males de la industrialización era eficaz, porque era sincera.

En su apogeo, la cultura de la Segunda Humanidad se caracterizó por el respeto a la personalidad humana individual. Sin embargo, los individuos contemporáneos eran considerados a la vez un fin y un medio, como una fase hacia un grado de evolución más elevado del individuo en un remoto futuro. Pues, si bien ellos eran más longevos que sus predecesores, los miembros de la Segunda Humanidad se sentían limitados tanto por la brevedad de la vida humana como por la insignificancia de los logros individuales en comparación con la infinitud del entorno, que merecía reconocimiento y admiración. Por lo tanto, estaban decididos a crear una raza que estuviese dotada para vivir muchos más años. Una vez más, si bien colaboraban unos con otros en mayor grado que sus predecesores, caían en la desesperanza ante la distorsión y el error que alteraba la comprensión del espíritu de los demás. Al igual que sus predecesores, habían transitado por todas las etapas más ingenuas del retraimiento y el conocimiento de los demás, así como por la idealización de los diversos aspectos de la personalidad. Habían admirado al héroe bárbaro, al romántico, al sensible y sutil, al franco y cordial, al decadente, al afable, al severo. Y habían llegado a la conclusión de que cada persona, si bien era una expresión de un determinado tipo de personalidad, debía tratar de mostrarse también tolerante ante todos los demás tipos. Incluso creían que la comunidad ideal debía concentrarse en una sola mente mediante la aprehensión telepática directa, por parte de cada individuo único, de la experiencia de todos sus semejantes. Y el hecho de que ese ideal pareciera absolutamente inalcanzable extendía sobre toda la cultura un velo de obscuridad, un anhelo de lograr la unión espiritual, un horror a la soledad, que nunca había preocupado seriamente a sus predecesores, mucho más aislados que ellos.

Esas ansias de unión influyeron en la vida sexual de la especie. En primer lugar, lo espiritual y lo fisiológico estaban tan unidos en su composición que, cuando no existía una verdadera unión espiritual, en el acto sexual no se producía la concepción. De ahí que las relaciones sexuales superficiales se consideraran de una forma muy diferente que aquellas que expresaban una intimidad más profunda. Se veían como una labor gozosa de la existencia, que brindaba la oportunidad de demostrar una alegre ternura, de bromear y, por supuesto, de alcanzar un alto grado de embriaguez física; pero estaban destinadas a no significar nada más que el gozo entre amigos. Cuando se producía un matrimonio espiritual, pero sólo durante la pasión real de la comunión, la relación sexual casi siempre daba como resultado la concepción. En esas circunstancias, las personas muy íntimas a menudo tenían que practicar la anticoncepción; en cambio, los que sólo eran amigos no tenían que recurrir nunca a ella. Y uno de los inventos más beneficiosos de los psicólogos era una técnica de autosugestión, que, a voluntad, o bien facilitaba la concepción o la evitaba, de forma segura, inocua y sin consecuencias desagradables.

La moral sexual de la Segunda Humanidad pasó por todas las fases conocidas por la Primera; pero, cuando se hubo establecido una cultura mundial única, ésta había adquirido una forma desconocida hasta entonces. No sólo se alentaba a hombres y mujeres a mantener tantas relaciones sexuales superficiales como precisaran para su enriquecimiento, sino que también, en el plano más elevado de la unión espiritual, se recomendaba la estricta monogamia. Pues en la unión sexual de esa clase superior veían un símbolo de la comunión espiritual que ellos anhelaban fuera universal. Así, el don más preciado que el amante podía hacer al ser amado no era la virginidad sino la experiencia sexual. Se consideraba que la unión era más fecunda cuando más podía aportar cada uno de las anteriores experiencias sexuales y espirituales. Sin embargo, si bien como principio la monogamia no merecía grandes honras, a veces, en la práctica, la más elevada clase de unión podía terminar en un matrimonio para toda la vida. Pero, puesto que el término medio de vida superaba ampliamente el de la Primera Humanidad, las uniones perennes se solían interrumpir deliberadamente durante un tiempo, mediante un cambio de pareja, y luego volvían a restablecerse con una vitalidad renovada. Por otra parte, en algunas ocasiones, un grupo de personas de uno y otro sexo mantenían un matrimonio compuesto y permanente todos juntos. A veces, el grupo cambiaba un miembro o varios con otro grupo, o bien se dispersaba totalmente entre otros grupos, para volver a reunirse años después con su experiencia enriquecida.

De una forma u otra, ese «matrimonio grupal» era muy apreciado, como una extensión de la rica participación sexual en una esfera más amplia. En la Primera Humanidad, la brevedad de la vida tornaba imposible esa nueva forma de unión; pues es evidente que no se puede desarrollar ninguna relación espiritual o sexual con cierto grado de plenitud en menos de treinta años de relación íntima. Sería interesante examinar las instituciones sociales de la Segunda Humanidad en su cenit; pero no disponemos de tiempo para dedicarlo a ese quehacer, ni siquiera para revisar los brillantes logros intelectuales con que la especie había superado a sus predecesoras. Es obvio que cualquier resumen de las ciencias naturales y la filosofía de la Segunda Humanidad resultaría ininteligible a los lectores de esta obra. Baste decir que evitaron los errores que llevaron a la Primera Humanidad a caer en la falsa abstracción, y a elaborar teorías metafísicas que eran a la vez ingenuas y sofisticadas.

Sólo después de haber superado la mejor labor de la Primera Humanidad en ciencias y filosofía, la Segunda descubrió los restos de la gran biblioteca lítica de Siberia. Un equipo de ingenieros la descubrió por casualidad mientras se disponía a enterrar un dispositivo para aprovechar la energía subterránea. Las tablillas estaban rotas, desordenadas y gastadas; pero, con la ayuda del diccionario ilustrado, poco a poco fueron reconstruidas y descifradas. Los conocimientos en ellas registrados fueron de gran interés para la Segunda Humanidad, pero no de la forma que suponían los integrantes de la colonia siberiana, ni como un tesoro de verdades científicas y filosóficas, sino como un vívido documento histórico. La visión del universo que las tablillas registraban era demasiado ingenua y artificial, pero el conocimiento que proporcionaron de la mentalidad de las anteriores especies fue invalorable. Era tan poco lo del viejo mundo que había sobrevivido a la época volcánica, que la Segunda Humanidad no había obtenido hasta el momento una imagen clara de sus predecesores. Sólo un elemento de aquel tesoro arqueológico poseía más que un interés puramente histórico. El líder biólogo de la pequeña colonia de Siberia había registrado una buena parte del texto de la vida del Muchacho Divino. Al final del escrito aparecían las últimas palabras del profeta que tanto habían confundido a los patagones. Ese tema estaba lleno de significado para la Segunda Humanidad, como sin duda lo había tenido incluso para la Primera en sus inicios. Pero, mientras que para la Primera Humanidad el desapasionado éxtasis que el Muchacho había predicado era más bien un ideal que un hecho vivido, la Segunda Humanidad descubrió en las palabras del profeta una intuición que le resultaba familiar. Mucho antes, los genios torturados de las ciudades del Yangtsé habían expresado aquella misma intuición. Posteriormente, también la habían experimentado a menudo las generaciones más saludables, pero siempre con cierta vergüenza, pues se había llegado a asociar con una mentalidad mórbida. Pero ahora, con la creciente convicción de que tal intuición era edificante, la Segunda Humanidad había comenzado a tratar de buscar una expresión constructiva para ella, y en la vida y las últimas palabras del remoto apóstol de la juventud encontró una expresión que no era del todo inadecuada. Muy pronto la especie iba a necesitar desesperadamente ese evangelio.

La comunidad mundial alcanzó por fin cierta perfección y un relativo equilibrio. Siguió un largo período de armonía social, prosperidad y enriquecimiento cultural. Parecía haberse hecho casi todo cuanto se podía lograr por medio de la mente en la etapa que habían alcanzado. Se sucedieron generaciones de seres longevos, entusiastas y mutuamente gozosos. Existía una sensación generalizada de que había llegado el momento en que el hombre reuniera todas sus energías para levantar el vuelo hacia una nueva esfera mental. A su juicio, el tipo actual de ser humano no era más que un producto natural, basto e incoherente. Era hora de que el hombre tomara el control de sí mismo y se reestructurara según un patrón más noble. Con ese fin en vista, se pusieron en marcha dos grandes proyectos:

una investigación acerca de la naturaleza humana ideal, y otra sobre los medios prácticos para reestructurar la naturaleza humana. Los individuos de todos los países, que vivían su propia vida privada, gozándose mutuamente y manteniendo vivo y vigoroso el tejido social, se sintieron profundamente conmovidos ante la idea de que la comunidad mundial se hubiera comprometido por fin a llevar a cabo esa heroica obra.

Pero, en otra parte del sistema solar, una clase muy diferente de vida estaba buscando, a su extraña manera, fines incomprensibles para los hombres, pero idénticos en el fondo a sus propios objetivos. Y muy pronto ambos estarían en contacto, aunque no precisamente en actitud de cooperación.

VIII. LOS MARCIANOS

1. La primera invasión marciana

Al pie de las nuevas y titánicas montañas que en un tiempo habían constituido la cordillera del Hindukush existían muchos centros de vacaciones, donde los jóvenes y las jóvenes de Asia acostumbraban buscar fatigas y riesgos alpinos para solaz de su alma. Fue en esa región, y poco después de un amanecer de verano, donde la nueva raza vio por vez primera a los marcianos. Unos excursionistas madrugadores advirtieron que el cielo había adquirido un inexplicable tinte verdoso, y que el sol naciente se veía macilento, aunque no lo cubrían las nubes. Los observadores en seguida se sorprendieron de ver que el color verde se concentraba en miles de nubecillas diminutas, con claros azulados entre ellas. Los prismáticos permitieron descubrir dentro de cada mancha verde el ligero indicio de un núcleo rojizo, así como filamentos movedizos de color infrarrojo, que habrían sido invisibles a los ojos de la primera raza humana. Esas extraordinarias manchas nubosas tenían todas más o menos el mismo tamaño, y las más grandes de ellas parecían más pequeñas que el disco lunar; pero variaban grandemente de forma, y se veía que cambiaban más rápidamente de apariencia que los cirrus naturales, a los que se asemejaban ligeramente. De hecho, si bien se parecían a una nube en forma y movimiento, había también en ellos, tanto en su aspecto como en su comportamiento, algo definido que sugería la vida. En efecto, recordaban marcadamente a los primitivos organismos amebianos vistos a través del microscopio.

El firmamento entero aparecía salpicado de ellos; aquí y allá, en concentraciones de color verde uniforme, y en otras partes, más esparcidos. Y se observaba que estaban en movimiento. Toda una formación de aquellos objetos celestiales se dirigió hacia uno de los picos nevados que dominaban el paisaje. Los más adelantados no tardaron en llegar a la cima de la montaña, y se vio que descendían por la cara rocosa con un lento movimiento ameboide.

Mientras tanto, un par de aviones movidos por electricidad se habían elevado hasta el cielo para investigar el extraño fenómeno desde una posición más cercana. Los aparatos pasaron sin inconveniente entre las nubéculas movedizas, y hasta atravesaron a muchas de ellas casi sin obscurecerse a la vista.

En la montaña se iba concentrando un sinnúmero de nubecillas, que se desplazaban hacia el precipicio y los campos nevados de un alto valle glaciar. Al llegar allí donde el glaciar se precipitaba hasta un nivel inferior, el objeto más adelantado aminoró la marcha y se detuvo, mientras sus compañeros se iban apiñando detrás de él. Al cabo de media hora, el cielo volvía a estar despejado, salvo por las nubes normales; pero en el glaciar reposaba lo que casi podría haber sido una nube de tormenta, de sólido aspecto e insólitamente obscura, con excepción de su tinte verdoso y su movimiento palpitante. Durante unos minutos, aquel extraño objeto pareció concentrarse hasta formar un bulto más pequeño que se obscureció. Luego se desplazó de nuevo hacia adelante, superó el borde del glaciar y llegó al valle poblado de pinos. Allí se interpuso un cerro, que lo ocultó a la vista de los primeros observadores.

En la parte inferior del valle había un pueblo. Muchos de los habitantes, cuando vieron avanzar hacia ellos aquella misteriosa y densa nube, subieron a sus vehículos mecánicos y huyeron; pero algunos se quedaron esperando, atraídos por la curiosidad. Éstos fueron engullidos por una niebla calinosa de color oliváceo amarronado, veteada aquí y allá por brillantes franjas de un tono más rojizo. De repente se hizo la obscuridad total. Las luces artificiales ya no iluminaban más allá de la distancia de un brazo y respirar se tornó difícil. Se irritaron las gargantas y los pulmones. Todo el mundo sufrió violentos accesos de tos y de estornudos. La nube se extendió por el pueblo, y parecía ejercer presiones irregulares sobre los objetos, no siempre en la dirección general del movimiento, sino, a veces, en dirección contraria, como si se aferrara a las personas y muros, y se abriera paso trabajosamente. Al cabo de unos minutos, la niebla se disipó, y luego dejó el pueblo atrás, con excepción de unos cuantos filamentos e hilachas de su humosa sustancia, que se quedaron prendidos y aislados en las calles laterales. Sin embargo, no tardaron en soltarse y correr para alcanzar al cuerpo principal.

194

Cuando los asombrados habitantes del pueblo se hubieron repuesto, enviaron un mensaje a la pequeña localidad de la parte inferior del valle, para apremiarlos a efectuar una evacuación temporal. El mensaje no se transmitía por radio, sino mediante un fino haz de rayos. Así ocurrió que el haz tuvo que ser dirigido a través de la perniciosa materia misma. Mientras se enviaba el mensaje, el avance de la nube cesó, y sus contornos se volvieron vagos y deshilachados. Algunos fragmentos fueron arrastrados por el viento y se disiparon. Casi en seguida de terminado el mensaje, la nube comenzó a definirse de nuevo, y permaneció en reposo durante un cuarto de hora. Una docena de osados jóvenes del pueblo se acercaron a la masa obscura movidos por la curiosidad. En cuanto se encontraron frente a ella, en un rincón del valle, la nube se contrajo prestamente, hasta no ser más grande que una casa. Con una apariencia que tanto podía ser de un humo opaco y denso como de una verdadera gelatina, permaneció inmóvil hasta que el grupo se aventuró a acercarse hasta unos pocos metros. Evidentemente les faltó coraje, pues se vio que se volvían. Pero, antes de que se hubiesen alejado tres pasos, de la masa principal surgió una larga probóscide con la velocidad de la lengua de un camaleón, y los envolvió totalmente. Se retiró con lentitud; pero los jóvenes habían quedado prendidos en ella. La nube, o gelatina, se agitó violentamente unos segundos, y luego arrojó sus cuerpos convertidos en una suerte de papilla.

La masa asesina volvió a avanzar por la carretera hacia la población, se recostó contra la primera casa, la aplastó y prosiguió vagando de aquí para allá, arrasando todo lo que encontraba a su paso, como si fuese un río de lava. Los habitantes pusieron pies en polvorosa, pero varios fueron

195

atrapados por la probóscide y muertos. Desde todas las instalaciones vecinas descargaron una poderosa radiación sobre la nube. La actividad destructiva de ésta menguó ante el ataque, y de nuevo la masa comenzó a desintegrarse y expandirse. Luego se elevó hacia el cielo como una enorme columna de humo; y, a una gran altura, se disipó otra vez en un sinfín de nubéculas verdes como en su origen, aunque notablemente reducida en número. Éstas volvieron a fundirse en un tinte verdoso uniforme, que se fue desvaneciendo gradualmente.

Así terminó la primera invasión de Marte a la Tierra.

2. La vida en Marte

Nuestro interés se centra en la humanidad; en cuanto a los marcianos, sólo nos interesan en relación con el hombre. Pero, con el fin de comprender la trágica relación de ambos planetas, es necesario echar una mirada a las condiciones en Marte y conocer algo sobre aquellos seres tan fantásticamente diferentes y sin embargo tan similares en lo fundamental, que ahora estaban tratando de apoderarse de la residencia del hombre.

Describir la biología, psicología e historia de todo un mundo en unas pocas páginas resulta tan difícil como lo sería brindar a los marcianos en el mismo espacio una verdadera idea de la humanidad. En cualquiera de los dos casos, se precisaría recurrir a enciclopedias y bibliotecas enteras. De alguna manera, empero, debo ingeniármelas para sugerir los sufrimientos y alegrías, así como las largas eras de luchas, que contribuyeron a la creación de aquellas extrañas inteligencias no humanas, en cierta manera tan inferiores a la especie humana con la que se encontraron y, en otra, en cambio, tan definidamente superiores.

Marte era un mundo cuya masa correspondía a una décima parte de la de la Tierra. Por lo tanto, la fuerza de gravedad había tenido un papel menos tiránico en los marcianos que en la historia terrestre. La débil fuerza de gravedad marciana se combinó con la escasez de aire en la envoltura del planeta para que la presión atmosférica general fuese mucho menor que en la Tierra. El oxígeno era mucho menos abundante. El agua también era comparativamente rara. No había océanos ni mares, sino tan sólo lagos y ciénagas de aguas poco profundas, muchos de los cuales se secaban en el verano del planeta.

El clima era en general muy seco y, aun así, muy frío. Al no haber nubes, los débiles rayos del distante sol brillaban continuamente.

En los albores de la historia de Marte, cuando había más aire, más agua y una temperatura más elevada proveniente del calor interior, había aparecido la vida en las aguas costeras de los mares, y la evolución se había producido de manera similar a la de la Tierra. La vida primitiva se diferenció en los tipos fundamentales de animales y vegetales. Aparecieron las estructuras multicelulares y se especializaron de diversas maneras para adaptarse a los diferentes ambientes. Una gran variedad de plantas cubrió los campos, a menudo con bosques de carriceras gigantescas y de esbeltos tallos. Animales semejantes a los moluscos y los insectos se arrastraban o nadaban, o bien se trasladaban mediante fantásticos saltos. Enormes arácnidos de un tipo no del todo diferente de los crustáceos, o gigantescos saltamontes, perseguían a sus

197

presas, y así desarrollaron una versatilidad y una astucia que les permitió dominar el planeta casi como, en una fecha muy posterior, el hombre primitivo llegó a dominar la Tierra.

Pero, mientras tanto, una rápida pérdida de la atmósfera, y en especial del vapor de agua, fue transformando las condiciones marcianas más allá de los límites de adaptabilidad de su fauna y flora primitivas. Al mismo tiempo, una clase muy diferente de organización vital estaba empezando a aprovecharse del cambio. En Marte, como en la Tierra, la vida había surgido de una de las múltiples formas «subvitales». El nuevo tipo de vida en Marte evolucionó a partir de otra de esas especies subvitales de organización molecular, una de las cuales no había logrado evolucionar en absoluto hasta el momento y había desempeñado un papel insignificante, salvo en contadas ocasiones, en la forma de un raro virus que proliferaba en los órganos respiratorios de los animales. Esas unidades de organización subvitales eran ultramicroscópicas, y sin duda mucho más pequeñas que las bacterias terrestres o incluso que los virus de la tierra. Su origen se produjo en las ciénagas, que se secaban todas las primaveras para convertirse en hondonadas de barro endurecido y polvo. Otras especies, transportadas por el aire en partículas de polvo, desarrollaron una forma de vida extremadamente seca. Se mantenían absorbiendo elementos químicos del polvo que levantaban los vientos, así como una ligera cantidad de humedad del aire. Asimismo absorbían la luz solar mediante un proceso de fotosíntesis casi idéntico al de las plantas.

Hasta ese punto, eran similares a los otros seres vivientes, pero también tenían ciertas capacidades que las demás especies habían perdido en el comienzo de su evolución. Los organismos terrestres, y los organismos marcianos del tipo terrestre, se mantenían como unidades vitales por medio del sistema nervioso, u otras formas de contacto material entre las partes. En las formas más evolucionadas, un sistema nervioso inmensamente complicado conectaba cada parte del cuerpo con un vasto centro de comunicación: el cerebro. Así, en la Tierra, un organismo individual era sin excepción un sistema continuo de materia, que conservaba cierta forma constante. Pero de la unidad subvital característicamente marciana evolucionó por fin una clase muy diferente de organismo complejo, en el cual no era necesario el contacto material de las partes para coordinar el comportamiento ni para mantener la unidad de conciencia. Esos fines se lograban sobre una base física muy diferente. Los miembros subvitales ultramicroscópicos eran sensibles a toda clase de vibraciones etéreas, una sensibilidad imposible para la vida terrestre, y también podían generar vibraciones. Sobre esa base, la vida marciana desarrolló por fin la capacidad de mantener la organización vital como una conciencia individual única, sin continuidad de la materia viviente. Así el típico organismo marciano era una nubécula, un grupo de miembros de libre movimiento regidos por una mente grupal. Pero, en una de las especies, y para ciertos propósitos, la individualidad no quedaba restringida a las diferentes nubéculas, sino que abarcaba un gran sistema móvil de nubéculas. Así era la hueste marciana que invadió la Tierra.

El organismo marciano dependía, por así decirlo, no de unos cables «telefónicos», sino de una inmensa multitud de «estaciones inalámbricas» móviles, que transmitían y recibían ondas de diferente longitud de acuerdo con sus funciones. La radiación de una simple unidad era por supuesto muy débil;

pero un gran sistema de unidades podía mantener contacto con sus partes errantes desde una considerable distancia.

Otra característica importante distinguía a la forma dominante de la vida en Marte. Así como, en la forma de vida terrestre, una célula tenía a menudo el poder de alterar su aspecto —de ahí el mecanismo de la actividad muscular—, la forma marciana de la unidad ultramicroscópica de libre flotación se podía especializar en generar a su alrededor un campo magnético, y así repeler o atraer a sus vecinos. De esa manera el sistema de unidades materialmente desconectadas mantenía cierta cohesión. Su consistencia era algo así como la de una nube humosa y una gelatina muy ligera. Tenía un contorno definido, aunque siempre cambiante, y una superficie resistente. Mediante la masiva repulsión mutua de sus unidades constituyentes, podía ejercer presión sobre los objetos del entorno; y, en su forma más concentrada, la gelatinosa nube marciana era capaz de soportar inmensas fuerzas que también podían ser dominadas para una manipulación muy delicada. Las fuerzas magnéticas eran asimismo responsables del movimiento reptante de la nube toda sobre el terreno, como así también del transporte de la materia inanimada y de unidades vivientes de una región a otra dentro de la nube. El campo magnético de atracción y repulsión generado por una unidad subvital era mucho más restringido que su campo de comunicación «inalámbrica», y otro tanto ocurría en el sistema de unidades organizado. De modo que cada una de las nubéculas que la Segunda Humanidad vio en el cielo era una unidad motora independiente; pero también estaba en una suerte de comunicación telepática con todos sus semejantes. Sin duda en toda empresa común, como la de las campañas terrestres, se mantenía una cuasi perfecta unidad de conciencia dentro de los límites de un vasto campo de radiación. Sin embargo, únicamente cuando todo el conjunto se concentraba en una pequeña nube gelatinosa relativamente densa, se convertía en una sola unidad motora magnética.

Cabe señalar que los marcianos utilizaban tres formas, o formaciones, posibles, a saber: primero, un «orden abierto» de nubéculas muy tenues e independientes en comunicación telepática, y a menudo en estricta unidad como mente grupal; en segundo lugar, una nube corpórea más concentrada y menos vulnerable; y en tercer lugar, una formidable nube gelatinosa extremadamente concentrada. Salvo por esas muy notables características, no había diferencias fundamentales entre las formas de vida netamente marcianas y las netamente terrestres. La base química de aquéllas era bastante más complicada que la de éstas; y el selenio tenía un papel en ella que carecía de correspondencia en la vida terrestre. Además, el organismo marciano era único en el hecho de que cumplía dentro de sí funciones tanto animales como vegetales. Pero, al margen de esas peculiaridades, los dos tipos de vida eran bioquímicamente muy parecidos. Ambos necesitaban material del suelo; ambos necesitaban luz solar. Cada uno vivía por las transformaciones químicas que ocurrían en su propia «carne» y, por supuesto, cada uno tendía a mantenerse como una unidad orgánica. Había diferencias, sin duda, respecto de la reproducción; en los marcianos, la unidad subvital tenía el poder de crecer y subdividirse. Así el nacimiento de una nube marciana procedía de la subdivisión de miríadas de unidades en el interior de la nube madre, seguida por su expulsión como individuo nuevo. Y, como las unidades estaban altamente especializadas para ejercer diferentes funciones, unidades representativas de variados tipos tenían que incorporarse a la nueva nube.

En las etapas primarias de la evolución en Marte, las unidades se volvían independientes unas de otras en cuanto se separaban en la reproducción. Pero, más adelante, la capacidad hasta ese entonces rudimentaria e inútil de emitir radiaciones se fue especializando, de modo que, después de la reproducción, los individuos libres llegaron a mantener contacto entre sí mediante esas radiaciones, y a comportarse cada vez con mayor coordinación. Más adelante aún, esos grupos organizados mantenían un contacto por radiación con grupos de sus descendientes, de modo que formaban así individuos más grandes con miembros especializados. Con cada adelanto en la complejidad, la esfera de influencia de las radiaciones aumentaba; hasta que, en el cenit de la evolución marciana, todo el planeta —con excepción de los restantes animales y vegetales, representativos de las demás clases infructuosas de vida— se constituyó a veces en un solo individuo biológico y psicológico. Pero eso sólo ocurría con respecto a asuntos que concernían a la especie como un todo. La mayoría de las veces, el individuo marciano era una nubécula, semejante a aquéllas que por primera vez asombraron a la Segunda Humanidad. Sin embargo, en las grandes crisis de la raza, cada nubécula se encontraba de pronto con que compartía la mente de la raza entera, sentía por conducto de muchos individuos e interpretaba sus sensaciones a la luz de la experiencia de toda la raza.

La vida que dominaba Marte era, así, algo semejante a un ejército de unidades especializadas con una disciplina extrema y un organismo poseído por una mente. Al igual que un ejército, podía tomar cualquier forma sin alterar su unidad orgánica. Como un ejército, en ocasiones era una multitud de unidades errantes y libres, pero, en otras, también se disponía en un orden muy especial para cumplir funciones específicas. Como un ejército, se componía de individuos libres y experimentados que se sometían voluntariamente a la disciplina. Por otra parte, a diferencia de un ejército, había momentos en que en ella se despertaba una conciencia unificada.

La misma fluctuación entre individualidad y multiplicidad que caracterizaba a la raza como un todo, caracterizaba también a cada una de las nubéculas mismas. Cada una de ellas era a veces un individuo y, en otras, un enjambre de individuos primitivos. Pero, mientras que la raza raras veces alcanzaba la plena individualidad, las nubéculas renunciaban a ella sólo en circunstancias muy especiales. Cada nubécula era una organización de grupos especializados que estaban formados por grupos especializados de menor categoría, los cuales, a su vez, estaban compuestos por las variedades especializadas básicas de cada unidad subvital. Cada grupo autónomo de unidades autónomas constituía un órgano especial, que cumplía alguna función particular dentro del todo. Así, había los que se especializaban en la atracción y repulsión, o en operaciones químicas, o en el almacenamiento de energía solar, o en la emisión de radiaciones, o en la absorción y almacenamiento de agua, o en sensibilidades especiales, como la captación de la presión y vibración mecánicas, los cambios de temperatura, o los rayos luminosos. Otros, a su vez, se especializaban para cumplir una función similar a la de un cerebro humano, pero de una manera peculiar. El volumen entero de la nubécula vibraba con innumerables mensajes inalámbricos, en múltiples longitudes de onda, desde «órganos» diferentes. La función de las unidades «cerebrales» consistía en recibir, correlacionar e interpretar esos mensajes a la luz de la pasada experiencia, e iniciar respuestas en la longitud de onda que resultaba más apropiada a los órganos correspondientes.

Todas esas unidades subvitales, excepto unos pocos tipos muy especializados, eran capaces de llevar una vida independiente como bacterias y virus aéreos. Y, cada vez que perdían contacto con la radiación del sistema global, seguían haciendo su vida individual hasta que eran controladas nuevamente. Todas eran unidades de libre flotación, pero normalmente se hallaban bajo la influencia del sistema de campos electromagnéticos de la nubécula, y se las dirigía hacia aquí o hacia allá para cumplir con sus funciones específicas. Y, bajo esa influencia, algunas de ellas podían ser mantenidas rígidamente en determinada posición con respecto a las otras. Tal era el caso de los órganos de la vista.

En las primeras etapas de la evolución, algunas de las unidades se habían especializado en el transporte de diminutos glóbulos de agua. Luego, transportaban gotas más grandes, y eran millones de unidades las que sostenían entre ellas un glóbulo aún microscópico del más preciado fluido de la vida. Por último, esa función se aprovechó para la visión. Un armazón de unidades sostenía lentes acuosas tan grandes como un ojo de buey; a su vez, a la distancia focal de la lente, se mantenía en posición una rígida retina de unidades. De ese modo, los marcianos podían crear ojos de todas las variedades cuando lo deseaban, así como telescopios y microscopios. Esa producción y manipulación de los órganos visuales era, por supuesto, fundamentalmente inconsciente, al igual que el mecanismo de enfoque en el hombre. Pero, más adelante, los marcianos aumentaron en gran medida el control consciente de los procesos fisiológicos, y fue ese logro lo que facilitó sus notables triunfos en el campo de la óptica.

Tenemos que señalar aún otra función fisiológica antes de considerar la psicología marciana. Los marcianos evolucionados de esta manera, aunque aún incivilizados, hacía tiempo que habían dejado de depender del polvo volcánico arrastrado por el viento para su provisión de elementos químicos. En vez de ello, se posaban en el suelo por la noche, como una niebla terrestre sobre un prado, e introducían unos grupos de unidades tubulares en el suelo, como si fuesen raicillas. También debían estar ocupados de esa manera una parte del día. Más adelante, ese proceso lo complementaron devorando la decadente vida vegetal del planeta. Pero los últimos marcianos ya civilizados mejoraron de una manera extraordinaria los métodos de explotación del suelo y la luz solar, tanto por medios mecánicos como por la especialización artificial de sus órganos. Sin embargo, aun así, a medida que aumentaban sus actividades, esas funciones vegetales se convirtieron en un serio problema para ellos. Practicaron la agricultura, pero sólo lograron implantarla en una zona muy pequeña del árido planeta. Fueron el agua y la vegetación terrestres lo que finalmente los indujo a emprender el gran viaje.

3. La mente marciana

La mente marciana era de un tipo muy diferente de la terrestre; diferente, pero en el fondo idéntica. En un cuerpo tan extraño, la mente estaba inevitablemente preñada de anhelos ajenos al hombre, y dotada también de maneras ajenas de percibir el entorno. Y, con una historia tan diferente, los prejuicios que la dominaban eran muy distintos de los del hombre. Sin embargo, no estaba menos preocupada, en última instancia, por el mantenimiento y progreso de la vida, así como por el ejercicio de las capacidades vitales. Fundamentalmente, el marciano era como todos los demás seres vivientes, puesto que gozaba con el libre funcionamiento de su organismo y su mente. No obstante, superficialmente era muy diferente del hombre, tanto en la mentalidad como en su organismo.

El rasgo más distintivo del marciano, comparado con el hombre, estaba en el

hecho de que su individualidad era mucho más propensa a quedar anulada y, al mismo tiempo, mucho más capaz de participar directamente en la mente de los otros individuos. La mente humana, en su sólido cuerpo, conservaba su unidad y su dominio sobre sus miembros en todas las circunstancias normales. Sólo en la enfermedad, el hombre estaba expuesto a sufrir la disociación mental o física. Por otra parte, era incapaz de establecer contacto directo con otros individuos, y la aparición de una «supermente» en un grupo de individuos era totalmente imposible. La nubécula marciana, en cambio, si bien podía desmembrarse tanto física como mentalmente con mucha más facilidad que el hombre, también podía despertar en cualquier momento para convertirse en la mente inteligente de su raza, y podía comenzar a percibir con los órganos sensibles de todos los demás individuos, así como experimentar las ideas y los deseos que eran, por así decirlo, el resultante de todas las ideas y deseos acerca de una materia de interés general. Pero, desgraciadamente, como se verá, la mente de los marcianos nunca alcanzaba un grado superior al de la mente individual.

Esas diferencias entre el marciano y la psique humana entrañaban ventajas y desventajas características. El marciano, desprovisto del egoísmo inveterado del hombre y de su aislamiento espiritual, carecía de coherencia mental, de la capacidad de prestar una atención concentrada y de efectuar análisis y síntesis de largo alcance, así como también de la vívida autoconciencia y la crítica incesante que incluso la Primera Humanidad había alcanzado en cierto grado en su mejor momento, y que aparecían aún más desarrolladas en la Segunda. Además, los marcianos sufrían el inconveniente de ser casi idénticos en carácter. Gozaban de perfecta armonía, pero sólo gracias a una casi total uniformidad de temperamento. Se hallaban todos trabados entre sí a causa de su semejanza, y carecían de esa rica diversidad del carácter personal que permitía al espíritu humano abarcar un vasto campo mental. Esa infinita variedad de la naturaleza humana, sin duda entrañó crueles, inútiles e interminables conflictos personales durante la primera especie humana, y hasta cierto punto también en la segunda; pero a la vez dotaba a cada individuo de una comprensión que enriquecía su espíritu mediante la relación con individuos cuyo temperamento, ideas e ideales eran diferentes de los propios. Y, si bien los marcianos no solían verse perturbados por disputas sanguinarias ni por la pasión del odio, también estaban casi totalmente desprovistos de la pasión amorosa. El individuo marciano podía admirar el objeto de su lealtad y hasta serle totalmente fiel; pero su admiración no se centraba en personas concretas y únicas de su mismo orden, sino, en el mejor de los casos, en el vago espíritu de la raza. A los individuos como él, los consideraba meramente instrumentos u órganos de la supermente.

Eso no habría sido grave, si la mente de la raza —de la que con tanta frecuencia pasaba a formar parte bajo la influencia de la radiación general— hubiese sido una mente de un rango superior a la suya. Pero no lo era. Sólo era un recipiente en el que iban a parar las percepciones, ideas y voluntades de las nubéculas. Así pues, la soberbia lealtad de los marcianos se disipaba en algo que no tenía una capacidad mental superior a la suya, sino que era meramente una masa. La nubécula marciana, como el animal humano, poseía una naturaleza instintiva compleja. De noche y de día se veía obligada a realizar funciones vegetativas, como absorber elementos químicos del suelo y energía de la luz solar. También tenía sed de oxígeno y agua, si bien la saciaba, por supuesto, a su manera. Asimismo, poseía sus propios impulsos instintivos característicos para mover el «cuerpo», tanto respecto de la locomoción como de la manipulación. La civilización marciana brindaba una forma de expansión para esos deseos, sea en la práctica de la agricultura, sea en danzas y ejercicios gimnásticos complejos y maravillosamente bellos. Pues aquellos seres perfectamente flexibles disfrutaban ejecutando evoluciones aéreas, realizando impetuosas piruetas rítmicas, entrelazándose unos con otros en espirales, concentrándose en opacas esferas, cubos, conos y toda suerte de volúmenes fantásticos. Muchos de esos movimientos y formas poseían un intenso significado emocional para ellos en relación con las operaciones de su vida, y los ejecutaban con un fervor y una solemnidad religiosos.

El marciano también tenía impulsos de belicosidad y temor. En el remoto pasado, iban dirigidos contra los miembros hostiles de su propia especie; pero, desde que la raza se había unificado, los ejercitaban sólo sobre otros tipos de vida y sobre la naturaleza inanimada. El instinto gregario se hallaba muy desarrollado en los marcianos a expensas del instinto de afianzamiento individual. Los marcianos no tenían sexualidad ni formaban parejas para la reproducción, pero el impulso de fusionarse física y mentalmente con otros individuos, y despertar como la supermente, tenía mucho en común con la sexualidad humana. Conocía unos impulsos paternos de alguna índole, pero difícilmente podríamos considerarlos dignos de ese nombre. Lo único que le importaba era arrojar el exceso de materia viviente fuera de su sistema, y mantenerse en rapport con el nuevo individuo así formado, tal como haría con cualquier otro individuo. Distaba tanto de experimentar la devoción humana por los hijos como personalidades en ciernes, como de conocer la sutil relación entre los temperamentos masculino y femenino.

Sin embargo, en la época de la primera invasión, la reproducción se había restringido grandemente pues el planeta estaba muy poblado, y cada nubécula individual era potencialmente inmortal. Entre los marcianos no existía la «muerte natural», ni la muerte espontánea a causa de la simple senilidad. Como norma, los miembros de la nubécula se reconstituían en forma indefinida mediante la reproducción de sus unidades constituyentes. Las enfermedades, en cambio, eran a menudo fatales. Y entre ellos existía un flagelo importante, que se correspondía con el cáncer terrestre, por el cual las unidades subvitales perdían su sensibilidad a la radiación, de modo que seguían existiendo como organismos primitivos y se reproducían sin restricción. Como también se convertían en parásitos de las unidades no afectadas, inevitablemente la nubécula moría.

Al igual que las clases superiores de los mamíferos terrestres, los marcianos poseían una enorme curiosidad. Teniendo también muchas necesidades prácticas que llenar como resultado de su civilización, y estando extremadamente dotados por la naturaleza para los experimentos físicos y la investigación microscópica, habían avanzado mucho en las ciencias naturales. En física, astronomía, química, e incluso en la bioquímica, el hombre no tenía nada que enseñarles.

El vasto cuerpo del conocimiento marciano había tardado infinidad de años en crecer. Todas sus etapas y sus logros ordinarios estaban registrados en inmensos rollos de papel elaborado con pulpa vegetal, que se encontraban almacenados en bibliotecas de piedra. Curiosamente, los marcianos se habían convertido en excelentes constructores y habían cubierto buena parte del planeta con edificios de aspecto ligero e insustancial, que habrían sido totalmente imposibles de construir en la Tierra. No necesitaban edificios donde vivir, salvo en las regiones polares; pero, como talleres, graneros y almacenes de toda clase, los edificios se habían vuelto muy necesarios para los marcianos. Además aquellos seres extremadamente tenues encontraban una alegría peculiar en la manipulación de objetos sólidos. Incluso sus obras arquitectónicas más utilitarias lucían una especie de ornamentación gótica o con fantásticos arabescos, en los que lo etéreo parecía retorcer la sustancia de las sólidas piedras hasta lograr que se le pareciera.

En la época de la invasión, los marcianos aún estaban progresando intelectualmente, y fue gracias a un descubrimiento en física teórica como pudieron dejar su planeta. Hacía tiempo que sabían que las diminutas partículas en el límite superior de la atmósfera podían ser trasladadas en el espacio mediante la presión de los rayos del sol al amanecer y el ocaso. Y con el tiempo descubrieron la forma de utilizar esa presión tal como se utiliza el viento en la navegación a vela. Disipándose ellos mismos en sus unidades ultramicroscópicas, encontraron un apoyo firme en los campos gravitatorios del sistema solar, así como la quilla y el timón de una barca lo consiguen en el agua. Así pudieron navegar en el espacio hasta la Tierra como una armada de naves ultramicroscópicas. Al llegar al cielo terrestre, se reconstituyeron como nubéculas y, desplazándose en la densa atmósfera de las cimas alpinas, descendieron como el nadador por la escalerilla de una piscina.

Esa hazaña implicaba cálculos muy complicados e inventos químicos, sobre todo para la conservación de la vida en tránsito y en el planeta extraño. Ello no se hubiera podido realizar jamás sin un conocimiento preciso y amplio del mundo físico. Pero, si bien los marcianos estaban muy adelantados con respecto al conocimiento natural, se hallaban extremadamente atrasados en todas las esferas que podríamos denominar del conocimiento espiritual. Era poca la comprensión que tenían de su propia mentalidad, y menos aún del lugar de la mente en el cosmos. Aunque en un sentido se trataba de una especie de inteligencia superior, al mismo tiempo carecían totalmente de interés filosófico. Apenas concebían los problemas que aun la Primera Humanidad había encarado muy a menudo, aunque en vano; y mucho menos los abordaban. Para los marcianos no existía misterio alguno en la distinción entre la realidad y la apariencia ni en la relación de lo único y lo múltiple, ni en las categorías del bien y el mal. Tampoco eran críticos de sus ideales. Aspiraban de todo corazón al progreso del superindividuo marciano, pero nunca consideraron seriamente en qué debería consistir la individualidad y su progreso. Y la idea de que se debían también a los seres ajenos al sistema de radiación marciano, era algo que se les escapaba totalmente. Pues, si bien eran inteligentes, eran los más ingenuos de los ilusos, y no tenían la agudeza necesaria para distinguir lo verdaderamente deseable.

4. Las ilusiones de los marcianos

Para comprender de qué manera los marcianos se engañaban a sí mismos, y cómo por fin se perdieron a causa de su insensato deseo, debemos echar una mirada a su historia. Los marcianos civilizados eran la única variedad que había sobrevivido de su especie. Esa especie, en el remoto pasado, había competido con muchas otras del mismo tipo y las había exterminado. Con la ayuda del cambiante clima, también había exterminado a casi todas las especies animales de tipo más terrestre, y por consiguiente había reducido en gran medida la vegetación que luego precisaría y cuidaría con tanto esmero. Esa victoria de la especie se debió en parte a su versatilidad e inteligencia, y en parte a una notable tendencia a la ferocidad, como también a su singular capacidad de radiación y sensibilidad a ella, lo que les permitía actuar con una coordinación que ni siquiera los animales más gregarios podían lograr. Pero, como en otras especies de la historia biológica, la capacidad que les permitió triunfar se convirtió a la larga en un foco de debilidad. Cuando la especie alcanzó una etapa que se correspondía con la cultura humana primitiva, una de sus razas logró un grado aún más elevado de relación radiante y de unidad física; pudo entonces comportarse como una única unidad vital, y consiguió así exterminar a todos sus rivales. El conflicto racial había durado muchos miles de años; pero, en cuanto la raza favorecida hubo desarrollado la cuasi absoluta solidaridad de las voluntades, su victoria fue arrolladora, y fue coronada por la alegre matanza del enemigo.

Pero, a partir de ese momento, los marcianos sufrieron los efectos psicológicos de su victoria. La extrema brutalidad con que habían exterminado a las demás razas entró en conflicto con los generosos impulsos que la civilización había comenzado a despertar en ellos, y dejó una cicatriz en la conciencia de los victoriosos. Como autodefensa, se persuadieron a sí mismos de que, puesto que eran mucho más admirables que el resto, el exterminio había sido de hecho un deber sagrado. Y su valor sin par, se dijeron, consistía en su singular capacidad de radiación. De ahí surgió una tradición y una cultura profundamente hipócrita, que terminó por destruir a la especie. Durante mucho tiempo habían creído que la base física de la conciencia debía ser necesariamente un sistema de unidades sensibles a las vibraciones etéreas, y que los organismos dependientes del contacto físico de sus partes eran demasiado toscos para tener cualquier clase de experiencia. Después de la era de las matanzas raciales, trataron de convencerse a sí mismos de que la excelencia o valor ético de cualquier organismo dependía del grado de complejidad y de unidad de su radiación. Un siglo tras otro, reforzaron su fe en esa vulgar doctrina, y también desarrollaron un sistema de ilusiones y obsesiones totalmente irracionales basado en un vehemente y apasionado amor por la radiación.

Nos llevaría mucho tiempo detallar todas esas fantasías subsidiarias, así como las ingeniosas maneras en que se reconciliaron con el cuerpo principal del conocimiento sensato. Pero debo mencionar al menos una, a raíz del papel que tuvo en la lucha con la humanidad. Los marcianos sabían, por supuesto, que la «materia sólida» era sólida en virtud de la unión de los diminutos sistemas electromagnéticos llamados átomos. Ahora bien, la rigidez tenía para ellos, de alguna manera, el mismo significado y prestigio que el aire, el aliento y el espíritu tenían para el hombre primitivo. La forma cuasi sólida era la que volvía a los marcianos físicamente más poderosos, y el mantenimiento de esa forma era fatigoso y difícil. Esos hechos se combinaban en la conciencia marciana con el conocimiento de que la rigidez constituía el resultado de los sistemas electromagnéticos unidos. A la rigidez se le otorgó, por lo tanto, una peculiar santidad. Mediante una serie de accidentes psicológicos, la superstición acabó por convertirse en una admiración fanática por todos los materiales muy rígidos, pero en especial por los cristales duros y sobre todo por los diamantes. Pues los diamantes eran resistentes en extremo, y al mismo tiempo, como los mismos marcianos lo definían, hacían soberbios juegos con la radiación etérea llamada luz. Todo diamante era por lo tanto una suprema personificación de la tensa energía y el eterno equilibrio del cosmos, y se los debía tratar con reverencia. En Marte, todos los diamantes conocidos se exponían a la luz solar en los pináculos de los edificios sagrados, y la idea de que en el planeta vecino podía haber diamantes que no recibían el trato adecuado, constituyó uno de los motivos de la invasión.

Así la mentalidad marciana, desviándose inconscientemente de su verdadero desarrollo, se tornó enfermiza y fanática, y fue en pos de meros fantasmas de su verdadero objetivo.

En las primeras etapas del trastorno, la radiación se consideraba simplemente como un signo infalible de mentalidad, y la complejidad radiante sólo se tomaba como una medida infalible del valor espiritual. Pero poco a poco la radiación y la mentalidad dejaron de ser distintas, y la organización radiante se tomó erróneamente como un valor espiritual. En esa obsesión, los marcianos se asemejaban en cierta manera a la Primera Humanidad durante su degenerada etapa de servidumbre a la idea del movimiento; pero con una diferencia. Pues la inteligencia marciana aún estaba activa, si bien sus productos eran severamente censurados en nombre del espíritu de la raza, de modo que todo marciano era un caso de doble personalidad. No sólo porque a veces era simplemente una conciencia particular y a veces la conciencia de la raza, sino porque, aun como individuo particular, de alguna manera estaba dividido contra sí mismo. Aunque su adhesión práctica al superindividuo era absoluta, lo que lo llevaba a condenar o desdeñar todas las ideas e impulsos que no pudiesen ser asimilados a la conciencia pública, de hecho conservaba tales pensamientos e impulsos en los más profundos recovecos de su ser. Sólo en muy raras ocasiones se daba cuenta de que los tenía; cada vez que lo advertía, sufría una conmoción y quedaba aterrorizado. Aun así, los tenía, y constituían un comentario crítico intermitente, y a veces casi continuo, a todas sus experiencias más notables.

Ésa era la gran tragedia del espíritu de Marte. Los marcianos estaban en muchos aspectos extremadamente dotados para el progreso mental y para la verdadera aventura espiritual, pero a consecuencia de una mala jugada de la fortuna, que logró persuadirlos de que debían valorar sobre todo la unidad y la uniformidad, se veían forzados a frenar su espíritu de lucha a cada momento. Lejos de ser superior a la mentalidad particular, la mentalidad pública que obsesionaba a todo marciano era en muchos aspectos realmente inferior. Había llegado a predominar en una crisis que exigía una estricta coordinación militar; y si bien, desde la remota antigüedad, se había producido un notable progreso intelectual, en el fondo perduraba la mentalidad militar. Su temperamento oscilaba entre el de un mariscal de campo y el del Dios de los antiguos hebreos. En una ocasión, un filósofo inglés describió y ponderó la ficticia personalidad corporativa del Estado y la denominó «leviatán». El superindividuo marciano era un leviatán dotado de conciencia. En esa conciencia no había nada salvo lo que se asimilaba con facilidad y de acuerdo con la tradición. Así, la mentalidad pública iba siempre atrasada en la esfera intelectual y cultural. Sólo respecto de la organización social práctica se mantenía a la altura de sus individuos. El progreso intelectual siempre había sido obra de individuos particulares, y sólo había penetrado en la mentalidad pública cuando la masa de individuos se había contagiado de forma particular mediante la relación con los pioneros. La conciencia pública había iniciado avances apenas en la esfera de la organización social, militar y económica.

Las nuevas circunstancias que encontraron en la Tierra sometieron la mentalidad marciana a una prueba suprema. Pues la singular empresa de abordar un nuevo mundo exigía una actividad a la vez pública y privada, lo cual condujo a dolorosos conflictos dentro de todas las mentes particulares. Pues, si bien la empresa era esencialmente social e incluso militar, y requería una estricta coordinación y unidad de acción, la total novedad del nuevo entorno demandó todos los recursos de una conciencia privada que estuviera libre de toda atadura. Además, los marcianos encontraron en la Tierra muchas cosas que tornaban sin sentido sus creencias fundamentales. Y, en los momentos más brillantes de conciencia privada, en ocasiones reconocían ese hecho.

IX. LA TIERRA Y MARTE

1. La Segunda humanidad acorralada

Así eran los seres que invadieron la Tierra cuando la Segunda Humanidad estaba haciendo acopio de energías para la gran aventura en la evolución artificial. Los motivos de la invasión eran económicos y religiosos. Los marcianos buscaban agua y materia vegetal; pero también los impulsaba un espíritu de cruzada, para «liberar» a los diamantes terrestres.

Las condiciones en la Tierra eran muy desfavorables para los invasores, aunque la excesiva fuerza gravitatoria les causó menos problemas de los esperados; sólo en su forma más concentrada la encontraron opresiva. Más perjudicial fue la densidad de la atmósfera terrestre, que constreñía de manera dolorosa las nubéculas animadas, dificultando sus procesos vitales y entorpeciendo todos sus movimientos. En la atmósfera de su planeta se desplazaban de un lado a otro con facilidad y considerable velocidad; pero el denso aire de la Tierra las frenaba del mismo modo que se frenan los movimientos de las alas de los pájaros bajo el agua. Además, debido a su extrema ligereza como nubéculas individuales, apenas podían descender más allá de las cimas de las montañas. El exceso de oxígeno también era motivo de incomodidad; tendía a provocarles una fiebre violenta, contra la cual sólo lograban protegerse de forma muy imperfecta. Más grave aún era la excesiva humedad de la atmósfera, por su efecto solvente sobre ciertos factores de las unidades subvitales, y porque la lluvia intensa afectaba los procesos fisiológicos de las nubéculas y arrastraba consigo muchos de sus componentes materiales.

Los invasores también tuvieron que vérselas con las ondas portadoras de mensajes radiales que constantemente envolvían el planeta y tendían a bloquear sus propios sistemas orgánicos de radiación. Estaban preparados para ello hasta cierto punto; pero, cuando los «haces inalámbricos» los sorprendieron de cerca, quedaron perplejos, atormentados y, finalmente derrotados, se dieron a la fuga; de modo que huyeron de vuelta a Marte, dejando a muchos de ellos desintegrados en la atmósfera terrestre.

Sin embargo, el ejército pionero —o el individuo pionero, pues durante la aventura mantuvieron la unidad de conciencia— pudo informar de muchas cosas a su regreso a casa. Como esperaban, la vegetación era rica y el agua también era abundante. Había animales sólidos, del tipo de la fauna marciana prehistórica, pero la mayoría eran bípedos y caminaban en posición erecta. Los experimentos habían demostrado que esos seres morían cuando eran despedazados; y, si bien los rayos solares los afectaban pues producían una acción química en sus órganos de la vista, no eran directamente sensibles a la radiación. Por lo tanto, era obvio que se trataba de seres inconscientes. Por otra parte, en la atmósfera terrestre estaba permanentemente en actividad una radiación violenta y confusa. Aún no se tenía la certeza de si esas fuertes vibraciones etéreas constituían un fenómeno natural, simples efectos azarosos de la mente cósmica, o si las emitía un organismo terrestre. Había motivos para suponer que éste era el caso, así como que los organismos sólidos eran utilizados como instrumentos por alguna inteligencia terrestre oculta; pues había edificios, y muchos de los bípedos se hallaban dentro de esos edificios. Asimismo, la súbita concentración de rayos sobre la nube marciana parecía ser producto de una acción deliberada y hostil.

Así pues, se habían tomado medidas punitivas, y se habían destruido muchos edificios y bípedos. La base física de esa inteligencia terrestre aún no se había descubierto. No se encontraba por cierto en las nubes terrestres, pues éstas habían resultado ser insensibles a la radiación. De cualquier manera, no había duda de que se trataba de una inteligencia de un orden muy inferior, pues su radiación era excesivamente tosca y apenas sistemática. En un edificio se encontraron por casualidad un par de diamantes. No existía indicio alguno de que se los venerase de forma adecuada.

Los terrestres, por su parte, se quedaron completamente perplejos ante los extraordinarios acontecimientos de ese día. Algunos habían sugerido en broma que, puesto que la extraña sustancia se había comportado de una manera a todas luces vengativa, debía de estar viva y tener conciencia; pero nadie se tomó la sugerencia en serio. No obstante, era evidente que las ondas de la radiación habían disipado aquel elemento. Eso, al menos, constituía un dato importante de conocimiento práctico. Pero por el momento no había ningún conocimiento teórico acerca de la verdadera naturaleza de las nubes, y de su lugar en el orden del universo. Para una raza con un enorme interés cognoscitivo y espléndidos logros científicos, esa ignorancia resultaba perturbadora en extremo. Parecía sacudir los fundamentos de su formidable estructura del conocimiento. A pesar de la pérdida de vidas en la primera invasión, muchos confiaban en tener muy pronto una nueva oportunidad para estudiar aquellos elementos sorprendentes, que no eran totalmente gaseosos ni totalmente sólidos, ni aparentemente orgánicos, pero que, sin embargo, podían actuar de una manera que sugería la vida.

La oportunidad esperada no tardó en llegar. Unos años después de la primera invasión, los marcianos aparecieron de nuevo, y en formaciones mucho más grandes. Además, en esta ocasión resultaron ser casi inmunes a la radiación ofensiva del hombre. Operando de forma simultánea desde todas las regiones montañosas de la tierra, comenzaron a secar los grandes ríos en sus cauces; y, aventurándose aún más, se expandieron por la jungla y las tierras de cultivo, para arrancar todas las hojas.

Devastaron un valle tras otro, como si fueran plagas interminables de langostas, de tal modo que no quedó ni una sola hoja verde en países enteros. El botín se transportó a Marte. Miríadas de unidades subvitales, especializadas en el transporte de agua y alimentos, partieron hacia su planeta, cada una cargada con unas cuantas moléculas del tesoro. El tráfico continuó indefinidamente. Mientras tanto, el cuerpo principal de los marcianos procedió a explorar y saquear, y era imposible detenerlos. Para proceder a la absorción del agua y las hojas, se expandieron por todos los campos como una bruma impalpable que el hombre no podía disipar con medio alguno. Para destruir la civilización, se convirtieron en ejércitos de nubes gelatinosas gigantescas, mucho más grandes que la que habían formado durante la invasión anterior. Las ciudades fueron arrasadas, y los seres humanos, masticados hasta ser convertidos en pulpa. La humanidad ponía a prueba en vano un arma tras otra. Luego, los marcianos descubrieron las fuentes de radiación terrestre en las innumerables estaciones transmisoras de radio. ¡Allí, por fin, se hallaba la base física de la inteligencia terrestre! Pero… ¡qué ser tan inferior! ¡Qué caricatura de la vida! Era evidente que respecto de la complejidad y meticulosidad organizadora, aquellos despreciables sistemas inmóviles compuestos de vidrio, metal y vegetales no podían compararse con la nube marciana. Su única hazaña parecía ser que habían logrado dominar a los bípedos inconscientes que los atendían.

En el curso de sus exploraciones, los marcianos también descubrieron unos cuantos diamantes más. La segunda especie humana había superado el deseo bárbaro por las joyas; pero reconocían la belleza de las gemas y metales preciosos, y los utilizaban como distintivos de los cargos. Lamentablemente, los marcianos, al saquear una ciudad, se toparon con una mujer que llevaba un gran diamante entre los senos; pues era la alcaldesa de la ciudad, y estaba a cargo de la evacuación. El hecho de que se usara de aquella manera la piedra sagrada, al parecer para la mera identificación del rebaño, conmocionó a los invasores mucho más que el descubrimiento de fragmentos de diamante en ciertos instrumentos cortantes. La guerra entonces comenzó a librarse con todo el heroísmo y brutalidad de una cruzada.

Mucho después de que se hubieran asegurado un rico botín de agua y materia vegetal, mucho después de que los terrícolas hubieran desarrollado un medio de ataque eficaz, y comenzaran a eliminar las nubes marcianas con electricidad de alta tensión en forma de rayos artificiales, los extraviados fanáticos se quedaron para apoderarse de los diamantes y llevarlos a las cimas de las montañas, donde, años después, los descubrieron unos alpinistas, dispuestos a lo largo de los bordes rocosos en hileras rutilantes, como huevos de aves marinas. Hasta allí los había transportado el resto de las huestes marcianas con sus últimas energías, desdeñando salvarse antes de llevar los diamantes hasta el aire puro de la montaña y depositarlos allí con dignidad. Cuando la Segunda Humanidad descubrió aquella enorme cantidad de diamantes, comenzó a convencerse de que no habían estado tratando con un monstruo de naturaleza física, ni tampoco —como algunos decían— con plagas de bacterias, sino con organismos de un orden superior. Pues, ¿cómo podían haber sido seleccionadas las piedras, liberadas de los engarces de metal y luego dispuestas tan cuidadosamente sobre las rocas, si no era con un propósito premeditado? Las nubes asesinas debían de tener al menos la mentalidad codiciosa de las urracas, puesto que era evidente que las gemas las habían fascinado. Pero el acto que revelaba su conciencia sugería también que no eran más inteligentes que los animales meramente instintivos. No tenían oportunidad de corregir ese error, puesto que todas las nubes habían sido destruidas.

La batalla había durado sólo unos pocos meses, y sus efectos materiales sobre la humanidad fueron graves pero no insuperables. Su inmediato efecto psicológico fue vigorizador. Hacía tiempo que la Segunda Humanidad se había acostumbrado a un grado de seguridad y prosperidad casi utópico. De repente, se abatió sobre ellos una calamidad que resultaba casi incomprensible según su propio conocimiento sistemático. Sus predecesores, en una situación semejante, habrían actuado con su característica vacilación entre lo humano y lo subhumano. Se habrían visto dominados por una fiebre de lealtad romántica y habrían realizado actos al azar, de un autosacrificio secretamente egoísta. Habrían tratado de beneficiarse del desastre público, y habrían gritado a todos los que fuesen más afortunados que ellos. Habrían maldecido a sus dioses, para buscar otros más útiles. Pero asimismo, con su habitual incoherencia, en ocasiones se habrían comportado razonablemente, e incluso se habrían elevado hasta los niveles de la Segunda Humanidad.

Al no estar acostumbrados al derramamiento de sangre humana en gran escala, esos seres más evolucionados sufrieron un gran dolor por sus semejantes asesinados. Pero no manifestaron su compasión y apenas se dieron cuenta de su dolor, pues estaban demasiado ocupados con las tareas de salvamento. Confrontados de repente con la necesidad de una lealtad y coraje extremos, se habían sometido, exultantes, y habían experimentado aquella agudeza de espíritu que se siente cuando se enfrenta el peligro con valentía. Pero no se les ocurrió que se comportaban heroicamente, pues ellos creían que sólo se comportaban de una manera razonable, demostrando sentido común. Y, si alguno fracasaba en un puesto difícil, no lo llamaban cobarde, sino que le suministraban una droga para despejarle la mente, o, si eso fallaba, lo ponían en manos del médico. Sin duda en la Primera Humanidad no se habría justificado esa táctica, pues aquellos seres desconcertados no poseían la clara e imperiosa visión que mantenía a todos los miembros cuerdos de la segunda especie en un estado de lealtad constante.

El inmediato efecto psicológico del desastre fue brindar a esa muy noble raza la posibilidad de hacer un sano uso de su enorme reserva de lealtad y heroísmo. Sin embargo, al margen de ese fortalecimiento inmediato, el primer dolor, y los muchos otros que seguirían, influyeron en la Segunda Humanidad para bien y para mal en una serie de efectos que podríamos llamar espirituales. Hacía tiempo que sabían perfectamente bien que el universo era un sitio donde podían tener lugar no sólo tragedias particulares sino grandes tragedias públicas; y su filosofía no trató de ocultar ese hecho. Las tragedias particulares podían enfrentarlas con una mansa fortaleza, y hasta con una aceptación extasiada, que las especies anteriores sólo habían logrado en raras ocasiones. Y sostenían que había que enfrentar con el mismo espíritu la tragedia pública, incluso la tragedia a escala mundial. Pero conocer la tragedia mundial en abstracto es algo muy diferente de la experiencia directa. Y ahora la Segunda Humanidad, aunque mantenía la atención centrada estrictamente en las tareas prácticas de defensa, estaba resuelta a absorber aquella tragedia hasta lo más recóndito de su ser, para escrutarla sin temor, paladearla y digerirla, con el fin de que su feroz poder quedara asimilado en ellos para siempre. Por lo tanto, no maldijeron a sus dioses, ni les suplicaron. Se dijeron a sí mismos: «Así, y así, y así, es el mundo. Viendo las simas, veremos también los picos, y cantaremos loas a ambos».

No obstante, su aprendizaje apenas había comenzado. Los invasores marcianos estaban todos muertos, pero sus unidades subvitales se hallaban dispersas por todo el planeta como un virulento polvo ultramicroscópico. Pues, si bien como miembros de la nube viviente podían penetrar en el cuerpo humano sin causar un daño permanente, ahora que se habían librado de sus funciones dentro del sistema orgánico superior, se convirtieron en un virus nocivo.

Al ser aspirados hasta los pulmones humanos, no tardaban en adaptarse al nuevo entorno y provocar trastornos en los tejidos. En cada una de las células donde penetraban destruían su estructura, como un país que el enemigo ha logrado infestar de propaganda letal mediante un simple puñado de agentes. Así, aunque en principio la humanidad salió victoriosa sobre el superindividuo marciano, los restos subvitales del enemigo muerto envenenaron y destruyeron a sus unidades vitales. Una raza que era físicamente tan perfecta como su nación quedó reducida a la invalidez, y en posesión de un planeta devastado. La pérdida de agua resultó de escasa importancia; pero la destrucción de la vegetación en todas las zonas donde se libró la guerra produjo durante un tiempo una hambruna de alcance mundial, como la Segunda Humanidad no había conocido nunca. Y la estructura de la sociedad había quedado tan dañada, que la reconstrucción duraría muchas décadas.

Pero el daño físico resultó ser menos grave que el fisiológico. Intensas investigaciones permitieron descubrir los medios para dominar la infección; y, al cabo de muchos años de una rigurosa depuración, la atmósfera y los tejidos del hombre volvieron a quedar impolutos. Pero las generaciones que habían sido afectadas jamás se recuperaron, pues su organismo había quedado gravemente dañado. Claro que, de forma gradual, surgió una nueva población de hombres y mujeres incontaminados. Pero se trataba de una población reducida, pues la fertilidad de los infectados había mermado grandemente.

Así, la Tierra estaba ocupada ahora por un reducido número de personas saludables por debajo de la mediana edad y un gran número de lisiados de edad anciana.

Durante muchos años esos tullidos lograron soportar la carga del mundo a pesar de su frágil salud, pero gradualmente comenzaron a fallar tanto en resistencia como en capacidad. Fueron perdiendo rápidamente la energía, para hundirse en una interminable senilidad que la Segunda Humanidad nunca antes había sufrido; y, al mismo tiempo, los jóvenes, obligados a hacerse cargo de una tarea para la que no estaban preparados, cometieron toda clase de disparates y errores que sus mayores jamás habrían cometido. Pero era tal la mentalidad general de la segunda especie humana, que lo que podría haber sido una ocasión para despacharse en recriminaciones constituyó un ejemplo sin igual de lealtad humana en su más alto grado.

Las generaciones infectadas decidieron casi por unanimidad que, cuando sus coetáneos consideraran que un individuo había comenzado a perder sus aptitudes, tenía que suicidarse. Las generaciones más jóvenes, en parte por afecto, en parte por temor a su propia incompetencia, en un primer momento se opusieron a esa disposición. «Nuestros mayores», dijo un

226

joven, «pueden haber perdido vigor, pero aún son queridos y todavía son sabios. No nos atrevemos a salir adelante sin ellos». Sin embargo, los mayores se mantuvieron en sus trece. Muchos miembros de la generación en ascenso ya no eran tan jóvenes. Y, para que la nación superara la crisis económica, había que cortar despiadadamente todos los tejidos dañados. Por consiguiente, la decisión se llevó a cabo. Uno a uno, según lo exigía la ocasión, los infectados «eligieron la paz de la aniquilación», y dejaron así una población escasa y poco experimentada, aunque vigorosa, para reconstruir lo que se había destruido. Transcurrieron cuatro siglos, y luego aparecieron de nuevo las nubes marcianas en el firmamento. Una vez más, hubo devastación y matanzas. Una vez más fracasó por completo la posibilidad de que las dos mentalidades se conocieran mutuamente. Una vez más, los marcianos fueron destruidos. Una vez más, llegaron la epidemia pulmonar, la lenta purificación, la población tullida y el suicidio generoso.

Aparecieron una y otra vez, a intervalos irregulares, durante cincuenta mil años. En cada ocasión, los marcianos llegaron con tremendas protecciones contra cualquier arma que la humanidad hubiese usado la última vez contra ellos. Y así, poco a poco, la humanidad acabó por reconocer que el enemigo no era meramente una bestia instintiva, sino que era un ser inteligente. Por lo tanto, intentaron ponerse en contacto con esas mentes extrañas, con el fin de proponer un trato pacífico. Pero, puesto que las negociaciones tenían que realizarse evidentemente por conducto de los seres humanos, y ya que los marcianos siempre consideraron a los seres humanos como meras reses de la inteligencia terrestre, los enviados no eran tomados en cuenta o acababan destruidos.

Durante cada invasión, los marcianos lograron transportar una considerable cantidad de agua a Marte. Y todas las veces, no satisfechos con ese beneficio material, se quedaban largo tiempo para llevar a cabo su cruzada, hasta que el hombre descubría un arma para vencer sus nuevas defensas; y entonces eran aniquilados. Después de cada invasión, la recuperación de la humanidad era más lenta y menos completa, mientras que Marte, a pesar de la pérdida de grandes proporciones de su población, a la larga salía fortalecida gracias al agua adicional conseguida en la Tierra.

2. La destrucción de dos mundos

Más de cincuenta mil años después de su primera aparición, los marcianos se aseguraron un asentamiento permanente en la meseta antártica e invadieron Australasia y Sudáfrica. Durante muchos siglos, estuvieron en posesión de una gran parte de la superficie de la Tierra. Practicaban una suerte de agricultura, estudiaban las condiciones terrestres y gastaban mucha energía en la «liberación» de los diamantes.

Durante el considerable período que precedió a su asentamiento, su mentalidad apenas se había modificado; pero la permanente estancia en la Tierra comenzó a socavar su suficiencia y su unidad. Algunos exploradores marcianos llegaron a comprender que los terrícolas bípedos, si bien eran insensibles a la radiación, constituían en verdad la inteligencia del planeta. En un primer momento, ese hecho fue deliberadamente pasado por alto, pero poco a poco atrajo la atención de todos los marcianos destacados en la Tierra. Al mismo tiempo, comenzaron a darse cuenta de que toda la tarea de investigación sobre las condiciones terrestres, e incluso la construcción social de su colonia, dependían, no de la mentalidad pública, sino de los individuos particulares, que actuaban según su capacidad privada.

El superindividuo colonial sólo aspiraba a llevar a cabo la cruzada de los diamantes, e intentaba destruir la inteligencia terrestre o la radiación. Ese nuevo discernimiento despertó a los colonos marcianos de un sueño de larga data. Vieron que su reverenciado superindividuo estaba apenas algo más elevado que los más elementales de sus individuos: no era más que una mente dotada de cierta astucia práctica, con un hato de fantasías y anhelos atávicos. Entonces se produjo un rápido y sorprendente renacimiento en toda la colonia marciana. La doctrina central fue que lo valioso en la especie marciana no era la radiación sino la mentalidad. Esas dos cosas absolutamente diferentes se habían confundido, e incluso identificado, desde los albores de la civilización marciana. Al fin estaban claramente diferenciadas. Entonces comenzó un estudio de la mente, burdo pero sincero, y se estableció una distinción aun entre las actividades mentales más simples y las más elevadas.

Es imposible saber hasta dónde habría podido conducir ese renacimiento, si hubiese seguido su curso. Probablemente con el tiempo los marcianos habrían llegado a reconocer algún valor incluso en mentes distintas de las propias. Pero semejante salto superaba en un comienzo sus posibilidades. Si bien ahora comprendían que los animales humanos eran conscientes e inteligentes, no los consideraban con simpatía, sino más bien con creciente hostilidad. Aún sentían que debían fidelidad a la raza marciana, o se sentían hermanados con ella, sólo porque en cierto sentido eran de su misma carne y, sin duda, de su mismo espíritu. Pues lo que querían no era acabar con el espíritu público de la colonia, y aun de Marte mismo, sino recrearlo.

Pero el espíritu público colonial todavía los dominaba casi por completo en los períodos de menor actividad, y de hecho enviaba a Marte a algunos de ellos que, en sus fases privadas, eran revolucionarios, para pedir ayuda contra el movimiento revolucionario. El planeta patrio permanecía totalmente ajeno a las nuevas ideas, y sus ciudadanos cooperaban de todo corazón en el intento de hacer entrar en razón a los colonos. Pero en vano. El espíritu público colonial cambió de carácter a medida que pasaban los siglos, hasta que se tornó totalmente ajeno a la ortodoxia marciana. Luego comenzó a sufrir una extraña y completa metamorfosis, de la cual, cabe pensar, podría haber surgido como el más noble habitante del sistema solar. De forma gradual, cayó en una suerte de trance hipnótico. Vale decir que dejó de controlar la atención de sus miembros particulares, pero permaneció como una unidad de su subconsciente o una mentalidad inadvertida. La unidad radiante de la colonia se mantuvo, pero sólo de esa manera subconsciente, y fue en ese nivel donde comenzó a producirse la gran metamorfosis bajo la fértil influencia de las nuevas ideas; las cuales, por así decirlo, se generaban en la tempestad de la revolución mental plenamente consciente, y seguía expandiéndose en las profundidades oceánicas del subconsciente.

Es probable que, con el tiempo, ese estado hubiese llevado a la aparición de una mentalidad cualitativamente nueva y más evolucionada, y que al cabo hubiera surgido un superindividuo plenamente consciente y de un orden superior a sus otros miembros. Pero, mientras tanto, ese trance de la conciencia pública incapacitó a la colonia para esa pronta y coordinada acción que había sido la facultad más fructífera de la vida marciana. La mente pública del planeta patrio destruyó con facilidad a sus retoños turbulentos y se dispuso a volver a colonizar la Tierra.

Durante los siguientes trescientos mil años, ese proceso se repitió varias veces: el superindividuo de Marte, inmutable y tremendamente eficiente, exterminó a sus propios descendientes en la Tierra antes de que pudiesen salir de la crisálida. Y la tragedia se habría podido repetir indefinidamente, si no hubiese sido por ciertos cambios que se produjeron en la humanidad.

Los primeros siglos después de la fundación de la colonia marciana transcurrieron en una guerra incesante. Pero al fin, con sus recursos tremendamente reducidos, la Segunda Humanidad llegó a la conclusión de que debían aceptar el hecho de tener que vivir en el mismo mundo con su misterioso enemigo. Además, la observación constante de los marcianos comenzó a restituir en el hombre la deteriorada confianza en sí mismo, socavada durante los cincuenta mil años anteriores a la fundación de la colonia marciana. Con anterioridad, solía considerarse como el hijo más capaz sobre la faz de la Tierra. Luego, de repente, un fenómeno nuevo y sorprendente había derrotado su inteligencia. Lentamente había comprendido que estaba luchando a brazo partido con un rival versátil y decidido, y que ese rival provenía de un odiado planeta. Lentamente se había visto obligado a sospechar que una raza, cuya constitución física le resultaba incomprensible, lo aventajaba y lo eclipsaba. Pero después de que los marcianos hubieron establecido una colonia permanente, los científicos humanos comenzaron a descubrir la verdadera naturaleza fisiológica del organismo marciano, y fue un consuelo comprobar que ese descubrimiento no socavaba los cimientos de la ciencia humana.

El hombre también comprendió que los marcianos, si bien eran muy capaces en ciertas esferas, no poseían realmente una mente superior. Esos descubrimientos devolvieron a la humanidad la confianza en sí misma, y se dispuso a sacar el máximo partido de la situación.

Se establecieron barreras infranqueables de corriente eléctrica de alto voltaje con el fin de mantener a los marcianos fuera del territorio ocupado por los humanos, y los hombres comenzaron pacientemente a reconstruir su hogar derruido de la mejor manera posible. En un principio tuvieron poco respiro a causa del celo que los marcianos ponían para llevar a cabo su cruzada, pero en el segundo milenio este afán empezó a menguar, y las dos razas establecieron una especie de tregua, que sólo se veía alterada por alguno que otro avivamiento del fervor marciano. La civilización humana quedó por fin reconstruida y consolidada, aunque en una escala modesta. Una vez más, si bien con interrupciones temporales de varias décadas de dolor, los seres humanos vivieron en paz y relativa prosperidad. De alguna manera, la vida era más ardua que antes, y la naturaleza física de la raza era definitivamente menos fiable que antaño; pero los hombres y las mujeres aún gozaban de unas condiciones que habrían envidiado la mayoría de las naciones de las especies más tempranas.

La época del incesante sacrificio personal al servicio de la deteriorada comunidad había terminado por fin. Una vez más surgió una maravillosa diversidad de personalidades libres. Una vez más, las mentes de los hombres y las mujeres podían dedicarse sin trabas al gozo del trabajo artesanal, así como al de todas las sutilezas de la relación personal. Una vez más, el interés apasionado por el semejante, que durante tanto tiempo había permanecido enterrado bajo la omnipresente calamidad pública, se avivó y abrió la mente. De nuevo hubo música, dulce y reminiscente de un dorado pasado. De nuevo, un tesoro de literatura y de artes visuales. De nuevo, la exploración intelectual en la naturaleza del mundo físico y la potencialidad de la mente. De nuevo, en fin, la experiencia religiosa, que durante tanto tiempo se había visto trabada y obscurecida por las violentas distracciones y las inevitablemente vanas ilusiones de la guerra, pareció refinarse bajo la influencia de la cultura renacida.

En tales circunstancias, las especies humanas más antiguas y menos sensibles podrían haber prosperado indefinidamente. No así la Segunda Humanidad, pues su misma sensibilidad refinada los hacía incapaces de superar la íntima convicción de que, a pesar de toda la prosperidad, su civilización estaba socavada. Si bien, de una manera superficial, parecían estar en proceso de una lenta pero heroica recuperación, al mismo tiempo sufrían una decadencia espiritual más lenta y mucho más profunda. Las generaciones se fueron sucediendo, y la sociedad se tornó casi perfecta, dentro de su territorio limitado y de sus limitaciones materiales. Las capacidades personales se desarrollaron con extrema sutileza y opulencia. Al fin, la humanidad se propuso una vez más su antiguo proyecto de rehacer la naturaleza humana en un plano superior. Pero, de alguna manera, ya no tenía el coraje y la dignidad necesarios para esa empresa. Y así, aunque se hablaba mucho, no se hacía nada. Se fueron sucediendo las épocas, y todo lo humano permanecía aparentemente igual. Como la rama que se ha roto pero no ha sido arrancada del todo, el hombre se dedicó a conservar su vida y su cultura, pero no consiguió progresar.

Resulta casi imposible describir en pocas palabras la sutil dolencia del espíritu que estaba socavando a la Segunda Humanidad. Decir que sufrían un complejo de inferioridad no sería del todo falso, pero constituiría una engañadora vulgarización de la verdad. Decir que había perdido la fe en ella misma y en el universo, sería casi inadecuado. Crudamente expresado, su problema era que, como especie, habían intentado realizar una hazaña espiritual que superaba las posibilidades de su naturaleza primitiva. Espiritualmente, había exagerado el esfuerzo, se había roto todos los músculos —por así decirlo— y se había quedado incapacitada para cualquier esfuerzo ulterior. Pues había decidido ver su tragedia racial como algo bello, y había fracasado. Era el obscuro sentido de esa derrota lo que la había envenenado, pues, siendo en muchos aspectos una especie muy noble, no pudo darle la espalda al fracaso y seguir el antiguo modo de vida con el gusto y celo acostumbrados.

Durante las primeras incursiones marcianas, los líderes espirituales de la humanidad predicaban que el desastre debía ser una ocasión para una suprema experiencia religiosa. Así, mientras se esforzaban denodadamente para salvar la civilización, los hombres debían aprender no sólo a resistir las más duras situaciones, sino incluso a admirarlas. «El mundo es así y así. Viendo las simas, veremos también los picos, y cantaremos loas a ambos». Toda la población había aceptado ese consejo, y al principio parecía que lo lograban. Se divulgaron muchas nobles expresiones literarias que definían y elaboraban esa experiencia suprema, e incluso la hacían surgir en el corazón de los hombres. Pero, a medida que pasaban los siglos y se repetían los desastres, la humanidad comenzó a temer que sus antepasados los hubieran engañado.

Esas remotas generaciones habían aspirado seriamente a experimentar la tragedia racial como un factor de la belleza cósmica, y al fin se habían persuadido de que habían conseguido tener esa experiencia. Pero sus descendientes empezaban a sospechar que semejante experiencia jamás se había producido, que nadie la conocería jamás y que en realidad no existía belleza cósmica alguna que pudiera experimentarse. En una situación semejante, la Primera Humanidad seguramente habría caído de forma violenta en el nihilismo espiritual, o se habría inclinado hacia algún cómodo mito religioso. En cualquier caso, eran de una naturaleza demasiado dura para que una dificultad tan impalpable los destruyera. No era ése el caso de la Segunda Humanidad, pues ésta comprendía con absoluta claridad que se encaraba con el quid supremo de la existencia. Y así, siglo tras siglo, las generaciones se aferraron desesperadamente a la esperanza de que, si lograban resistir un poco más, la luz brillaría sobre ellos.

Aun después de que la raza ortodoxa de los marcianos hubo destruido la colonia marciana tres veces consecutivas, la preocupación suprema de la especie humana seguía siendo ese quid religioso. Pero luego, y de forma muy gradual, se desanimaron. Pues se dieron cuenta de que o bien eran demasiado obtusos para percibir la excelencia última de las cosas —una excelencia sustentada en razones muy poderosas, aunque no pudiesen experimentarla—, o bien la raza humana se había engañado totalmente a sí misma y, al fin y al cabo, el curso de los acontecimientos cósmicos no era algo significativo, sino un galimatías sin sentido.

Fue ese dilema lo que los envenenó. Si hubiesen estado aún en los albores, podrían haber encontrado fortaleza para aceptarlo, y procedido a la paciente búsqueda de las verdaderas excelencias que aún eran capaces de crear. Pero habían perdido la vitalidad capaz de realizar tal acto de abnegación espiritual. Toda la riqueza de la personalidad, todas las complejidades de las relaciones humanas, todas las intrincadas empresas de una gran comunidad, todo el arte, toda investigación intelectual, habían perdido su encanto. Es notable que un desastre puramente religioso pudiese corromper incluso el gozo de los amantes en su unión corporal, quitarle el sabor a la comida y tender un velo entre el sol y los aficionados a la naturaleza. Pero, a diferencia de sus predecesores, los individuos de esa especie se hallaban tan íntimamente integrados, que ninguna de sus funciones podía permanecer intacta si las superiores estaban alteradas.

Además, el ligero fallo general de lo físico, que era el legado de una guerra multisecular, había dado lugar a una recurrencia de los devastadores trastornos cerebrales que habían atormentado a las primeras razas de la especie. El horror que provocaba la perspectiva de una locura que abarcara a toda la raza aumentaba su ofuscación más allá de lo razonable. Poco a poco, los más chocantes y perversos deseos comenzaron a atormentarlos. Las orgías sadomasoquistas se alternaban con etapas de espantosas y extravagantes francachelas. Actos de traición de lesa humanidad, hasta ese momento casi desconocidos, al fin hicieron necesario el establecimiento de un sistema estrictamente policial. Grupos locales organizaban incursiones de rapiña contra otros grupos. Aparecieron las naciones y, con ellas, todas las fobias que alimentan el nacionalismo.

Cuando los colonos marcianos observaron la desorganización humana, prepararon, a instigación del planeta patrio, una gran ofensiva. Así ocurría que en esa época la colonia atravesaba una etapa de comprensión, a la cual siempre había seguido, más tarde o más temprano, la aplicación de un castigo por parte de Marte. En aquellos momentos, eran muchos los marcianos que acariciaban la idea de buscar la armonía con la humanidad, antes que la guerra. Pero el espíritu público de Marte, irritado por esa traición, trató de acabar con ella instituyendo una nueva cruzada. La desunión reinante en la humanidad brindaba una gran oportunidad.

El primer ataque causó un cambio notable en la raza humana. Su locura pareció desaparecer de repente. Al cabo de unas semanas, los gobiernos nacionales habían rendido su soberanía a una autoridad central. Los desórdenes, el libertinaje y las perversiones cesaron por completo. La traición, el egoísmo y la corrupción, que existían desde hacía siglos, de pronto dieron lugar a una devoción perfecta y universal a la causa social. Al parecer, la especie había recobrado la cordura. En todas partes, a pesar de los horrores de la guerra, reinaba una alegre hermandad, combinada con un heroísmo que se disfrazaba con una rara profusión de jocosidad.

La guerra anduvo mal para la humanidad, y el talante general se fue convirtiendo en una fría resolución. Pero la victoria estaba de parte de los marcianos. Bajo la influencia de los enormes ejércitos fanáticos enviados desde el planeta patrio, los colonos se habían despojado de su naciente pacifismo, y trataban de reivindicar su lealtad mediante la crueldad. En respuesta, la raza humana abandonó la cordura y sucumbió al ansia incontrolable de destrucción.

Fue en esa etapa cuando un bacteriólogo humano anunció que había desarrollado un virus mortífero que tenía una enorme capacidad de propagación; con el que se podría infectar al enemigo, pero a costa de aniquilar también la raza humana. El hecho de que, cuando se anunciaron y transmitieron por radio esos datos, no se discutiera en absoluto la conveniencia de utilizar esa arma, es ilustrativo del grado de locura a que había llegado la población humana. El ataque se llevó a cabo de inmediato, con el aplauso de la raza completa.

A los pocos meses, la colonia marciana había desaparecido, su planeta patrio también se había infectado y su población ya estaba al tanto de que nada podría salvarla. La constitución del hombre era más recia que la de las nubes animadas, y parecía condenado a una muerte algo más lenta. Éste no hizo nada para salvarse, ni de la enfermedad que él mismo había propagado, ni de la peste pulmonar causada por la desintegración de la sustancia de la colonia marciana aniquilada. Todas las instituciones públicas de la civilización comenzaron a desmoronarse, pues la comunidad estaba paralizada por la frustración y la expectativa de la muerte.

Al igual que un panal de abejas sin reina, toda la población de la Tierra se hundió en la apatía. Hombres y mujeres se

238

encerraron en sus casas, sin hacer nada, comiendo cualquier cosa que pudiesen procurarse y durmiendo hasta altas horas de la mañana; y, cuando por fin se levantaban, evitaban cuidadosamente encontrarse con los demás. Sólo los niños conservaban aún la alegría, pero incluso ellos sufrían la presión del abatimiento de sus mayores. Mientras tanto, la enfermedad se iba extendiendo. Fueron cayendo una familia tras otra, sin que sus vecinos les prestaran ayuda. Pero el dolor físico de cada individuo quedaba extrañamente mitigado por la angustia mayor que les causaba la derrota espiritual del conjunto. Pues era tal la evolución de esa especie, que ni el sufrimiento físico lograba alejar su mente del fracaso de la raza. Nadie deseaba salvarse, y todos sabían que su vecino tampoco deseaba su ayuda.

Sólo los niños, cuando la enfermedad los paralizaba, se hundían en el dolor y el terror. Con ternura, aunque con indiferencia, sus mayores les brindaban entonces el último sueño. Entre tanto, los muertos que no habían recibido sepultura sembraban la corrupción entre los moribundos. En las ciudades reinaba la inmovilidad y el silencio. El trigo no fue cosechado.

3. La Tercera Era Obscura

Tan contagiosa y letal era la nueva bacteria, que sus creadores esperaban que la raza humana desapareciera totalmente al mismo tiempo que la colonia marciana. Cada resto de humanidad agonizante, aislada de sus semejantes al interrumpirse las comunicaciones, se imaginaba que sus últimos momentos eran los postreros de la humanidad. Pero por accidente, casi se podría decir que por milagro, persistió de nuevo una chispa de vida humana, para transmitir el fuego sagrado. Cierto número de miembros de la raza, dispersos por los continentes, demostraron ser menos susceptibles a la enfermedad que la gran mayoría. Y, como las bacterias eran menos vigorosas en los climas cálidos, unos cuantos de esos individuos privilegiados, que casualmente se encontraban en la jungla tropical, se recuperaron de la infección. Y, de éstos, una minoría se recobró también de la plaga pulmonar que, como de costumbre, se propagó a partir de los marcianos muertos.

Se podría haber esperado que de ese germen humano surgiera muy pronto una nueva comunidad civilizada. Con seres tan inteligentes como los de la Segunda Humanidad, seguramente habrían bastado unas pocas generaciones, o a lo sumo unos pocos miles de años, para recuperar el terreno perdido. Pero no. Una vez más, fue en cierta manera la misma excelencia de la especie lo que obstaculizó su recuperación, y sumió el espíritu de la Tierra en un trance que se prolongó más que todo el curso previo de los mamíferos. Una y otra vez, unos treinta millones de veces, las estaciones se repitieron; y, a lo largo de todo ese período, la humanidad se mantuvo tan estable en su carácter corporal y mental como antiguamente lo había hecho el ornitorrinco. A los miembros de la antigua especie humana les habría resultado difícil comprender esa prolongada impotencia de una raza mucho más evolucionada que la suya, puesto que parecían darse todos los requisitos de una cultura progresiva: un mundo rico y sin dueño, y una raza excepcionalmente capaz. Sin embargo, nada se hizo.

Cuando las pestes, así como toda la inmensa putrefacción consiguiente, se hubieron terminado, los contados grupos aislados de supervivientes humanos se entregaron a una vida tropical cada vez más indolente. Los frutos de la sabiduría del pasado no se transmitieron a los jóvenes, quienes, por lo tanto, crecieron en la ignorancia más extrema acerca de casi todo lo que estaba más allá de su experiencia inmediata. Al mismo tiempo, la generación mayor intimidó a los jóvenes con vagas sugerencias acerca de la derrota racial y la futilidad universal. Eso no habría tenido importancia, si los jóvenes hubiesen sido normales, pues habrían reaccionado con ferviente optimismo. Pero ahora eran incapaces por naturaleza de sentir entusiasmo. Pues, en una especie en la que las funciones más elementales se hallaban tan estrictamente controladas por las más elevadas, el desastre espiritual de tan larga data había comenzado a afectar a sus genes; de modo que, desde antes de nacer, los individuos estaban condenados a la lasitud y a una mentalidad en clave menor. En épocas pasadas, la Primera Humanidad había caído en una suerte de senilidad racial a consecuencia de una combinación de errores vulgares y excesos. Pero la segunda especie, al igual que un niño cuyo espíritu se ha visto sometido demasiado pronto a experiencias graves, vivió en lo sucesivo en un estado de sonambulismo. A medida que pasaban las generaciones, se fue perdiendo todo el saber de la civilización, con excepción del relacionado con las tareas agrícolas en la región tropical, y con la caza. Eso no quiere decir que se hubiese desvanecido la inteligencia, ni que la humanidad se hubiese hundido en el mero salvajismo. La lasitud no evitó que se readaptara a las nuevas circunstancias. Esos sonámbulos no tardaron en inventar métodos convenientes para fabricar, en el hogar y a mano, muchas de las cosas que anteriormente se habían elaborado en fábricas y por medio de la energía mecánica. Casi sin esfuerzo mental, diseñaron y fabricaron instrumentos regulares de madera, piedra y hueso. Pero, aunque seguían siendo inteligentes, se habían vuelto indolentes e indiferentes por temperamento, y se esforzaban sólo bajo la presión de urgentes necesidades primitivas. Nadie parecía capaz de hacer uso de la plena energía humana. Hasta el sufrimiento había perdido su fuerza conmovedora. Y parecía que ningún fin merecía ser perseguido si no podía alcanzarse rápidamente.

La experiencia había perdido su acicate. El alma se había encallecido contra todo tipo de estímulo. Hombres y mujeres trabajaban y jugaban, amaban y sufrían; pero siempre en una especie de distracción abstraída. Era como si estuviesen tratando de recordar algo importante que se les escapaba. Los asuntos de la vida cotidiana parecían demasiado triviales para tomarlos en serio. En cambio, esa otra cuestión tan importante, la única que merecía consideración, era tan obscura que nadie tenía idea de qué se trataba. Nadie se daba cuenta tampoco de esa servidumbre hipnótica, del mismo modo que el durmiente no advierte que está dormido.

Se realizaba el mínimo del trabajo necesario, y hasta se encontraba un gusto sutil en realizarlo, pero nada que exigiera un esfuerzo adicional parecía merecer la pena. Y así, cuando se alcanzó la adaptación a las nuevas circunstancias mundiales, se produjo un estancamiento total. La inteligencia práctica pudo contender fácilmente con un entorno que cambiaba muy despacio, e incluso con súbitos cataclismos como las inundaciones, terremotos y enfermedades epidémicas. El hombre seguía siendo en cierto sentido dueño de su mundo, pero no tenía idea de qué debía hacer con su poder. Todos daban por sentado que el sensato fin de la existencia consistía en pasar tantos días como fuese posible en la indolencia, descansando en la sombra. Lamentablemente, los seres humanos tenían, por supuesto, muchas necesidades que resultaban irritantes si no eran atendidas, de modo que había que llevar a cabo arduos trabajos. Era necesario satisfacer el hambre y la sed. Había que cuidar a otros individuos además de a uno mismo, puesto que el ser humano estaba condenado a ser compasivo y a velar por el bienestar de su grupo. Se creía que la única conducta plenamente racional sería el suicidio generalizado, pero los impulsos irracionales hacían que esto fuera imposible. Drogas beatíficas brindaban un paraíso temporal. Pero, a pesar del tiempo que había transcurrido desde la caída de la Segunda Humanidad, aún todos eran lo suficientemente avisados como para olvidar que semejante beatitud queda contrapesada por los sufrimientos consiguientes.

Siglo tras siglo y época tras época, la humanidad fue deslizándose en ese equilibrio aparentemente precario, pero en realidad firme y constante. Nada le había sucedido al hombre que pudiese alterar su natural dominio sobre las bestias y la naturaleza física; nada podía sacarlo de su sueño racial. Los cambios climáticos hacían que los desiertos, las selvas y los prados fluctuaran como si fuesen nubes. A medida que pasaban los años a millones, procesos geológicos ordinarios, acentuados enormemente por los vastos levantamientos de la corteza terrestre en la Patagonia, remodelaron la superficie del planeta. Se sumergieron continentes, o bien surgieron del mar, hasta que pronto quedó casi muy poco de la antigua configuración. Y, junto con esos cambios geológicos, se produjeron transformaciones en la fauna y la flora. Las bacterias que casi habían exterminado a la humanidad también causaron estragos entre los demás mamíferos. De nuevo hubo que repoblar el planeta, esta vez a partir de las pocas especies tropicales supervivientes. Una vez más, hubo una gran recreación de los antiguos tipos, sólo que menos revolucionaria que la que siguió al desastre de la Patagonia. Y, puesto que la raza humana seguía siendo muy reducida debido a su fatiga espiritual, otras especies resultaron favorecidas. En especial los rumiantes y los grandes carnívoros aumentaron y se diversificaron en múltiples hábitos y formas.

Pero el más notable de todos los acontecimientos biológicos en ese período fue la historia de las unidades subvitales marcianas que se habían diseminado tras el exterminio de la colonia de Marte, y que luego habían atormentado a hombres y animales con las enfermedades pulmonares. Al ir pasando los siglos, ciertas especies de mamíferos se readaptaron de tal forma, que los virus marcianos se tornaron no sólo inocuos para ellos sino también necesarios para su bienestar. Una relación que en su origen era de parásito y huésped, con el tiempo se convirtió en una verdadera simbiosis, una sociedad cooperativa gracias a la cual los animales terrestres adquirieron algunos de los atributos únicos de los organismos marcianos desaparecidos. Llegaría el momento en que la humanidad miraría con envidia a esos seres y terminaría por utilizar el «virus» marciano en su propio beneficio. Pero mientras tanto, y durante muchos millones de años, casi todas las clases de vida estuvieron en evolución, salvo la humanidad. Como el marinero de un barco que ha naufragado, permaneció exhausta y dormida en su balsa, hasta mucho después de haberse calmado la tormenta.

Sin embargo, su estancamiento no fue absoluto. De manera imperceptible fue arrastrada por las corrientes oceánicas de la vida, y en una dirección muy distinta del curso original. Poco a poco, sus costumbres se hicieron más sencillas, menos artificiales, más animales. La agricultura desapareció gradualmente, puesto que ya no era necesaria en el exuberante jardín donde vivía el hombre. Las armas de defensa y de cacería se volvieron más adaptadas a sus estrictos propósitos, pero al mismo tiempo menos diversificadas y más estereotipadas. El habla casi desapareció, pues no se producía ninguna variación en la experiencia. Los hechos y las emociones familiares se transmitían cada vez más mediante gestos casi inconscientes. Físicamente, la especie había cambiado poco. Si bien se había reducido notablemente el período de vida, ello se debió menos a transformaciones fisiológicas que a un extraño y fatal aumento de la falta de interés al llegar la mediana edad. Poco a poco, el individuo dejaba de reaccionar a su entorno; de tal modo que, aun cuando se librara de una muerte violenta, moría de hambre.

Sin embargo, a pesar de ese cambio tan grande, la especie siguió siendo esencialmente humana. No hubo embrutecimiento, como el que antiguamente había producido una raza de subhombres. Esos restos enajenados de la segunda especie humana no eran bestias sino hijos simples e inocentes de la naturaleza, perfectamente adaptados a su vida sencilla. En muchos aspectos, su estado era idílico y envidiable. Pero su mentalidad era tan confusa que nunca alcanzaban a tener noción de las bendiciones de que gozaban, y mucho menos, por supuesto, de las tremendas experiencias que habían enardecido y atormentado a sus antepasados.

X. LA TERCERA HUMANIDAD EN EL YERMO

1. La tercera especie humana

Hasta ahora hemos seguido el curso de la humanidad durante unos cuarenta millones de años. Todo el período que cubre esta crónica comprende unos dos mil millones. Por lo tanto, en el presente capítulo y el siguiente debemos efectuar un rápido vuelo a gran altitud sobre un espacio de tiempo tres veces más largo que el que hemos observado hasta aquí. Ese gran espacio no es un desierto, sino un continente rebosante de vida muy variada, así como de muchas sucesivas y muy diversas civilizaciones. Las miríadas de seres humanos que la habitaron superan en mucho a la Primera y Segunda Humanidad juntas. Y el contenido de cada una de esas vidas es un completo universo, rico y conmovedor como el de cualquiera de los lectores de esta obra.

A pesar de la gran diversidad de este lapso de la historia de la humanidad, se trata de un solo movimiento de la sinfonía completa, del mismo modo que los cursos de la Primera y la Segunda Humanidad constituyen cada uno un solo movimiento. No solamente se trata de un período dominado por una sola especie humana natural —y la especie humana artificial, en la que se transformó la natural a la larga—, sino que, asimismo, a pesar de las innumerables digresiones, un solo tema, un solo aspecto de la voluntad humana, da forma a toda la duración. Pues ahora, por fin, la principal energía del hombre se destina a reconstituir su naturaleza física y espiritual. A lo largo de las ascensiones y caídas de las muchas culturas sucesivas ese propósito se va clarificando progresivamente, y se va expresando en múltiples experimentos trágicos y hasta devastadores; hasta que, hacia el fin de ese inmenso período, casi parece haber alcanzado su objetivo.

Mientras la Segunda Humanidad permanecía en su extraño estado de trance racial durante unos treinta millones de años, las obscuras fuerzas que impulsan el progreso comenzaron a agitarse otra vez en sus miembros. Un accidente geológico contribuyó a ese nuevo despertar. Un avance del mar fue aislando gradualmente a algunos de sus miembros en un continente insular, que en un tiempo formaba parte del lecho oceánico del Atlántico norte. El clima de esa isla se fue enfriando lentamente, de manera que las temperaturas subtropicales se tornaron templadas y subárticas. El vasto cambio de condiciones causó en la raza aprisionada un sutil reacondicionamiento químico de los genes, de tal magnitud que sobrevino una epidemia de variaciones biológicas. Aparecieron muchos tipos nuevos, pero a la larga hubo uno más vigoroso y mejor adaptado que el resto que superó a todos sus competidores y al fin se consolidó como una especie nueva: la Tercera Humanidad.

Superando apenas la mitad de la estatura de sus predecesores, esos seres eran proporcionalmente delgados y ágiles. Su piel tenía un tono bronceado, cubierta de un luminoso halo de pelos de un dorado rojizo, que en la cabeza se convertía en unos mechones bermejos. Sus ojos dorados, que recordaban los de las serpientes, eran enigmáticos y profundos. Tenían el rostro compacto como el morro de un gato, con labios carnosos pero muy delgados en las comisuras. Sus orejas, objeto de orgullo personal y de admiración sexual, eran extremadamente variables según los individuos y las razas. Esos órganos sorprendentes, que les habrían parecido simplemente ridículos a los miembros de la Primera Humanidad, denotaban el temperamento y el humor pasajero. Eran inmensos, en espiral, de una textura sedosa y muy móviles, y otorgaban a su cabeza, por otra parte más bien felina, un aspecto que recordaba a los murciélagos. Pero el rasgo más distintivo de la Tercera Humanidad residía en sus grandes manos, en las que tenían seis dedos versátiles, como seis antenas de acero viviente.

A diferencia de sus predecesores, los miembros de la Tercera Humanidad vivían pocos años. Su infancia era corta y tenían una breve época de madurez, seguida —en el curso natural— de una década de senilidad; morían alrededor de los sesenta años. Pero aborrecían hasta tal punto la decrepitud, que sólo en raras ocasiones consentían en llegar a viejos. Cuando su agilidad mental y física comenzaba a declinar, preferían suicidarse. Así, salvo en épocas excepcionales de su historia, muy pocos llegaban a los cincuenta años.

Pero, si bien la tercera especie humana no alcanzaba los elevados niveles de sus predecesores, sobre todo en ciertos aspectos de su extraordinaria capacidad mental, distaba de ser simplemente una especie degradada. Conservaba la admirable capacidad sensorial, y ésta aparecía incluso mejorada. La visión era igualmente amplia, precisa y cromática. El tacto era mucho más sensible, en especial en las yemas de los delicadamente puntiagudos dedos. El oído lo tenían tan desarrollado, que podían correr por un bosque con los ojos vendados sin chocar con los árboles. Además, la gran amplitud de sonidos y ritmos había adquirido una gama extremadamente sutil de significados emotivos. La música constituía, por lo tanto, uno de los principales intereses de las civilizaciones de esa especie.

Mentalmente, la Tercera Humanidad era sin duda muy diferente de sus predecesoras. Aunque en ciertos aspectos su inteligencia no era menos ágil, era más astuta que intelectual, más práctica que teórica. Se interesaban más por el mundo de la experiencia sensible que por la esfera de la razón abstracta, y más por los seres vivientes que por los elementos inanimados. Descollaban en ciertas artes, y también en algunos campos de la ciencia, pero si se inclinaban hacia la ciencia era más por necesidades prácticas, estéticas o religiosas, que por curiosidad intelectual. En matemática, por ejemplo —gracias en gran medida al sistema duodecimal, como resultado de poseer doce dedos—, llegaron a ser unos maravillosos calculadores; sin embargo, nunca los movió la curiosidad de indagar la naturaleza esencial del número. Tampoco, en física, llegaron jamás a descubrir las más obscuras propiedades del espacio. En efecto, estaban extrañamente desprovistos de curiosidad. De ahí que, si bien a veces lograban profundizar en la intuición mística, jamás fueron lo suficientemente disciplinados para filosofar, ni trataron de relacionar sus intuiciones místicas con el resto de su experiencia.

En las etapas primitivas de la Tercera Humanidad, sus miembros eran hábiles cazadores; pero asimismo, debido a sus fuertes impulsos paternos, tenían la costumbre de convertir en mascotas a los animales capturados. A lo largo de su existencia, demostraron lo que las razas anteriores hubieran llamado una peligrosa compasión en relación con toda clase de animales y plantas. Esa comprensión intuitiva de la naturaleza de los seres vivientes, y ese incansable interés en la diversidad del comportamiento vital, constituyeron el impulso dominante durante todo el curso de la tercera especie humana.

Desde un principio se destacaron no sólo como cazadores sino también como pastores y domesticadores. Por naturaleza eran muy hábiles en toda suerte de manipulaciones, pero en especial en la de los seres vivos. Como especie, también eran muy aficionados a practicar toda clase de juegos, en particular aquellos en que había que manejar animales. Así, por ejemplo, realizaban grandes hazañas montando unos venados semejantes a los alces que ellos domesticaban. También domaron un animal cazador muy gregario. La genealogía de ese gran lobo leonino llegaba, a través de los supervivientes tropicales de la peste marciana, hasta los descendientes del lobo del Ártico que se había expandido por el mundo después del desastre patagónico. La Tercera Humanidad entrenó a ese animal no sólo para que los ayudara en el pastoreo y la caza, sino también en complicados juegos de montería. Entre ese sabueso y su dueño se establecía con frecuencia una relación muy especial, una especie de simbiosis física, una muda percepción intuitiva mutua, un amor genuino, basado en una provechosa cooperación que también estaba muy armonizado con el simbolismo religioso y la franca intimidad sexual de una manera peculiar en la tercera especie humana.

Como apacentadores y pastores, los miembros de la Tercera Humanidad comenzaron a practicar la reproducción selectiva desde muy temprano, y cada vez se dedicaron más a perfeccionar y mejorar todo tipo de animales y plantas. Todo jefe local se jactaba no sólo de que los hombres de su tribu eran los más varoniles, y las mujeres las más bellas de todas las mujeres, sino también de que los osos de su territorio eran los más nobles y hermosos ejemplares de todos los osos, de que las aves construían los nidos más perfectos y eran más hábiles voladoras y mejores cantoras que las de otras partes. Y así sucesivamente, respecto de todos los animales y vegetales. Ese control biológico se logró al principio mediante simples cruzamientos experimentales, pero luego, y cada vez en mayor escala, mediante burdas manipulaciones fisiológicas de los animales jóvenes, del feto y —más adelante aún— de los genes.

De ahí surgió un conflicto perenne, que a menudo provocaba guerras de un encarnizamiento verdaderamente religioso, entre los compasivos, a quienes les repugnaba infligir dolor, y los apasionados por la manipulación, que deseaban crear a cualquier coste. Ese conflicto, por supuesto, surgía no sólo entre individuos, sino también dentro de todas las mentes; pues todos eran cazadores y manipuladores innatos, pero a su vez experimentaban una compasión intuitiva incluso por la presa a la que atormentaban.

El problema se complicó a causa de una serie de actos de crueldad extrema que ejecutaron hasta los más compasivos. Ese sadismo era en el fondo la expresión de una veneración casi mística por las experiencias sensoriales. El dolor físico, por ser la más intensa de todas las sensaciones, se consideraba como la más excelsa de las experiencias. Podía suponerse que ese hecho llevaría más bien al masoquismo que a la crueldad, y así era en algunas ocasiones. Pero, en general, aquellos que no podían soportar el dolor en su propia carne eran capaces, sin embargo, de persuadirse a sí mismos de que, al infligir dolor a los animales inferiores, estaban creando una vívida realidad psíquica, y, por lo tanto, la más sublime excelencia. Era precisamente la intensa realidad del dolor, decían, lo que hacía que fuera intolerable en hombres y animales. Pero, visto desde la perspectiva de la mentalidad divina, aparecía en su verdadera belleza. Y hasta el hombre, afirmaban, sabía apreciar su excelencia cuando se aplicaba no a los hombres sino a los animales.

Aunque a la Tercera Humanidad no le interesaba el pensamiento sistemático, su mente a menudo se centraba en temas ajenos al campo del provecho social y privado. Experimentaban anhelos no sólo estéticos sino místicos. Y si bien no sabían apreciar aquellas bellezas más sublimes de la personalidad humana que sus predecesores habían admirado como la consecución más elevada de la vida en el planeta, la Tercera Humanidad, a su manera, trataba de obtener lo mejor de la naturaleza humana, como también de la naturaleza animal. Consideraban al hombre en dos aspectos. En primer lugar, era el más noble de todos los animales, dotado de aptitudes únicas. Era, como se solía decir, la obra de arte maestra de Dios. Pero, además, puesto que sus virtudes especiales consistían en su comprensión de la naturaleza de todos los seres vivientes y su capacidad de manipulación, él mismo era tanto el Ojo como la Mano de Dios. Esas convicciones encontraban repetidamente expresión en las religiones de la Tercera Humanidad, mediante la imagen de la deidad como un animal mixto, con alas de albatros, mandíbulas del gran perro lobo, pezuñas de venado, etcétera, mientras que el elemento humano se representaba por medio de las manos, los ojos y los órganos sexuales masculinos. Y entre las manos divinas se encontraba el mundo, con toda su población diversa. A menudo el mundo se representaba como si fuese el fruto de la potencia primitiva de Dios, pero también como si estuviera en proceso de ser drásticamente modificado y torturado por las manos hasta que alcanzara la perfección.

La mayoría de las culturas de la Tercera Humanidad estaban dominadas por esa obscura adoración de la vida como un espíritu omnipresente, que se expresaba en una miríada de diversos individuos. Y, al mismo tiempo, la lealtad intuitiva a los seres vivientes y a la fuerza vital vagamente concebida a menudo se complicaba por la presencia del sadismo. Pues en primer lugar se reconocía, naturalmente, que lo que es valioso para los seres superiores puede resultar intolerable a los inferiores, y, como se ha dicho, se creía que el dolor era una excelencia superior de esa especie. Pero el sadismo obedecía también a una segunda razón. La adoración de la vida, como agente o sujeto, se complementaba mediante la adoración del entorno como objeto para la subjetividad de la vida, como lo que permanece eternamente ajeno a la vida, entorpeciendo sus empresas, torturándola pero haciéndola posible, y, gracias a su misma resistencia, aguijoneándola para la consecución de expresiones más nobles. El dolor, se decía, era la más vivida aprehensión del objeto sagrado y universal. Nunca se sistematizó el pensamiento de la tercera especie humana. Pero, de manera similar a lo expuesto, se esforzaba para racionalizar su obscura intuición de la belleza que reside tanto en la victoria como en la derrota de la vida.

2. Episodios de la Tercera Humanidad

Ésa era, en resumen, la naturaleza espiritual y física de la tercera especie humana. A pesar de innumerables desviaciones, el espíritu de la Tercera Humanidad insistió en querer seguir de nuevo el hilo del interés biológico a través de un millar de culturas variadas. Una y otra vez, una tribu tras otra se esforzaba por salir del salvajismo y la barbarie para alcanzar una relativa ilustración, y en general, aunque no siempre, el carácter principal de esa ilustración era una aptitud especial para la creatividad biológica o para el sadismo, o bien para ambas cosas a la vez.

Un individuo nacido en esa sociedad no habría observado en ella ninguna característica dominante. Antes bien, le impresionarían los múltiples aspectos de las actividades humanas de su época, pues advertiría una abundancia de interrelaciones personales, de organización social e inventiva industrial, de arte y especulación, todo instalado en esa matriz universal de la lucha privada para proteger o expresar la individualidad. En cambio, a menudo el historiador puede descubrir en una sociedad algún carácter predominante, por encima o por debajo de esa proliferación tan diversa. Una y otra vez, pues, a intervalos de unos miles o unos cientos de miles de años, el antojo del hombre se imponía en la fauna y la flora de la Tierra, y a la larga se centraba en la tarea de remodelar al hombre mismo. Una y otra vez, a consecuencia de variadas causas, el esfuerzo fracasaba, y la especie se hundía de nuevo en el caos. En ocasiones, se establecía un período cultural de un tipo totalmente distinto. En una oportunidad, en los albores de la historia de la especie, y antes de que su naturaleza hubiese quedado plasmada, existió una civilización no industrial de carácter genuinamente intelectual, casi como la de Grecia. Otras veces,

254

pero no muy a menudo, la tercera especie humana se embarcaba tontamente en una civilización mundial singularmente industrial, a la manera de la Primera Humanidad norteamericanizada. En general, su interés se centraba demasiado en otras cuestiones para enredarse con los artefactos mecánicos. Pero en tres ocasiones, por lo menos, sucumbió.

De esas civilizaciones, una obtuvo la energía principal del viento y los saltos de agua; otra, de las mareas, y otra, del calor interno de la Tierra. La primera —que se salvó de los peores males del industrialismo a causa de las limitaciones de su energía — perduró unos cien mil años en un equilibrio estéril, hasta que una bacteria desconocida la destruyó. La segunda fue afortunadamente breve; pero los cincuenta mil años de despilfarro irrefrenable de energía de las mareas bastaron para modificar de manera apreciable la órbita de la Luna. Ese orden mundial desembocó por fin en una serie de guerras industriales. La tercera civilización perduró durante un cuarto de millón de años como una organización mundial brillantemente sensata y eficiente. Durante la mayor parte de su existencia reinó una armonía social casi absoluta: apenas se dieron algunas disputas internas semejantes a las que se producen en un panal de abejas. Pero de nuevo la civilización conoció finalmente el dolor, esta vez mediante el desatinado esfuerzo por generar tipos humanos especiales destinados a empresas industriales especializadas.

Sin embargo, el industrialismo nunca fue más que un episodio, una incongruencia prolongada y desastrosa en la vida de esa especie. Hubo otros episodios. Por ejemplo, algunas culturas —que a veces continuaron durante varios miles de años— eran predominantemente musicales. Eso nunca hubiera podido suceder en la Primera Humanidad; pero, como se ha dicho, la tercera especie tenía un oído peculiarmente desarrollado, así como una sensibilidad emocional para el sonido y el ritmo. En consecuencia, al igual que la Primera Humanidad acabó derrumbándose a causa de su obsesión irracional por los artefactos mecánicos, y del mismo modo que los miembros de la Tercera Humanidad sucumbieron una y otra vez por su propio interés en el control biológico, así, de cuando en cuando, fue su don musical lo que los hipnotizó.

De esas culturas eminentemente musicales, la más notable fue una en la que la música y la religión se combinaron de una manera tan tiránica como lo habían hecho la religión y la ciencia en el remoto pasado. Vale la pena demorarnos un momento en uno de esos episodios.

La Tercera Humanidad estaba muy sujeta al deseo de la inmortalidad personal. La vida era breve, y su amor a la vida, muy intenso. Les parecía un trágico fallo en la naturaleza de la existencia el hecho de que la melodía de la vida individual debiera desvanecerse en una senilidad espantosa o interrumpirse de repente, para no volver a repetirse jamás. La música tenía un significado especial para esa raza. Tan intensa era su experiencia de ella, que todos estaban dispuestos a considerarla, de alguna manera, como la realidad subyacente de todas las cosas.

En las horas de ocio, desprendiéndose de una vida penosa y a menudo trágica, grupos de labriegos trataban de conjurar por medio de canciones, con gaitas o violas, un universo más hermoso, más real que el de la labor cotidiana. Concentrando su sensible oído en la inagotable diversidad de tonos y ritmos, les parecía que la presencia viva de la música los poseía y los transportaba a un mundo más adorable. No es de extrañar que creyeran que toda melodía era un espíritu, que llevaba una vida propia en el universo musical. No es de extrañar tampoco que se imaginaran que una sinfonía o un canto coral era en sí un espíritu único inherente a todos sus miembros. Ni es de extrañar que les pareciera que, cuando los hombres y mujeres escuchaban música sublime, se abatían las barreras de su individualidad, de tal manera que se convertían en una sola alma mediante la comunión con la música. El profeta nació en un pueblo de las tierras altas, donde la fe nativa en la música era muy intensa, aunque totalmente inexpresada. Con el tiempo, aprendió a llevar a su público de labriegos hasta las cimas más altas de la alegría y de los más exquisitos pesares. Luego, por fin, comenzó a pensar y a expresar sus pensamientos con la autoridad de un gran bardo. Con suma facilidad, persuadió a los hombres de que la música era la realidad, y todo lo demás mera ilusión; de que el espíritu viviente del universo era pura música, y que cada individuo, animal o persona, si bien tenía un cuerpo que debía morir y desaparecer para siempre, también tenía un alma que era musical y eterna. «Una melodía», decía, «es la más efímera de todas las cosas. Suena y cesa. El gran silencio la devora, y al parecer la aniquila. El carácter pasajero es intrínseco a su esencia». Sin embargo, si bien para la melodía cesar es sufrir una muerte violenta, toda la música, afirmaba el profeta, tiene también una vida eterna. Después del silencio puede existir de nuevo, con toda su frescura y vitalidad. El tiempo no puede con ella, pues su residencia se halla en un sitio fuera del tiempo. Y ese sitio —predicaba el joven músico con gravedad— es también la patria de todo hombre y mujer, así como de todo ser viviente con un don para la música. Quienes buscaban la inmortalidad debían esforzarse para despertar sus almas dormidas a la melodía y la armonía. Y, de acuerdo con su grado de originalidad y destreza musical, así sería su posición en la vida eterna.

La doctrina y las conmovedoras melodías del profeta se expandieron como el fuego. La música instrumental y vocal sonaba en todos los campos de pastoreo y en todos los sembradíos. El gobierno trató de acallarla, en parte porque su apasionada significación resonaba incluso en el corazón de las damas galantes, y amenazaba terminar con el refinamiento de siglos. No sólo eso: el orden social mismo comenzó a desintegrarse, pues muchos empezaron a declarar abiertamente que lo que importaba no era haber nacido en una cuna aristocrática, ni siquiera dominar las formas musicales impuestas por la tradición —tan apreciadas por las personas ociosas—, sino el don de la expresión emocional espontánea en ritmo y armonía. La persecución fortaleció la nueva fe con una gloriosa cohorte de mártires que, según se afirmaba, cantaban triunfantes aun entre las llamas.

Un día, el sagrado monarca mismo, hasta el momento prisionero de las convenciones, declaró, en parte sinceramente, en parte por política, que se había convertido a la fe de su pueblo. La burocracia dio lugar a una dictadura ilustrada, el monarca asumió el título de Melodía Suprema, y todo el orden social sufrió una reordenación más del gusto de los campesinos. El astuto monarca, respaldado por el celo religioso de su gente y favorecido por la rápida expansión espontánea de la fe en todas las regiones, conquistó el mundo entero y fundó la Iglesia Universal de la Armonía. Mientras tanto, el propio profeta, consternado por su vertiginoso éxito, se había retirado a las montañas para perfeccionar su arte bajo la influencia de la gran quietud reinante o de la música del viento, los truenos y las cascadas.

Sin embargo, muy pronto el estrépito de las bandas militares y de los coros eclesiásticos, que el emperador mandó para saludarlo y conducirlo a la metrópoli, rompieron el silencio de los bosques. Fue apresado, aunque no sin resistencia de su parte, y alojado en el Altísimo Templo de la Música. Allí se lo mantuvo prisionero, se le dio el nombre de Sonido de Dios, y el gobierno mundial lo utilizó como un oráculo que precisaba interpretación. En unos pocos años, la música oficial del templo, así como de las delegaciones de todo el mundo, lo llevaron a la más delirante locura; y en ese estado fue aún más útil a las autoridades.

Así se fundó el Santo Imperio de la Música, que dio orden y propósito a la especie durante un milenio. Los aforismos del profeta, interpretados por una serie de gobernadores eficientes, se constituyeron como base de un gran sistema legislativo que poco a poco fue sustituyendo todos los códigos locales en virtud de su divina autoridad. Su raíz era la locura; pero su expresión definitiva era el complejo sentido común, decorado con inocuas y preciosas flores demenciales. En esa época se consideraba al individuo, sensata pero tácitamente, como un organismo biológico que tenía determinadas necesidades o derechos, así como determinadas obligaciones sociales; pero el lenguaje en que se expresaba y elaboraba ese principio era una jerga basada en la suposición de que todo ser humano era una melodía, que debía completarse dentro del gran tema musical de la sociedad.

Hacia el término de ese milenio de orden, se produjo un cisma entre los devotos. Una nueva y ferviente secta declaró que el dogmatismo eclesiástico había sofocado el verdadero espíritu de la religión musical. El fundador de la religión había predicado la salvación por medio de la experiencia musical individual, mediante una intensa comunión emocional con la música divina. Pero, de forma gradual, según se dijo, la Iglesia había perdido de vista esa verdad fundamental, y demostraba en cambio un interés estéril por las formas y principios objetivos de la melodía y el contrapunto. La salvación, según la visión oficial, no debía lograrse por medio de la experiencia objetiva, sino observando las reglas de una obscura técnica musical. ¿Y cuál era esa técnica? En vez de convertir el orden social en una expresión práctica de la ley divina de la música, los eclesiásticos y estadistas habían interpretado erróneamente esas leyes divinas para adaptarlas a la simple conveniencia social, hasta que se perdió el verdadero espíritu de la música.

Mientras tanto, se produjo la réplica del otro bando. Se ridiculizó el talante egoísta de los rebeldes, centrado en la salvación del alma, y se instó a los hombres a apreciar más las divinas y exquisitamente ordenadas formas de la música misma, que sus propias emociones.

Fue entre los rebeldes donde resurgió el interés biológico de la raza, subordinado hasta ese momento. Las relaciones sexuales, al menos entre las mujeres más devotas, comenzaron a sufrir la influencia del deseo de tener hijos que tuviesen una extraordinaria sensibilidad y genio musical. Las ciencias biológicas eran rudimentarias, pero se conocía el principio general de la reproducción selectiva. Al cabo de un siglo, esa práctica de la gestación en pro de la música, o de gestar un

«alma», dejó de ser una idiosincrasia privada para convertirse en una obsesión racial. Y fue tan fructífera que al cabo de un tiempo se volvió muy común un nuevo tipo, que prosperó ante la aprobación y devoción de la gente ordinaria. Esos nuevos seres eran sin duda extraordinariamente sensibles a la música, tanto que el canto de una alondra constituía para ellos una auténtica tortura por su banalidad, y, como reacción ante cualquier clase de música humana que aprobaran, invariablemente caían en trance. Por el contrario, ante el estímulo de una música que no fuera de su agrado, eran capaces de enloquecer y asesinar a los intérpretes.

No es preciso que nos detengamos a explicar cómo una raza dominada por la extravagancia se sometió gradualmente a los caprichos de esos seres humanos dementes, que incluso llegaron a convertirse durante un breve período en la tiránica casta rectora de una teocracia musical. Tampoco es necesario observar cómo llevaron la sociedad al caos, ni cómo al final una era de confusión y asesinatos condujo a la humanidad una vez más a la sensatez, pero también a una desilusión tan amarga, que el esfuerzo para volver a orientar la dirección de su iniciativa careció de determinación. La civilización se desmoronó y no se reconstruyó hasta después de que la raza hubo permanecido postrada varios miles de años.

Así terminó quizá la más patética de las quimeras raciales. Nacida de una genuina y potente experiencia, conservó hasta el fin cierta nobleza demencial.

Hubo muchas otras culturas, separadas a menudo por largos períodos de barbarie, pero vamos a pasarlas por alto en esta breve crónica. La gran mayoría de ellas se centraron principalmente en el plano biológico. Una de ellas se destacó por un interés obsesivo por el vuelo, y por lo tanto por las aves; otra se interesó casi exclusivamente en el concepto del metabolismo; varias, por la actividad sexual, y muchas más, por un programa general de eugenesia. Debemos dejarlas a un lado con el fin de poder observar cómo la más grande de todas las razas de la tercera especie sufrió la tortura de adquirir una nueva forma.

3. El arte vital

Fue después de un período de eclipse inusitadamente largo que el espíritu de la tercera especie humana alcanzó su mayor esplendor. No es necesario explicar las etapas que condujeron a esa ilustración. Baste decir que el resultado fue una civilización muy notable, si es que puede aplicarse tal denominación a un orden en el que se desconocían las aglomeraciones arquitectónicas, el vestido sólo se usaba cuando era necesario abrigarse y el desarrollo industrial que se produjo estuvo totalmente subordinado a otras actividades.

Al comienzo de la historia de esa cultura, las exigencias de la caza y la agricultura, así como el impulso espontáneo de manipular seres vivos, desembocó en un cuerpo de conocimientos biológicos primitivo pero útil. Sólo cuando la cultura hubo unificado todo el planeta, la biología dio nacimiento a la química y la física. Al mismo tiempo, un industrialismo bien controlado, basado primero en la energía eólica y la hidráulica, y luego en el calor subterráneo, brindó a la humanidad todos los lujos materiales que deseaba, así como mucho más tiempo libre. Si no hubiese existido otro interés más poderoso y dominante, el industrialismo seguramente los habría hipnotizado, como había ocurrido en otras ocasiones. Pero el interés por los seres vivientes, que caracterizó a toda la tercera especie, fue dominante ya antes del comienzo de la industrialización.

El ejercicio del poder económico o la simple ostentación de riqueza no constituían alicientes para la Tercera Humanidad, pero eso no significa que la raza fuese inmune al egotismo. Al contrario, había perdido casi todo aquel altruismo espontáneo que había caracterizado a la Segunda Humanidad. Pero, en la mayoría de los períodos, la única clase de ostentación personal que la Tercera Humanidad encontraba de su gusto estaba directamente relacionada con el primitivo interés en la pecunia, la riqueza de bienes. Poseer muchos y nobles animales, tanto si eran económicamente productivos como si no, constituía siempre un signo de respetabilidad. La gente vulgar, sin duda, se contentaba con la simple cantidad, o a lo sumo con las virtudes convencionales de las razas animales reconocidas. Pero los más refinados perseguían ciertos principios muy precisos de la excelencia estética en su control de las formas vivientes, y se jactaban de ello.

De hecho, a medida que la humanidad lograba más conocimiento biológico, iba desarrollando un nuevo arte muy notable, que denominaremos «arte plástico vital», y que luego se convertiría en el principal vehículo de expresión de la nueva cultura. Se practicó universalmente y con fervor religioso, pues estaba muy íntimamente relacionado con la fe en un dios vital. Los cánones de ese arte, así como los preceptos de esa religión, fluctuaban de una era a otra, pero en general se mantenían los principios básicos. O mejor dicho: si bien existía casi siempre un acuerdo universal con respecto a que la práctica del arte vital era el fin supremo y no debía tratarse con espíritu utilitario, había dos series de principios encontrados que merecían el favor de dos bandos opuestos.

Una forma de arte vital pretendía lograr la plena potencialidad de cada tipo natural como una naturaleza perfecta y armoniosa, o bien producir nuevos tipos igualmente armoniosos. La otra se enorgullecía de producir monstruos, y solía desarrollar un solo aspecto en detrimento de la armonía y la salud del organismo como un todo. Así se logró crear un ave capaz de volar más rápido que cualquier otra; pero no era capaz de reproducirse ni alimentarse, y por lo tanto había que mantenerla de forma artificial. A veces, por otra parte, se forzaban en un solo organismo ciertos caracteres incompatibles de la naturaleza, y así se mantenía un equilibrio precario y torturador.

Para dar un ejemplo, una hazaña muy ponderada la constituyó la creación de un mamífero carnívoro en el que las patas delanteras, provistas de plumas, habían asumido la estructura de las alas de un ave. Ese ser no podía volar, puesto que su cuerpo no estaba debidamente proporcionado, y sólo podía correr trastabillando con las alas extendidas. Otro ejemplo de monstruosidad lo constituía un águila de dos cabezas, y un venado en el que, con indescriptible ingenio, el artista había logrado convertir la cola en una cabeza, con cerebro, órganos sensoriales y mandíbulas. En ese arte monstruoso, el interés por los seres vivientes se hallaba teñido de sadismo a raíz de la preocupación por el destino, en especial el destino interior, como la divinidad que conforma nuestros objetivos. En sus formas más vulgares, se trataba de una burda expresión del deseo egoístico de poder.

Esa búsqueda de lo monstruoso y lo discrepante era menos conspicua que la otra, la búsqueda de la perfección armoniosa; pero en todo momento podía ejercer al menos una influencia subconsciente. El objetivo supremo del movimiento dominante, que buscaba la perfección, consistía en embellecer el planeta con una fauna y flora muy diversas, con la raza humana como la coronación y el instrumento de la vida terrestre. Cada especie, y cada variedad, debía tener su lugar y cumplir su papel en el gran ciclo de los tipos vivientes; cada una tenía que perfeccionarse interiormente para su función. No debía poseer resabios dañinos de un estilo de vida del pasado, y sus facultades debían estar en verdadero acuerdo las unas con las otras. Pero, repito, el objetivo supremo no afectaba meramente a los tipos individuales, sino a todo el equilibrio vital del planeta. Así, si bien tenía que haber tipos de todo orden —desde la más humilde bacteria hasta el hombre—, era contrario al canon del sagrado arte ortodoxo que algún tipo medrara a expensas de la destrucción de un tipo superior a sí mismo. En el movimiento sádico del arte, en cambio, se decía que en el hecho de que un tipo inferior exterminara a uno superior había una trágica belleza, peculiarmente exquisita. De hecho, hubo ocasiones en la historia de la raza en que las dos sectas se ensañaron en un conflicto sangriento porque los sádicos no cesaban de imaginar parásitos para causar daño a los nobles productos de los ortodoxos.

De quienes practicaban el arte vital —y todos lo hacían hasta cierto punto—, unos pocos lograban notoriedad y hasta fama por medio de sus productos grotescos, si bien rechazaban con toda deliberación los principios ortodoxos; otros, menos afortunados, estaban dispuestos a aceptar el ostracismo e incluso el martirio, y sostenían que lo que ellos habían producido era un símbolo significativo de la tragedia universal de la naturaleza vital. Sin embargo, la gran mayoría aceptaba el canon sagrado. Por lo tanto, tenían que elegir uno u otro de ciertos modos de expresión reconocidos. Por ejemplo, podían tratar de mejorar algún tipo de organismo existente, mediante el perfeccionamiento de sus facultades y la eliminación en él de todo lo que fuese nocivo o inútil. O bien, en una tarea más original y precaria, podían dedicarse a crear un tipo nuevo, con el fin de que ocupara un lugar en el mundo que todavía no estuviera ocupado por ninguna especie. Para ello, seleccionaban un organismo adecuado y trataban de rehacerlo de acuerdo con un nuevo plan, esforzándose en crear un ser de naturaleza perfectamente armónica y adaptado con precisión al nuevo modo de vida.

En esa clase de trabajos debían observarse varios principios estéticos muy estrictos. Así, se consideraba un arte pésimo el hecho de reducir un tipo superior a un nivel inferior, o bien cualquier forma con tendencia a desperdiciar las facultades de un tipo. Y además, puesto que el verdadero fin del arte no era la producción de tipos individuales, sino la producción de una fauna y flora sistemáticamente perfectas y universales, resultaba inadmisible dañar aun por accidente cualquier tipo superior al que se pretendía crear. Pues la práctica del arte vital ortodoxo se consideraba como una empresa cooperativa. El artista máximo, después de Dios, era la humanidad como

266

un todo; la obra magna de arte debía ser un atavío cada vez más perfecto de lasformas de vida para el embellecimiento del planeta y el gozo del Artista Supremo, cuya criatura e instrumento era el hombre.

Poco se logró, por supuesto, hasta que las ciencias biológicas aplicadas hubieron progresado hasta mucho más allá de lo logrado durante el curso de la Segunda Humanidad. Se precisaba algo más que los principios empíricos de los criadores del pasado. A la más inteligente de todas las razas de la tercera especie le llevó muchos miles de años de investigación descubrir los más delicados principios de la herencia, y elaborar una técnica mediante la cual se pudiesen manipular los verdaderos factores hereditarios. Fue ese perfeccionamiento de la biología lo que permitió penetrar hasta las regiones más profundas de la química y la física. Y, debido a esa secuencia histórica, estas ciencias se concibieron de una forma biológica, con el electrón como organismo básico, y el cosmos como un todo orgánico.

Imaginemos, pues, un planeta organizado casi como un vasto sistema de jardines botánicos y zoológicos, o de parques vírgenes, diseminados entre campos de cultivo e industrias. En cada gran centro de comunicaciones se organizaban exhibiciones mensuales y anuales, en las que se mostraban las últimas creaciones; los altísimos sacerdotes del arte vital las juzgaban, otorgaban distinciones y las consagraban con ceremonias religiosas. En esas ferias, algunos de los ejemplares exhibidos eran utilitarios; otros, puramente estéticos. Podía haber cereales, vegetales y reses mejorados; algunos ejemplares eran excepcionalmente inteligentes o bien se trataba de una variedad de perro pastor, o de un nuevo microorganismo con funciones especiales en la agricultura o en la digestión humana. Pero también estarían presentes los últimos logros en el arte vital puro: grandes venados de carreras, sin cuernos y con esbeltas patas; aves o mamíferos adaptados a alguna nueva función; osos con los que se pretendía superar a todas las variedades existentes en la lucha por la existencia; hormigas con órganos e instintos especializados; mejoras en las relaciones de parásito y huésped, con el fin de establecer una simbiosis en la que el huésped sacara provecho del parásito. Y así sucesivamente. Y en todas partes se encontraban los pequeños seres desnudos, rubicundos y faunescos, que habían creado esas maravillas. Los tímidos pobladores de la selva, de físico gurka, medraban junto a sus antílopes, buitres o los nuevos y grandes depredadores felinos. Una mujer joven de aire grave podía causar un revuelo al aparecer en algún lugar seguida por varios osos gigantescos. Tal vez se apiñaría a su alrededor una multitud para examinar los dientes o los miembros de esos seres, y ella tendría que ahuyentar a los curiosos de su paciente rebaño. En esa época, la relación normal entre el hombre y la bestia era de perfecta amistad, que en algunas ocasiones, y en el caso de los animales domésticos, podía llegar a una intensa y casi dolorosa adoración mutua. Ni siquiera las bestias salvajes evitaban al hombre, y mucho menos lo atacaban, salvo en circunstancias especiales de la cacería y en los espectáculos sagrados de los gladiadores.

Éstos últimos precisan una atención especial. Los poderes combativos de las bestias eran admirados en igual medida que los demás poderes. Hombres y mujeres por igual experimentaban una alegría salvaje, lindante con el éxtasis, al observar un combate a muerte. En consecuencia, se organizaban espectáculos en los que diferentes clases de bestias se enfrentaban furiosamente, y se las dejaba luchar hasta la muerte. No sólo eso; además se celebraban peleas entre animales y hombres, entre dos hombres, entre dos mujeres y, algo que sorprenderá a los lectores del presente libro, entre una mujer y un hombre. Pues, en esa especie, la mujer no era físicamente más débil que su pareja.

4. Políticas conflictivas

Casi desde el principio se había aplicado el arte vital hasta cierto punto al hombre mismo, aunque con algunos titubeos. Se habían logrado grandes perfeccionamientos, pero sólo aquellos sobre los cuales no había diversidad de opiniones. Se fueron eliminando pacientemente las principales enfermedades y anomalías heredadas de las civilizaciones pasadas, y se puso remedio a varios defectos fundamentales. Por ejemplo, se mejoraron en gran medida la dentadura, el aparato digestivo, el sistema glandular y el circulatorio. La buena salud extrema y la considerable belleza física se tornaron universales. El parto se convirtió en un proceso indoloro y sin riesgos. Se aplazó la senilidad y se elevó apreciablemente el índice de inteligencia práctica. Esas reformas fueron posibles mediante una vasta concertación de esfuerzos en la investigación y la experimentación, con el apoyo de la comunidad mundial. Pero la iniciativa privada también era eficaz, pues en la relación entre los sexos predominaba mucho más conscientemente la idea de los hijos que en la Primera Humanidad.

Todo individuo conocía las características de su composición hereditaria, y sabía la clase de hijos que podía esperar de las relaciones entre diferentes tipos hereditarios. Así, al hacer el amor el joven no se contentaba con persuadir a la amada de que su espíritu estaba naturalmente destinado a proporcionar al espíritu de ella una gozosa consumación; también trataba de persuadirla de que con su ayuda ella podría tener hijos de una excelencia peculiar. En consecuencia, en todo momento se producía un proceso de procreación selectivo tendiente a lograr el tipo convencionalmente ideal. En ciertos aspectos, el ideal permaneció constante durante muchos miles de años, y consistía en salud, agilidad felina, destreza manipuladora, sensibilidad musical y una refinada percepción de lo bueno y lo malo en la esfera del arte vital, así como un juicio práctico intuitivo en todos los quehaceres de la vida. La longevidad y la eliminación de la senilidad también eran objetivos buscados, y en parte alcanzados. Las modas a veces dirigían la selección sexual hacia la destreza en el combate, algún tipo especial de expresión facial o las facultades vocales, pero esos caprichos pasajeros carecían de importancia. Sólo los caracteres deseados de forma permanente resultaron realmente intensificados por los actos privados de procreación selectiva.

Pero, con el tiempo, llegó un momento en el que se persiguieron fines más ambiciosos. La comunidad mundial era ahora una jerarquía teocrática altamente organizada, regida de un modo estricto aunque benevolente por un consejo supremo de sacerdotes y biólogos vitales. Todo individuo, hasta el más humilde agricultor, tenía su sitio especial en la sociedad, otorgado por el consejo general o por sus delegados, de acuerdo con sus antecedentes hereditarios y las necesidades de la sociedad. Por supuesto, ese sistema a veces conducía al abuso, pero en general funcionaba sin fricciones graves. Era tal la precisión del conocimiento biológico, que se conocían las aptitudes especiales y la capacidad mental de cada persona más allá de toda discusión, y rebelarse contra sus semejantes en la sociedad habría significado rebelarse contra su propia genealogía. Ese hecho era conocido universalmente, y aceptado sin resquemores. Cada individuo tenía suficiente campo para la emulación y el triunfo entre sus pares, sin necesidad de efectuar vagos intentos de trascender su propia naturaleza mediante el salto a un orden jerárquico superior.

Ese estado de cosas habría sido imposible si no hubiese existido una fe universal en la religión de la vida y la verdad de las ciencias biológicas. También habría sido imposible si todas las personas normales no hubieran sido practicantes del sagrado arte vital en un plano adecuado a su capacidad. Todo individuo adulto de la más bien escasa población mundial se consideraba un artista creativo, por humilde que fuese su esfera. Y en general estaba tan fascinado por su obra, que se contentaba con dejar el control y la organización social en manos de quienes estaban capacitados para ello. Además, en el fondo de toda mente residía el concepto de sociedad como un organismo de miembros especializados, y la profunda devoción de éstos por la sociedad organizada tendía a dominar incluso sus fuertes impulsos egotistas, aunque no sin esfuerzo.

Ésa era la sociedad, casi increíble para la Primera Humanidad, que ahora se disponía a rehacer la naturaleza humana. Lamentablemente, había opiniones encontradas con respecto al fin último. Los ortodoxos deseaban tan sólo continuar la obra que tanto tiempo llevaba en marcha, si bien propusieron incrementar las iniciativas y la coordinación. Estaban de acuerdo en perfeccionar el cuerpo humano según el plan actual, y en perfeccionar igualmente su mente, pero sin tratar de introducir nada nuevo en esencia. Su físico, conciencia, memoria, inteligencia y disposición emocional debían mejorarse hasta que casi resultaran irreconocibles; pero tenían que seguir siendo, se decía, esencialmente lo que siempre habían sido.

Sin embargo, un segundo grupo persuadió por fin a los ortodoxos para que ampliaran sus conceptos en un aspecto importante. Como ya se ha dicho, la Tercera Humanidad era propensa a dejarse absorber de vez en cuando por el antiguo anhelo de inmortalidad personal. Ese anhelo solía ser muy intenso en la Primera Humanidad; e incluso la Segunda, a pesar de su gran don para la objetividad, en algunas ocasiones había permitido que su admiración por la personalidad humana acabara por persuadirla de que el alma debía ser eterna. La Tercera Humanidad, cuyos miembros gozaban de una existencia corta y carecían de capacidad teórica en su pasión por los seres vivientes de toda clase y por la diversidad de comportamientos vitales, concebía la inmortalidad de distintas maneras. En su última cultura imaginaban que, al morir, todos los seres vivientes que merecían la aprobación del Dios de la vida pasaban a otro mundo, muy parecido al mundo conocido, pero más feliz, donde vivirían en presencia de la deidad, sirviéndole con una creatividad vital sin trabas.

Se creía que podía establecerse una comunicación entre los dos mundos, y que el tipo de vida terrestre más elevado era el que mejor podía comunicarse; ahora se decía que había llegado el momento de una gran revelación sobre la vida futura. Por lo tanto, se propuso engendrar comunicantes especializados que se ocuparían de guiar a este mundo mediante las directivas del otro. Como había ocurrido en la Primera Humanidad, se suponía que esa comunicación con el mundo del más allá se establecía en el trance mediúmnico. La nueva empresa, pues, consistía en crear médiums extremadamente sensibles, e incrementar los poderes mediúmnicos del individuo medio.

Existía, empero, otro grupo, cuyo objetivo era muy diferente. El hombre, decían, es un organismo sumamente noble. Hemos tratado otros organismos con el fin de acentuar en cada uno sus atributos más nobles, y ha llegado el momento de hacer lo propio con el hombre. Lo más característico en el hombre es la manipulación inteligente, el cerebro y la mano. En la actualidad, la mano ha sido superada por los mecanismos modernos, pero el cerebro jamás será aventajado. Por lo tanto, debemos desarrollar estrictamente el cerebro, la coordinación inteligente de la conducta. Todas las funciones orgánicas que pueden realizarse por medio de la máquina deben relegarse a ésta, de modo tal que toda la vitalidad del organismo pueda destinarse al desarrollo y funcionamiento del cerebro. Debemos producir un organismo que no sea meramente un puñado de rasgos heredados de los antepasados primitivos y precariamente regidos por un destello de inteligencia. Tenemos que crear un hombre que no sea más que un hombre. Cuando lo hayamos conseguido, podremos pedirle, si queremos, que desentrañe la verdad sobre la inmortalidad. Y asimismo podremos dejar en sus manos el control de todos los asuntos humanos.

La casta gobernante se opuso firmemente a ese proyecto. Manifestaron que, si se llevaba a cabo, sólo se obtendría un ser inarmónico cuya naturaleza violaría todos los principios de la estética vital. El hombre, dijeron, era en esencia un animal, aunque único en cuanto a sus dotes. Debía desarrollarse toda su naturaleza, y no sólo una facultad en detrimento de las otras. Al argüir de esa forma, seguramente lo hacían influidos en parte por el miedo a perder su autoridad; pero sus argumentos eran coherentes, y la mayoría de la comunidad estuvo de acuerdo con ellos. No obstante, un pequeño grupo de los mismos gobernantes acordaron emprender la tarea en secreto.

No hubo necesidad de mantener en secreto, en cambio, la gestación de personas comunicantes. El estado mundial alentó esa práctica e incluso creó instituciones para llevarla a cabo.

XI. EL HOMBRE SE RECREA A SÍ MISMO

1. El primero de los grandes cerebros

Los que trataban de crear un supercerebro emprendieron su gran empresa de investigación y experimentación en un remoto rincón del planeta. No es necesario contar en detalle cómo les fue. Al principio trabajaron en secreto, luego se dedicaron a intentar persuadir al mundo para que aprobara su plan, pero sólo consiguieron separar a la humanidad en dos facciones. La sociedad quedó dividida, y hubo guerras religiosas. Pero, al cabo de unos cuantos siglos de intermitentes derramamientos de sangre, las dos sectas —los que buscaban crear seres comunicantes y los que pretendían crear el supercerebro— se establecieron en diferentes regiones para lograr sus fines respectivos sin ser molestados. Con el tiempo, cada grupo se convirtió en una especie de nación, unida por la fe religiosa y un espíritu de cruzada, con muy poco intercambio cultural entre ambos.

Quienes deseaban crear el supercerebro emplearon cuatro métodos, a saber: la reproducción selectiva, la manipulación de los factores hereditarios en las células — cultivadas en el laboratorio—, la manipulación del óvulo fertilizado — cultivado también en el laboratorio— y la manipulación del feto. Al principio obtuvieron innumerables engendros trágicos que no vamos a comentar. Pero, con el tiempo, varios miles de años después de los primeros experimentos, consiguieron algo que parecía prometer el éxito. Se había seleccionado cuidadosamente un óvulo humano, que fue fertilizado en el laboratorio y luego se reorganizó a fondo por medios artificiales. Al inhibir el crecimiento del núcleo del embrión y de los órganos inferiores del propio cerebro y estimular intensamente al mismo tiempo el crecimiento de los hemisferios cerebrales, los denodados investigadores lograron por fin crear un organismo que consistía en un cerebro de tres metros y medio de diámetro, y un cuerpo cuya mayor parte se reducía a un simple vestigio a partir de la superficie inferior del cerebro. Las únicas partes del cuerpo a las que se les permitió alcanzar la medida natural fueron los brazos y las manos, y se forzó a los vigorosos órganos de la manipulación a trabarse por los hombros a la sólida estructura que constituía el habitáculo de la criatura. Así pudieron obtener un firme soporte para su obra.

Las manos tenían los seis dedos normales de la Tercera Humanidad, aunque eran muy agrandadas y perfeccionadas. El fantástico organismo se creó y maduró en un edificio diseñado para alojarlo junto con la complicada maquinaria que se necesitaba para mantenerlo vivo. Una bomba autorregulada, accionada por energía eléctrica, hacía las veces de corazón. Un laboratorio químico vertía los elementos necesarios en la corriente sanguínea y eliminaba los productos de desecho, con lo que ocupaba el lugar de los órganos digestivos y el sistema glandular. Los pulmones consistían en una amplia sala repleta de tubos de oxigenación, a través de los cuales un ventilador eléctrico hacía circular aire constantemente. El mismo ventilador inyectaba aire a los órganos artificiales del habla. Esos órganos estaban construidos de tal manera que las fibras nerviosas naturales, que partían de los centros del habla del cerebro, podían estimular los controles eléctricos apropiados para producir sonidos idénticos a los que habrían producido la garganta y la boca de un ser humano. El sistema sensorial de ese cerebro sin tronco era una mezcla de fibras naturales y artificiales. Los nervios ópticos se habían hecho crecer a lo largo de dos probóscides flexibles de un metro y medio de longitud, cada una de las cuales llevaba un enorme ojo en el extremo. Pero, mediante una muy ingeniosa alteración de la estructura ocular, las lentes naturales podían separarse a voluntad, de tal manera que la retina se podía aplicar a una gran diversidad de instrumentos ópticos. También los oídos podían proyectarse en el extremo de una suerte de pedúnculos y estaban dispuestos de tal forma que las extremidades nerviosas podían entrar en contacto con amplificadores artificiales de varias clases o bien escuchar directamente los ritmos microscópicos de los organismos más diminutos. El olfato y el gusto se habían desarrollado como sentidos químicos, capaces de distinguir por su sabor casi todos los elementos y compuestos. La presión, el calor y el frío sólo se detectaban por medio de los dedos, pero con una gran sensibilidad. Se había intentado eliminar por completo del organismo la sensación de dolor, pero ese objetivo no se pudo alcanzar.

La criatura fue lanzada a la vida con éxito, y se mantuvo viva durante cuatro años.

Pero, si bien al comienzo todo anduvo bien, en su segundo año el infortunado niño — si así puede llamarse— comenzó a sufrir intensos dolores y a dar señales de trastornos mentales. A pesar de todo lo que sus devotos padres adoptivos hicieron, se fue hundiendo gradualmente en la demencia y falleció. Había sucumbido bajo el peso de su cerebro y de ciertos fallos en la regulación de la composición química de la sangre.

Podemos pasar por alto los siguientes cuatrocientos años, durante los cuales se realizaron varios intentos vanos de repetir el gran experimento con más éxito. Hablemos, pues, del primer individuo verdadero de la cuarta especie humana. Se creó de la misma manera artificial que sus predecesores, y se proyectó de acuerdo con el mismo plan general. Sin embargo, su sistema mecánico y químico era mucho más eficiente, y sus creadores esperaban que, debido al cuidadoso ajuste de los mecanismos de crecimiento y decadencia, podría llegar a ser inmortal. También el plan general sufrió cambios en un aspecto muy importante. Sus hacedores construyeron una gran torre craneana circular que dividieron en muchos compartimientos, distribuidos en torno a un espacio central, con casillas por todas partes. Mediante una técnica que tardó siglos en desarrollarse, consiguieron que las células del cerebro embrionario en crecimiento se expandieran hacia afuera, no como las circunvoluciones de los hemisferios normales, sino dentro de las casillas que se habían preparado para ese fin. Así, el «cráneo» artificial era una espaciosa torre de hormigón armado de unos doce metros de diámetro. Una puerta y un pasillo permitían el acceso desde el exterior hasta el centro de la torre, y de allí partían otros pasillos entre hileras de pequeños aparadores. Innumerables tubos de cristal, metal y una especie de vulcanita distribuían la sangre y los elementos químicos por todo el sistema. Unos radiadores eléctricos mantenían un calor constante en todos los aparadores, así como en los innumerables canales de las fibras nerviosas, cuidadosamente protegidos. Termómetros, esferas, barómetros e indicadores de toda clase informaban a los asistentes de todos los cambios físicos que se producían en aquel extraño sistema medio natural y medio artificial, aquella descabellada factoría de la mente.

Al cabo de ocho años de su concepción, el organismo había llenado el espacio de su cráneo y alcanzado la mentalidad de un niño recién nacido. A los padres adoptivos les pareció que el avance hacia la madurez era desesperadamente lento. No fue casi hasta el fin de la quinta década cuando pudo decirse que había alcanzado el nivel mental de un adolescente inteligente. Pero no existía ningún motivo para desalentarse. Al cabo de otra década, aquel pionero de la Cuarta Humanidad había aprendido todo lo que la Tercera podía enseñarle, y también había visto que una gran parte de su saber era una tontería. Respecto de la destreza manual, ya podía rivalizar con el mejor; pero, si bien las manipulaciones le causaban un intenso gozo, usaba las manos casi por completo al servicio de su incansable curiosidad. De hecho, resultaba evidente que la curiosidad constituía su principal característica: era un ser insaciablemente curioso, dotado de unas manos muy diestras. Se había creado una institución estatal para atender su alimentación y educación, y se mantenía dispuesto un equipo de personas instruidas para responder a sus impacientes preguntas y asistirlo en sus propios experimentos científicos. Ahora que había alcanzado la madurez, esos infortunados eruditos se vieron superados y reducidos a simples empleados, lavaplatos y recaderos. Cientos de sus sirvientes viajaban continuamente a todos los rincones del planeta para buscar información y especímenes, y el significado de esos recados la mayoría de las veces escapaba a su propia inteligencia. Sin embargo, ponían buen cuidado en no demostrar su ignorancia en público. Al contrario, salieron airosos en la obtención de mucho prestigio gracias al misterio de sus misiones.

El formidable cerebro carecía totalmente de las respuestas instintivas normales, salvo la curiosidad y la capacidad constructiva. No conocía el miedo instintivo, si bien procedía con desapasionado cuidado en toda circunstancia que amenazara dañarlo y perjudicar su intensa investigación. No conocía la ira, sino sólo una firmeza inflexible al encararse con una oposición. No conocía tampoco el hambre y la sed normales: sólo una sensación de debilidad cuando la sangre no recibía los nutrientes adecuados. La sexualidad estaba totalmente ausente de su mentalidad. No podía experimentar la ternura instintiva ni el instintivo sentimiento de grupo, pues carecía de piedad. La devoción heroica de sus más íntimos servidores no merecía su gratitud, sino sólo una fría aprobación. Al principio, no se interesaba en absoluto por los asuntos de la sociedad que lo mantenía, atendía sus caprichos y lo adoraba. Pero con el tiempo comenzó a sentir placer al sugerir brillantes soluciones para todos los problemas corrientes de la organización social. Su consejo pasó a ser cada vez más solicitado y aceptado, y él se convirtió en un autócrata del Estado. Su inteligencia y absoluta objetividad se combinaban con la reverencia supersticiosa de la gente para erigirse con más firmeza que cualquier tirano común. Los insignificantes problemas de la gente lo traían sin cuidado, pero estaba dispuesto a recibir los servicios de una raza potente, saludable y armoniosa. Y, para relajarse de las intensas tensiones que le causaban las investigaciones en física y astronomía, se dedicaba al atractivo estudio de la naturaleza humana.

Puede parecer extraño que un ser tan totalmente carente de compasión humana pudiese poseer el tacto necesario para gobernar una raza tan emotiva como la Tercera Humanidad. Pero había desarrollado para sí mismo una muy precisa psicología conductista; y, al igual que el hábil domador de animales, conocía sin temor de equivocarse cuánto podía esperar de su pueblo, aun cuando sus emociones le fuesen casi por completo extrañas. Así, por ejemplo, si bien desdeñaba totalmente la admiración que sentían por los animales y plantas, y su religión vital, muy pronto aprendió a no mostrarse hostil con esas obsesiones, sino más bien a utilizarlas para sus propios fines. El interés que él mismo sentía por los animales era sólo como materia para sus experimentos. En ese aspecto, su gente lo ayudaba prestamente, en parte porque les aseguraba que su objetivo consistía en el ulterior perfeccionamiento de todos los tipos, y en parte porque estaban fascinados por el absoluto desdén que mostraba por las técnicas comunes tendentes a evitar el dolor durante los experimentos. La observación del intenso sufrimiento ajeno despertaba en su gente el ansia de crueldad tan largamente reprimida, que, a pesar de su conocimiento intuitivo de la naturaleza animal, constituía un factor muy fuerte en la tercera especie humana.

Poco a poco, el enorme cerebro exploró el universo material y el de la mente. Dominó los principios de la evolución biológica, y elaboró para su propio goce una historia detallada de la vida en la Tierra. Mediante la maravillosa técnica de la arqueología, conoció la historia de todos los seres humanos primitivos, incluso la del episodio marciano, temas que habían permanecido ocultos para la Tercera Humanidad. Descubrió la teoría de la relatividad y la del quanto, la naturaleza del átomo como un complejo sistema de ondas. Midió el cosmos y, con sus delicados instrumentos, contó los sistemas planetarios en muchos de los universos remotos. Resolvió casualmente, para su propia satisfacción al menos, los antiguos problemas del bien y el mal, de la mente y su objeto, de lo uno y lo múltiple, y de la verdad y el error. Creó muchos departamentos de Estado con el fin de registrar sus descubrimientos en un idioma artificial que inventó para ese propósito. Cada departamento constaba de muchos cuerpos de especialistas cuidadosamente elegidos e instruidos, capaces de comprender el tema de su departamento hasta cierto punto. Pero tanto la coordinación de todo ello como el verdadero conocimiento de cada especialidad, incumbían sólo al gran cerebro.

2. La tragedia de la Cuarta Humanidad

Cuando hubieron transcurrido unos tres mil años desde su creación, el individuo único decidió crear otros de su misma especie. Ello no significó que sufriera a causa de la soledad, ni que deseara ardientemente el amor o quizá una compañía intelectual. Era sólo que, para emprender una investigación más profunda, precisaba la cooperación de seres de su misma estatura mental. Por lo tanto, proyectó e hizo construir en varias regiones del planeta torres y factorías como la suya, aunque extraordinariamente perfeccionadas. Por intermedio de sus ayudantes, en cada una de ellas implantó una célula de su propio cuerpo residual e indicó cómo debía cultivarse para crear un nuevo individuo. Al mismo tiempo, indicó las operaciones trascendentales que debían efectuarse en sí mismo, para rehacerlo de acuerdo con un plan más ambicioso.

De las nuevas aptitudes que introdujo en sí mismo y en su progenie, la más importante era la sensibilidad directa a la radiación. Ello se logró mediante la incorporación en cada tejido cerebral de una cepa especialmente generada de parásitos marcianos. Éstos, en adelante, tenían que vivir en el gran cerebro como miembros integrales de cada una de sus células. El cerebro estaba dotado también de un poderoso aparato transmisor inalámbrico. De esa manera, toda la población carente de locomoción y ampliamente distribuida por el planeta podría mantener un contacto telepático directo entre sí. La empresa se realizó con todo éxito. Unos diez mil de esos nuevos individuos, cada uno de ellos especializado para adaptarse a su cometido y localidad particulares, constituían ahora la Cuarta Humanidad. En las más altas montañas había superastrónomos con vastos observatorios, cuyos instrumentos eran en parte artificiales, y en parte excrecencias naturales de sus propios cerebros. En las entrañas mismas del planeta, otros, especialmente adaptados al calor, estudiaban las fuerzas subterráneas, y se mantenían unidos telepáticamente con los astrónomos. En los trópicos, en el Ártico, en las selvas, los desiertos y los lechos oceánicos, la

Cuarta Humanidad satisfacía su inmensa curiosidad, y en la patria, en torno al padre de la raza, un grupo de grandes edificios alojaban a centenares de individuos. Al servicio de esa población mundial, las razas de la Tercera Humanidad que en su origen habían cooperado para crear la nueva especie humana, ahora cultivaban la tierra, cuidaban del ganado, manufacturaban los inmensos productos que necesitaba la nueva civilización y satisfacían su espíritu con un ritual aún más estereotipado de su antiguo arte vital. Esa degradación de la raza entera hasta una posición servil se había producido de forma lenta, casi imperceptible. Pero el resultado no era menos fastidioso. En algunas ocasiones se producía algún conato de rebelión, pero nunca pasaba a mayores, pues el prestigio y el poder de persuasión de la Cuarta Humanidad eran irresistibles.

Sin embargo, con el tiempo se desencadenó una crisis. Durante unos tres mil años, la Cuarta Humanidad realizó sus investigaciones con éxito constante, pero luego el progreso se hizo más lento. Cada vez resultaba más difícil encontrar nuevas líneas de investigación. Cierto es que aún quedaban por completar muchos detalles, incluso en el conocimiento de su propio planeta, así como muchísimos más en el conocimiento de los astros. Pero no existía perspectiva alguna de hallar nuevos campos que pudiesen arrojar alguna luz sobre la naturaleza esencial de las cosas. Sin duda, comenzaron a comprender que apenas habían sondeado una ondulante superficie de un océano de misterios. El conocimiento adquirido les parecía perfectamente sistemático, pero totalmente enigmático. Tenían la creciente sensación de que, si bien en cierta manera lo sabían casi todo, en realidad no sabían nada. La mente normal, cuando experimenta una frustración intelectual, puede buscar consuelo en el compañerismo, o en el ejercicio físico, o en el arte. Pero para la Cuarta Humanidad no existía esa escapatoria. Para ellos, esas actividades eran imposibles y sin sentido. Los grandes cerebros tenían un marcado interés por el mundo objetivo, pero sólo como un fuerte estímulo para la actividad intelectual, no porque buscaran el bien de aquél. Admiraban tan sólo el proceso intelectivo, así como los principios y las fórmulas interpretativas que de él derivaban. No apreciaban más a los hombres y mujeres que la materia en un tubo de ensayo, ni sentían más interés los unos por los otros que por las calculadoras mecánicas. Más aún: de todos ellos podía decirse que se apreciaban a sí mismos tan sólo como un instrumento del conocimiento. Muchos individuos de la especie habían sacrificado su cordura, y en algunos casos su propia vida, en aras de la sed obsesiva de saber.

A medida que la frustración se tornaba cada vez más y más opresiva, crecía el sufrimiento de la Cuarta Humanidad a causa de la unilateralidad de su naturaleza. Si bien se mostraban totalmente desapasionados mientras su vida intelectual se desarrollaba con tranquilidad, ahora que ésta se desbarataba comenzaron a dejarse trastornar por estúpidos caprichos y anhelos que justificaban con un sinfín de excusas. Incapaces de moverse y de sentir afecto, eran testigos de la libertad de movimientos, la vida grupal y las relaciones sexuales de sus lacayos. Esas actividades eran una ofensa para ellos, y los invadían unos celos fríos que su dignidad no les permitía reconocer. Así pues, empezaron a manejar los asuntos de la población esclava con menos justicia que la acostumbrada, y esto provocó serias protestas.

La crisis sobrevino a raíz de un importante resurgimiento de la investigación, que, según se decía, abatiría las barreras intangibles y permitiría que el conocimiento volviera a progresar. Los grandes cerebros tenían que multiplicarse por miles, y los recursos de todo el planeta debían destinarse de una manera más estricta que antes a la cruzada de la intelección. Los serviles miembros de la Tercera Humanidad tendrían que realizar, por lo tanto, más trabajo y gozar menos. Anteriormente habrían aceptado de buen grado esa suerte por la gloria de servir a los cerebros superhumanos, pero la época de la devoción ciega había pasado. Se rumoreaba entre ellos que el gran experimento de sus antepasados había resultado un desastre, y que la Cuarta Humanidad, los grandes cerebros, a pesar de su astucia demoníaca, eran meros engendros.

La situación llegó al colmo cuando los tiranos anunciaron que había que degollar a todos los animales útiles, puesto que su manutención constituía una carga económica demasiado pesada para la comunidad mundial. Además, en el futuro sólo los grandes cerebros podrían practicar el arte vital. Ese anuncio causó una violenta conmoción en la Tercera Humanidad, y dividió a sus miembros en dos bandos. Muchos de aquellos cuya vida estaba al servicio directo de los grandes cerebros se inclinaban por la obediencia, aunque incluso ellos se mostraron profundamente afligidos. La mayoría, por otra parte, rehusó tajantemente permitir la despiadada matanza, o siquiera renunciar a sus privilegios como artistas vitales. Pues, según argüían, matar la fauna del planeta sería violar la bella forma del universo al eliminar muchos de sus más hermosos especímenes. Sería un ultraje al dios de la vida, el cual seguramente se vengaría. Por lo tanto, manifestaron que había llegado el momento de que todos los verdaderos seres humanos se unieran para deponer a los tiranos. Y eso, señalaron, se podía hacer fácilmente. Sólo era preciso cortar unos cuantos cables eléctricos, que conectaban a los grandes cerebros con las centrales generadoras subterráneas. Las bombas eléctricas dejarían de suministrar sangre oxigenada a la torre craneana. O, en los pocos casos en que los grandes cerebros se hallaban localizados de tal modo que podían controlar sus fuentes de energía eólica o hidráulica, simplemente había que interrumpir el transporte de alimentos a sus laboratorios digestivos.

Los asistentes personales de los grandes cerebros se resistieron a ejecutar esos actos, pues habían dedicado toda su vida, con orgullo y hasta en cierta manera amorosamente, al servicio de los seres venerados. En cambio, los agricultores decidieron retener los víveres. Por lo tanto, los grandes cerebros pertrecharon a sus servidores con una gran diversidad de armas ingeniosas, y se llevó a cabo una vasta destrucción; pero, como se diezmó a los rebeldes, no quedaron manos suficientes para trabajar los campos. Algunos de los grandes cerebros, y muchos de sus servidores, murieron realmente de inanición. Y, a medida que aumentaban las penurias, los propios sirvientes comenzaron a pasarse a las filas de los rebeldes. Ahora, la Tercera Humanidad tuvo la certeza de que los grandes cerebros serían muy pronto impotentes, y el planeta volvería a quedar bajo el dominio de los seres naturales. Pero los tiranos no se dejarían derrotar con tanta facilidad. Durante siglos habían estado experimentando en secreto con un medio que les permitiría lograr un dominio absoluto sobre la especie natural. Por eso, cuando todo parecía perdido para ellos, triunfaron.

En esa empresa se vieron favorecidos por los resultados que un sector de la especie natural había producido en tiempos pasados, en su esfuerzo por crear comunicantes especializados que pudieran mantenerse en contacto con el mundo invisible. Esa secta, o nación teocrática, que se había esforzado durante muchos siglos en lograr ese objetivo, finalmente obtuvo lo que consideraba un éxito. Así apareció una variedad hereditaria de comunicantes. Ahora bien, aunque esos seres experimentaban trances mediúmnicos en los que al parecer conversaban con habitantes del otro mundo y recibían instrucciones acerca de la ordenación de los asuntos terrestres, de hecho lo que en realidad ocurría es que eran anormalmente sugestionables. Entrenados desde la infancia en la ciencia del mundo invisible, su mente, durante el trance, era asombrosamente fértil en el desarrollo de fantasías basadas en esa ciencia. Abandonados a sí mismos, carecían por completo de iniciativa e inteligencia. En efecto, tan ingenuos eran, y tan indolentes, que mentalmente se parecían más a reses que a seres humanos. Sin embargo, bajo la influencia de la sugestión se tornaban inteligentes y vigorosos. Su inteligencia, empero, que operaba estrictamente en función de la sugestión, era totalmente incapaz de juzgar críticamente lo que se les sugería.

No es necesario comentar la caída de esa sociedad teocrática, más allá de decir que, puesto que los asuntos públicos y privados se regulaban consultando a los comunicantes, el Estado se hundió inevitablemente en el caos. La otra comunidad de la Tercera Humanidad, que se dedicaba a la creación de los grandes cerebros, fue dominando gradualmente todo el planeta. Sin embargo, la estirpe mediúmnica siguió existiendo, y era tratada con una veneración un tanto despectiva. En general, a los médiums aún se los consideraba especialmente dotados del espíritu divino, pero ya no se creía que fuesen tan sabios como para que sus sentencias tuviesen relación alguna con los asuntos mundanos. Fue por medio de esa estirpe mediúmnica que los grandes cerebros intentaron consolidar su posición. Podemos pasar por alto sus primeros esfuerzos, pero al fin produjeron una raza de máquinas vivientes y hasta inteligentes cuya voluntad podían dominar completamente, incluso a gran distancia. Pues los nuevos seres de la Tercera Humanidad estaban telepáticamente unidos con sus amos, ya que se habían incorporado a su sistema nervioso.

En el último momento, los grandes cerebros pudieron movilizar un ejército de esos esclavos perfectos, al que pertrecharon con las más eficientes armas letales. El resto de los sirvientes originales descubrieron demasiado tarde que habían contribuido a crear a quienes los suplantarían. Se unieron a los rebeldes, sólo para compartir su fin. En pocos meses se destruyó a toda la Tercera Humanidad, salvo a la nueva variedad dócil y a unos cuantos especímenes que se conservaron en jaulas con fines experimentales. Y, al cabo de unos pocos años más, se había exterminado todo tipo de animal que no fuese directa o indirectamente necesario para la vida humana. No se conservó ninguno siquiera como especímenes para la investigación, pues los grandes cerebros ya los habían estudiado en todas las formas posibles.

Pero, si bien los grandes cerebros eran ahora los dueños absolutos de la Tierra, no estaban más cerca de su objetivo que antes. La lucha con las especies naturales les había proporcionado una meta; pero, una vez alcanzada ésta, comenzaron a obsesionarse de nuevo a causa de su fracaso intelectual. Con dolorosa claridad se dieron cuenta de que, a pesar del enorme peso de su tejido neuronal, a pesar de su inmenso conocimiento y astucia, prácticamente no se hallaban más cerca de la verdad última que sus predecesores. Unos y otros estaban infinitamente lejos de ella.

Para la Cuarta Humanidad, los grandes cerebros, no había vida posible salvo la del intelecto; y la vida del intelecto se había vuelto estéril. Era evidente que se precisaba algo más que la mera masa cerebral para resolver los problemas intelectuales más profundos. Por lo tanto, de alguna manera tenían que crear una nueva cualidad cerebral, o formación orgánica del cerebro, capaz de una clase de visión o de discernimiento imposible de lograr en su actual estado. De alguna forma debían aprender a rehacer sus propios tejidos cerebrales de acuerdo con un nuevo plan. Con ese fin, y en parte por celos inconscientes de la especie natural y más equilibrada que los había creado, empezaron a utilizar a los especímenes cautivos de esa especie en una nueva gran empresa de investigación, para descubrir la naturaleza del tejido cerebral humano. Así, se esperaba encontrar algún indicio que señalara la dirección en que se produciría el nuevo salto evolutivo.

Los infortunados especímenes fueron sometidos, por lo tanto, a miles de ingeniosas torturas fisiológicas y psicológicas. Algunos eran mantenidos vivos con el cerebro expuesto permanentemente sobre la mesa del laboratorio, para realizar observaciones microscópicas durante sus diversas reacciones psicológicas. Otros fueron llevados a estados extremos de anormalidad mental. Y a otros los mantuvieron en perfecto estado de salud física y mental, sólo para acabar sometiéndolos a algún trágico experimento ingeniosamente concebido. Se crearon nuevos tipos que, según se esperaba, pudiesen acceder a una clase de mentalidad cualitativamente más elevada; pero de hecho sólo lograron recorrer toda la gama de las expresiones de la locura.

La investigación prosiguió durante unos miles de años, pero fue decayendo gradualmente, tanta era su esterilidad. A medida que se hacía más evidente esa frustración, se fue operando un cambio en la mente de la Cuarta Humanidad.

Sabían, por supuesto, que la especie natural valoraba muchas cosas y actividades que ellos no apreciaban en absoluto. Hasta el momento, eso había parecido tan sólo un síntoma del bajo desarrollo mental de la especie natural. Pero la conducta de los infortunados especímenes con los cuales habían estado experimentando había proporcionado a la Cuarta Humanidad una mayor percepción de lo que la especie natural apreciaba y admiraba, de modo que aprendieron a distinguir entre los deseos fundamentales y los que sólo eran accidentales, los que un razonamiento claro habría descartado. De hecho, llegaron a advertir que aquellos seres apreciaban ciertas actividades y ciertos objetos con la misma convicción con que ellos apreciaban el conocimiento. Por ejemplo, los seres humanos naturales se tenían aprecio, y en ocasiones eran capaces de grandes sacrificios por amor al prójimo. También valoraban el amor en sí. Asimismo valoraban muy seriamente sus actividades artísticas, y consideraban que había una excelencia intrínseca en sus actividades físicas y en las de los animales.

De forma gradual, la Cuarta Humanidad comenzó a darse cuenta de que lo que estaba mal en ellos no eran meramente sus limitaciones intelectuales, sino algo mucho más grave: su incapacidad para apreciar los valores. Y ese defecto, según lo veían, era el resultado, no de una insuficiencia de la capacidad intelectiva, sino de una insuficiencia corporal y de los tejidos del encéfalo. Ese defecto no lo podían remediar, pues era a todas luces imposible rehacerse a sí mismos de una forma tan radical que llegaran a ser más normales. ¿Debían concentrar sus esfuerzos en la creación de nuevos individuos más armónicos que ellos mismos?

Podría suponerse que esa tarea no les resultaba en absoluto atractiva. Pero no fue así. Argumentaron lo siguiente: «Nuestra naturaleza consiste en valorar el conocimiento por encima de todas las cosas. Sólo unas mentes más incisivas y con una base más amplia que las nuestras pueden lograr el conocimiento pleno. Por lo tanto, no perdamos más tiempo tratando de alcanzar esa meta en nosotros mismos. Tratemos más bien de crear un ser libre de nuestras limitaciones, con el que podamos alcanzar indirectamente la meta del conocimiento perfecto. La creación de semejante ser requerirá todas nuestras energías, y nos proporcionará la máxima plenitud posible. Abstenerse de llevar a cabo esa obra sería irracional».

Así fue como la artificial Cuarta Humanidad se dispuso a trabajar con un nuevo espíritu sobre los especímenes supervivientes de la Tercera Humanidad para crear a sus propios sustitutos.

3. La Quinta Humanidad

El plan para crear los nuevos seres humanos se elaboró con gran detalle antes de que se realizara cualquier intento de crear un individuo real. En esencia, tenía que ser un organismo humano normal, con todas las funciones corporales del tipo natural; pero había que perfeccionarlo a fondo. Se procuraría proporcionarle la masa cerebral más grande posible y que fuese compatible con el plan general, pero no más. Sus creadores calcularon muy cuidadosamente las dimensiones y proporciones internas que debía tener su ser viviente. Su cerebro no podía ser ni mucho menos tan grande como el suyo, puesto que tendría que llevarlo con él y sostenerlo con su estructura fisiológica. Por otra parte, para que pudiera ser más grande que el cerebro natural, el resto del organismo tenía que reforzarse en igual proporción. Como los miembros de la Segunda Humanidad, la nueva especie debía ser titánica. En efecto, su tamaño tenía que empequeñecer incluso a los gigantes naturales. Sin embargo, el cuerpo no debía ser tan grande como para que se viese entorpecido por su propio peso o por unos huesos tan macizos que resultara imposible moverlos.

Al determinar las proporciones generales del nuevo hombre, sus hacedores tomaron en cuenta la posibilidad de crear huesos y músculos más eficientes. Después de algunos siglos de paciente experimentación, inventaron un medio para implantar en los genes la tendencia a formar tejidos óseos más fuertes y músculos mucho más poderosos. Al mismo tiempo, crearon tejidos nerviosos más especializados en sus funciones particulares. Y en el nuevo cerebro, muy pequeño comparado con el suyo, el reducido tamaño se compensaría mediante el eficiente diseño, tanto de las células individuales como de su organización.

Además, se comprobó que era posible economizar algo en el tamaño y la energía vital perfeccionando el sistema digestivo. Se obtuvieron ciertos modelos nuevos de microorganismos, los cuales, al vivir simbióticamente en el intestino humano, facilitarían todo el proceso digestivo y lo harían más rápido y menos irregular.

Se prestó especial atención al sistema autorreparador de tejidos, sobre todo aquellos que hasta el momento se deterioraban con mayor facilidad. Y, al mismo tiempo, se diseñó el mecanismo regulador del crecimiento y la senectud general de forma que el hombre nuevo alcanzara la madurez a la edad de doscientos años, y conservara todo su vigor durante tres mil años, por lo menos, cuando, con los primeros síntomas graves de decadencia, su corazón dejaría de funcionar de repente. Se debatió si al nuevo ser se le debía conceder una vida perenne, como la de sus hacedores. Pero al fin se resolvió que, puesto que sería sólo un tipo transitorio, era más seguro concederle un lapso de vida finito, pero prolongado. No tenía que haber posibilidad alguna de que se viese tentado a creerse la expresión definitiva de la vida.

En cuanto a su capacidad sensorial, el hombre nuevo debía tener todas las ventajas de la Segunda y la Tercera Humanidad, y, además, una sensibilidad mayor y más selectiva en todos los órganos de los sentidos. Más importante fue la incorporación de unidades marcianas en el nuevo modelo de genes. A medida que se desarrollara el organismo, estas unidades debían propagarse y congregarse en las células del cerebro, de modo que cada zona cerebral pudiese ser sensible a las vibraciones etéreas, y la totalidad pudiese emitir poderosas radiaciones. Pero se tuvo cuidado de que esa facultad «telepática» de la nueva especie permaneciera subordinada. No debía existir peligro alguno de que el individuo se convirtiese en una simple caja de resonancia de la grey.

Prolongadas investigaciones químicas permitieron a la Cuarta Humanidad perfeccionar los procesos glandulares del hombre nuevo, de modo que pudiese mantener un perfecto equilibrio fisiológico y un temperamento estable. Pues habían determinado que, aunque debía experimentar toda la gama de emociones, sus pasiones no tenían que caer en excesos; tampoco debía ser propenso a sentir una determinada emoción de forma inconstante. Asimismo era necesario revisar con gran detalle todo el sistema de los reflejos naturales, eliminando algunos, modificando otros, y fortaleciendo los que se considerara convenientes. Se revisarían también minuciosamente todas las complejas reacciones instintivas que habían perdurado en el hombre desde la época del Pithecanthropus erectus, tanto con respecto a la forma de actividad como a los objetos sobre los que debían dirigirse instintivamente.

La ira, el miedo, la curiosidad, el humor, la ternura, el egoísmo, la pasión sexual y la sociabilidad serían posibles, pero nunca incontrolables. De hecho, y a semejanza de la Segunda Humanidad aunque de manera más acentuada, el nuevo tipo debía tener tanto aptitudes para todas las actividades elevadas como una inclinación a lograr aquellos fines que en la Primera Humanidad sólo se alcanzaban después de una laboriosa disciplina.

Así, si bien se estimularía la autoestima, también se buscaría que el yo se considerara sobre todo un ente social e intelectual, antes que un salvaje primitivo. Asimismo, si bien se estimularía la sociabilidad, el primer objeto de interés tenía que ser nada menos que la comunidad organizada de todas las mentes. Del mismo modo, junto a una sexualidad y un amor a los hijos vigorosamente primitivos, también se impulsarían aquellas «sublimaciones» innatas que se habían manifestado en la segunda especie; por ejemplo, la capacidad de sentir un amor altruista por los espíritus individuales de toda clase, y por el arte y la religión. Sólo por un milagro de pura capacidad intelectual, los grandes cerebros —fríamente concebidos y condenados a no tener jamás una experiencia real de esas actividades— eran capaces, a raíz del estudio de la Tercera Humanidad, de comprender su importancia y diseñar un organismo magníficamente capaz. Era como si una raza ciega, después del estudio de la física, pudiese inventar el sentido de la vista.

Comprendieron, por supuesto, que la procreación tenía que ser rara en una raza en la que la duración promedio de la vida se contaría en cientos de años. Sin embargo, comprendieron también que, para el pleno desarrollo de la mente, no sólo era necesaria la copulación para ambos sexos sino también la paternidad. Esa dificultad se superó en parte mediante el establecimiento de una lactancia y una infancia muy prolongadas; las cuales, necesarias en sí mismas para el adecuado crecimiento mental y físico de esos complicados organismos, brindaba también un ejercicio de la paternidad más largo para las personas maduras. Al mismo tiempo, el proceso del parto se programó para que fuese tan sencillo como en la Tercera Humanidad. Y se esperaba que, con el gran perfeccionamiento de su organización fisiológica, el niño no necesitaría aquel cuidado ansioso y absorbente que tanto había atormentado a la mayoría de las madres en las razas primitivas.

El simple esbozo de estas especificaciones preliminares de un ser humano perfeccionado demandó muchos siglos de investigaciones y cálculos, lo que abrumó incluso a los grandes cerebros. Luego siguió un extenso período de experimentos tentativos en la creación real de ese tipo. Durante algunos miles de años, poco se logró, salvo demostrar que muchas vías promisorias de abordaje en definitiva no llevaban a resultado alguno. Y varias veces durante ese período toda la obra quedó en suspenso a causa de desacuerdos entre los grandes cerebros con respecto al plan de acción que debía seguirse. En una ocasión, incluso, llegaron a la violencia: un grupo atacó al otro con productos químicos, microbios y ejércitos de autómatas humanos.

En resumen, sólo después de muchos fracasos y muchas épocas estériles, durante las cuales, por diversas razones, se abandonó la empresa, al fin la Cuarta Humanidad logró desarrollar dos individuos que respondían casi exactamente a lo que habían proyectado en su origen. Se crearon de un solo óvulo fertilizado, en condiciones de laboratorio. Gemelos idénticos, pero de sexo opuesto, se convirtieron en la primera pareja, Adán y Eva de una nueva y gloriosa especie humana: la Quinta Humanidad. De la Quinta Humanidad puede decirse con justicia que fue la primera en alcanzar las verdaderas proporciones humanas de cuerpo y espíritu. En término medio, sus especímenes eran el doble de altos que los de la Primera Humanidad, y bastante más que los de la Segunda. Por lo tanto, sus miembros inferiores tenían que ser extremadamente sólidos comparados con el torso que debían sostener. Así, sobre el gran pedestal de sus pies se levantaban algo parecido a columnas de piedra. No obstante, si bien sus proporciones eran en cierta manera elefantinas, existía una notable precisión y hasta delicadeza en los volúmenes que los componían. Sus grandes brazos y hombros, empequeñecidos en cierto modo por las fuertes piernas, no sólo eran instrumentos poderosos sino también de gran precisión. Por otra parte, las manos eran a la vez fuertes y capaces de gran delicadeza; pues, mientras que el pulgar y el índice constituían una pinza formidable, el delicado sexto dedo había sido forzado a dividirse en la punta hasta formar dos dedos diminutos y el correspondiente pulgar. Los contornos de los miembros se perfilaban nítidamente, ya que el cuerpo no tenía vello salvo por un casquete de gruesos cabellos en el cráneo que, en los ejemplares originales, eran de un color castaño rojizo. Las bien delineadas cejas podían bajarse para proteger los sensibles ojos del sol. Por lo demás, no había necesidad de vello, pues la piel morena estaba tan ingeniosamente elaborada, que conservaba una temperatura estable tanto en los climas tropicales como en los subárticos, por lo que no era necesaria la protección del pelo ni de la ropa. Comparada con el enorme cuerpo, la cabeza no era grande, aunque la capacidad craneana duplicaba la de la Segunda Humanidad. En la pareja de individuos originales, los inmensos ojos eran de un profundo color violeta; las facciones, enérgicamente moldeadas y expresivas. Esos rasgos faciales no habían sido diseñados de manera especial, pues la Cuarta Humanidad no los consideraba importantes; pero la acción de las fuerzas biológicas dio como resultado un rostro no muy diferente del que había sido característico de la Segunda Humanidad, pero con una expresión añadida e indescriptible que ninguna cara humana había tenido hasta entonces.

No vamos a ocuparnos en detalle de cómo fue creciendo la nueva población a partir de esa pareja de individuos; cómo en un principio sus creadores los cuidaron con atención; cómo luego los nuevos humanos afirmaron su independencia y se hicieron cargo de su propio destino; cómo los grandes cerebros fracasaron lastimosamente al querer comprender y compartir la mentalidad de sus criaturas, y trataron de oprimirlas; cómo durante un tiempo el planeta quedó dividido en dos comunidades rivales, y al fin quedó empapado de sangre humana, hasta que los autómatas humanos fueron exterminados, los grandes cerebros perecieron de hambre o estallaron en pedazos, y la Quinta Humanidad quedó diezmada; cómo, a consecuencia de esos acontecimientos, una densa niebla de barbarie volvió a asentarse sobre el planeta, de modo tal que la Quinta Humanidad, como muchas otras razas, tuvo que volver a reconstruir la civilización y la cultura a partir de sus mismos cimientos.

4. La cultura de la Quinta Humanidad

No es posible repasar las etapas por las que tuvo que avanzar la Quinta Humanidad hacia su civilización y cultura más eminentes, pues es precisamente ese pleno desarrollo cultural lo que nos concierne. E incluso es muy poco lo que puedo decir de sus máximos logros, que perduraron durante muchos millones de años, no sólo porque debo apresurarme a terminar mi historia, sino también porque buena parte de esa hazaña escapa totalmente a la comprensión de aquellos a quienes va dirigido este libro. Pues por fin he llegado a ese período de la historia de la humanidad en que el hombre comenzó a reorganizar toda su mentalidad para encararse con temas cuya misma existencia había ignorado hasta entonces. Persisten los antiguos objetivos, y se tiene cada vez más conciencia de ello, como nunca hasta ese momento; pero también están cada vez más subordinados a los requerimientos de los nuevos objetivos que su experiencia más profunda le impone con mayor insistencia. Así como los intereses e ideales de la Primera Humanidad se hallaban más allá de la comprensión de los simios contemporáneos suyos, así los intereses e ideales de la Quinta Humanidad en su pleno desarrollo escapan a la comprensión de la Primera Humanidad. Por otra parte, del mismo modo que, en la vida del hombre primitivo, había muchas cosas que sin duda tenían sentido incluso para los simios, así en la vida de los miembros de la Quinta Humanidad quedan muchas cosas que son significativas aun para los de la Primera.

Concebid una sociedad mundial desarrollada en el campo material hasta más allá de los sueños más desbordados de Norteamérica. El poder ilimitado, derivado en parte de la desintegración artificial de los átomos y, en parte, de la aniquilación real de la materia mediante la unión de electrones y protones para producir radiación, eliminaba completamente todo el fardo de tareas ingratas que hasta el momento parecían el inevitable precio de la civilización, por no decir de la vida misma. La vasta rutina económica de la comunidad mundial se llevaba a cabo simplemente apretando los botones apropiados. El transporte, la minería, la manufactura y hasta la agricultura se realizaban de esa manera. Y, además, en la mayoría de los casos la coordinación sistemática de esas actividades era obra de una maquinaria autorregulada. De modo que, no sólo ya no era necesario que los seres humanos se pasaran la vida realizando labores monótonas no especializadas, sino que además muchas tareas que las razas anteriores habrían considerado como altamente especializadas aunque estereotipadas, ahora eran efectuadas por máquinas.

Sólo las industrias pioneras reclamaban aún la atención de la mente de hombres y mujeres: la estimulante investigación, invención, diseño y reorganización, siempre necesarios en una sociedad cambiante. Y, si bien esa tarea era por supuesto inmensa, no podía ocupar toda la atención de una gran comunidad mundial. Así, buena parte de la energía de la raza podía destinarse a otros asuntos menos difíciles y fatigosos, o a buscar recreo en muchos deportes y artes admirables. En el aspecto material, todo individuo era multimillonario, ya que tenía a su disposición una gran diversidad de mecanismos poderosos; pero también era un monje pobre de solemnidad, pues no ejercía el menor dominio económico sobre los demás seres humanos. Podía volar a través del espacio hasta los confines de la Tierra en una hora, o planear ociosamente entre las nubes durante todo el día.

Su máquina voladora no era un avión pesado, sino una barca aérea sin alas o bien un simple monoplaza con el que podía volar con la libertad de un pájaro. No sólo era libre en el aire, sino también en el mar. Podía pasear por el fondo del océano o retozar con los peces de aguas profundas. Y como morada podía hacerse el hogar, a voluntad, en una cabaña en el bosque o en uno de los grandes portales arquitectónicos que empequeñecían incluso a los edificios de la era norteamericana. Podía tener un enorme palacio para él solo, con todas sus pertenencias, y hacerlo atender automáticamente por servidores robotizados; o bien podía unirse a otros y crear una colmena de vida social. Todas esas comodidades eran tan naturales para él como para un salvaje puede serlo el aire que respira. Y, dado que se hallaban como el aire, universalmente disponibles, nadie las poseía en exceso y nadie escatimaba su uso a los demás.

Sin embargo, la población de la tierra era ahora muy numerosa. Unos diez mil millones de personas tenían su hogar en los enormes edificios coronados de nieve, que cubrían los continentes como una maraña. Entre esos enormes obeliscos se encontraban sembradíos, parques y bosques, pues eran muchas las zonas montañosas y selváticas que se conservaban como lugares de esparcimiento. Incluso se mantenía en estado natural —tanto como era posible— un continente entero, que se extendía de los trópicos al Ártico. Esa región se eligió sobre todo por sus montañas, que se habían vuelto muy apreciadas desde que casi la mayoría de las cadenas montañosas habían quedado reducidas a una insignificancia debido al agua y el hielo. En ese continente silvestre, individuos de todas las edades se instalaban para vivir durante muchos años como el hombre primitivo, sin elemento alguno de la civilización. Pues se consideraba que una raza altamente evolucionada, dedicada casi por entero al arte y la ciencia, debía tomar medidas especiales para mantener el contacto con lo primitivo. Así, en el continente silvestre se podía encontrar en todo momento a pobladores «salvajes» provistos de armas de piedra y hueso o, en ciertos casos, de hierro, que ellos o sus amigos habían extraído de la tierra. Esos primitivos voluntarios se dedicaban sobre todo a la caza o simplemente a la agricultura. Sus escasos momentos de ocio los destinaban al arte y la meditación, y a disfrutar plenamente de los valores humanos primitivos.

No hay duda de que se trataba de una vida ardua y peligrosa la que esos intelectuales se imponían a sí mismos de forma periódica. Y, si bien lo hacían con agrado, a menudo se amilanaban ante su rudeza y ante la incertidumbre de si retornarían algún día a la vida civilizada. Pues el peligro era verdadero. La Quinta Humanidad había compensado la estúpida aniquilación de los animales ocasionada por la Cuarta, creando todo un sistema de tipos nuevos, que distribuyeron luego en el continente silvestre; y algunos de esos animales eran carnívoros tan pavorosos que el hombre, pertrechado con armas apenas primitivas, tenía buenas razones para temerlos. En el continente silvestre, la tasa de mortalidad era inevitablemente alta, y muchas vidas prometedoras encontraban un fin trágico. Pero se reconocía que desde el punto de vista de la raza ese sacrificio valía la pena, pues los efectos espirituales de la institución de un período de salvajismo eran notorios. A esos seres cuyo ciclo vital duraba tres mil años, dedicados casi por entero a empresas civilizadas, una década pasada en los bosques les proporcionaba nuevo vigor y conocimiento.

La cultura de la Quinta Humanidad estaba influenciada en muchos aspectos por la comunicación telepática entre sus miembros. Las obvias ventajas de esa aptitud ahora estaban aseguradas sin peligros. Todo individuo podía aislarse a voluntad de las radiaciones de sus semejantes, fuera de forma total o bien con respecto a elementos particulares de su proceso mental; y así no corría el peligro de perder su individualidad. Pero, por otra parte, era inmensamente más capaz de compartir la experiencia de los demás que aquellos seres para quienes la única comunicación posible era la simbólica. El resultado fue que, si bien aún había conflictos de voluntades, éstos se resolvían mediante la compresión mutua con mucha mayor facilidad de lo que había sido habitual en las especies anteriores. De modo que no existían conflictos radicales ni duraderos, ni de pensamiento ni de deseo. Se reconocía de manera universal que toda discrepancia de opinión y de objetivo se podía resolver por medio de la discusión telepática. A veces, el proceso podía ser fácil y rápido; otras no se conseguía sin una paciente y detallada exposición de mente a mente, como para arrojar luz sobre el punto donde se había originado la diferencia.

Como consecuencia de la facultad telepática general de la especie, el lenguaje ya no era absolutamente necesario. Aún se conservaba y valoraba, pero sólo como un instrumento para el arte, no ya como medio de comunicación. Claro que el pensamiento aún se valía fundamentalmente de la palabra, pero en realidad ya no había más necesidad de recurrir a ellas en la comunicación que la que había para pensar en privado. Sin embargo, el lenguaje escrito seguía siendo esencial para el registro y conservación de las ideas, y tanto el lenguaje como su expresión escrita se volvieron más complejos y precisos que antes, y eran instrumentos más fiables para la expresión y creación de ideas y emociones.

La telepatía se combinaba con la longevidad y la extremadamente sutil estructura cerebral de la especie para proporcionar a cada individuo un número inmenso de amigos íntimos, así como un somero conocimiento de la raza entera. Me temo que esto parezca increíble a mis lectores, a menos que sea posible convencerlos de que lo consideren como un síntoma del más elevado desarrollo mental de la especie. Sea como fuere, es un hecho que cada persona conocía a todas las demás, al menos de vista, o de nombre, o como profesional. Resulta imposible ponderar los efectos de esa capacidad de relación interpersonal. Significa que la especie constituía en todo momento, si no una estricta comunidad de amigos, al menos un vasto club o universidad. Además, puesto que todo individuo veía su propia mente reflejada, como si dijéramos, en muchas otras mentes, y como sea que existía una gran variedad de tipos psicológicos, el resultado en cada individuo era una muy acusada conciencia de sí mismo. En los marcianos, la relación telepática había desembocado en una verdadera mente grupal, un simple proceso psíquico englobado en la radiación electromagnética de toda la raza; pero esa mente grupal era inferior en capacidad a las mentes individuales: todo lo que distinguía a un individuo en sus mejores aspectos no incidía en la mente grupal. Pero, en la quinta especie humana, la telepatía no era más que un medio para que los individuos se relacionasen; no existía tal mente grupal. Por otra parte, la relación telepática se daba incluso en los más altos niveles de la experiencia. Si la mente pública, o mejor dicho, la cultura pública de la Quinta Humanidad existía, era gracias a la relación telepática en el arte, la ciencia, la filosofía y la apreciación de las personalidades. En los marcianos, la unión telepática se realizaba principalmente mediante la eliminación de las diferencias entre los individuos; en la Quinta Humanidad, la comunicación telepática era una suerte de multiplicación espiritual de la diversidad mental, por medio de la cual toda mente se enriquecía con el tesoro de otras diez mil millones. Por consiguiente, cada individuo era, en un sentido muy real, la mente culta de la especie; pero existían tantas mentes semejantes como individuos. Todo individuo era un centro consciente que participaba en la experiencia de todos los demás centros y contribuía a crearla.

Ese estado de cosas no habría sido posible si la comunidad mundial no hubiese centrado su atención y energía en las actividades mentales superiores. Toda la estructura de la sociedad estaba concebida en relación con su mejor cultura. Resulta casi imposible dar siquiera una idea de la naturaleza y fines de esa cultura, y tornar creíble que una población entera haya pasado decenas de millones de años, no dedicada por completo a progresar industrialmente, y ni siquiera de un modo preponderante, sino casi por entero al arte, la ciencia y la filosofía, sin repetirse ni caer en el tedio. Sólo puedo señalar que, cuanto más grande es la evolución de la mente, más aspectos descubre en el universo para ocuparse de ellos.

No es necesario decir que la Quinta Humanidad había dominado en un principio todas las paradojas de la ciencia física que tan perplejo habían dejado al hombre de la Primera. No es preciso señalar tampoco que poseía un conocimiento muy completo de la estructura del cosmos y del átomo. Pero una y otra vez algún nuevo descubrimiento destruía los fundamentos de la ciencia, de modo que con toda paciencia debía reconstruirla de acuerdo con un nuevo plan. Sin embargo, al fin, con la clara formulación de los principios de la psicofísica, en los cuales se fundían la antigua psicología y la antigua física —en química combinación, por así decirlo—, pareció que al fin había construido sobre la roca. En esa ciencia, los conceptos fundamentales de la psicología tenían un significado físico, y los conceptos fundamentales de la física se formularon en términos psicológicos. Además, se descubrió que las relaciones fundamentales del universo físico eran de la misma naturaleza que los principios fundamentales del arte. Pero —y ahí residía el misterio y el horror incluso para la Quinta Humanidad— no había prueba alguna de que ese cosmos estéticamente admirable fuese obra de un artista consciente, ni tampoco de que mente alguna pudiera evolucionar hasta tal punto, que fuera capaz de apreciar el Todo en todos sus detalles y unidad.

Puesto que, en algún sentido, la Quinta Humanidad consideraba que el arte era básico para el cosmos, le preocupaba en gran manera la creación artística. Por consiguiente, todos los que no eran organizadores económicos o sociales, ni investigadores científicos, ni filósofos puros, eran artistas o artesanos creativos de profesión. Es decir, estaban dedicados a la producción de objetos materiales de varias clases, cuyas formas debían ser estéticamente significativas para quien las percibiera. En algunos casos, el objeto material era una frase verbal; en otros, pura música; en otros, coloridas formas móviles; en otros, un complejo de cubos y barras de acero; en otros, una traslación de la figura humana a un medio particular, y así sucesivamente. Pero también el impulso estético se expresaba en la producción manual de innumerables utensilios comunes, que en ocasiones se decoraban profusamente, y en otras se les confería valor por la belleza de su función. Todo medio artístico que se hubiese adoptado en alguna ocasión fue utilizado por la Quinta Humanidad, y también se usaron innumerables materiales nuevos. En general apreciaban más las artes que no fuesen estáticas que aquellas que implicaran tiempo y espacio; pues, como raza, el tiempo les fascinaba de manera peculiar.

Esos innumerables artistas consideraban que estaban haciendo algo de suma importancia. El cosmos debía contemplarse como una unidad estética de cuatro direcciones, y de una complejidad inconcebible. Las obras humanas de arte puro se consideraban instrumentos mediante los cuales el hombre podía observar y admirar algún aspecto de la belleza cósmica, pues permitían enfocar rasgos del cosmos demasiado vastos y elusivos para poder ser apreciados de otra forma. La obra de arte, en ocasiones, se asemejaba a una sucinta fórmula matemática que expresara inmensas esferas de acción aparentemente caóticas. Pero en el caso del arte, se decía, la unidad que el objeto artístico descubría era aquella en la que los factores de naturaleza vital y de la mente misma se constituían en miembros esenciales.

Así pues, se consideraba que la raza estaba comprometida en una gran empresa de descubrimiento y creación a la que cada individuo contribuía con algún aporte único, al mismo tiempo que evaluaba el conjunto.

Ahora bien, a medida que los años pasaban a ser millones y decenas de millones, comenzó a advertirse que el movimiento cultural mundial parecía avanzar describiendo una espiral. Había una era durante la cual el interés de la raza se centraba casi por completo en ciertos campos o aspectos de la existencia; y luego, después de tal vez cien mil años, éstos parecían haber sido plenamente cultivados, y se dejaban abandonados. Durante la siguiente época, la atención se dirigía en general a otras esferas, y luego a otras, y de nuevo a otras más. Pero, a la larga, se volvía a los campos abandonados, y entonces se descubría que ahora podrían dar milagrosamente un millón de cosechas más. De modo que, en la ciencia y en el arte, el hombre seguía recurriendo una y otra vez a los antiguos temas, para volver a trabajar sobre ellos con meticuloso detalle a fin de arrancarles una nueva verdad y una belleza tales que, en épocas pasadas, jamás habría podido concebir.

Así era como, aunque la ciencia adquiría una visión cada vez más amplia y detallada de la existencia, periódicamente descubría algún principio revolucionario general que daba un nuevo significado a todo el contenido. En cuanto al arte, en una época aparecían obras que parecían casi idénticas a las obras de otra época, pero que para el ojo sagaz eran incomparablemente más significativas. De manera similar, con respecto a la propia personalidad humana, los hombres y mujeres que vivían en las postrimerías de la era de la Quinta Humanidad a menudo podían descubrir en el remoto comienzo de su raza seres que eran curiosamente parecidos a los actuales, aunque se hubieran expresado en menos dimensiones que ellos, cuya naturaleza ya era multidimensional. Así como un mapa es un reflejo de la tierra montañosa, o la fotografía del paisaje, o del mismo modo que el punto y el círculo son respecto a la esfera, así también, y sólo así, la Quinta Humanidad temprana se asemejaba a la flor de las especies.

Estas afirmaciones podrían aplicarse con mayor o menor acierto a cualquier período de progreso cultural estable; pero en este caso adquieren un significado peculiar, que ahora tengo que ingeniármelas para sugerir en cierta forma.

XII. LOS ÚLTIMOS TERRÍCOLAS

1. El culto de la evanescencia

La Quinta Humanidad carecía de la potencial inmortalidad de sus hacedores. Y, gracias a que ellos eran mortales pero longevos, su cultura adquirió brillantez y fuerza conmovedoras. Esos seres cuya natural longevidad se extendía a los tres mil años —y al final de su época artificialmente hasta los cincuenta mil—, se sentían peculiarmente preocupados tanto por la perspectiva de la muerte como por la pérdida de los seres queridos.

El espíritu efímero, que aparece en la existencia y luego casi de inmediato se desvanece antes de que llegue a penetrar hondamente en la conciencia de sí mismo, puede enfrentar su fin con una valentía que en parte es inconsciente. Incluso su dolor ante la pérdida de otros seres con quienes ha intimado no es sino un vago sufrimiento que parece un sueño. Pues el espíritu efímero no tiene tiempo de despertar totalmente, ni intimar plenamente con otro, antes de perder a su ser amado y de desvanecerse de nuevo en la inconsciencia. Pero, en el caso de los longevos seres de la Quinta Humanidad, la cuestión era diferente. Con su acopio de experiencias sobre el cosmos, y su comprensión y apreciación cada vez más vívidas y precisas, sabían que muy pronto toda esa riqueza del alma dejaría de ser. Y en el amor, si bien podían intimar plenamente no sólo con una sino con muchas personas, la muerte de uno de esos espíritus queridos parecía una irrevocable tragedia, una absoluta aniquilación de la gloria más esplendorosa, un irreparable empobrecimiento del cosmos.

En su breve fase primitiva, la Quinta Humanidad, al igual que muchas otras razas, trataba de consolarse mediante una fe irracional en la vida después de la muerte. Concebían, por ejemplo, que al morir los seres terrestres se embarcaban en un viaje que era una prolongación de la existencia terrenal, pero mucho más largo, bien en algún remoto sistema planetario, bien en una órbita totalmente distinta del espaciotiempo. Pero, si bien esas teorías jamás fueron refutadas en la era primitiva, poco a poco comenzaron a verse no sólo como improbables sino ya despreciables. Pues se llegó a reconocer que las resplandecientes glorias de la personalidad no eran después de todo la gloria extrema, pese al grado de belleza que ahora se alcanzaba por primera vez. Con dolor, pero también con entusiasmo, se comprendió que hasta las exigencias del amor en el sentido de que el amado debía tener una vida inmortal constituían una traición a la suprema sumisión del hombre. Y de forma gradual se hizo evidente que quienes utilizaban sus grandes dones e incluso su genio para determinar la verdad de la vida futura, o para establecer contacto con sus muertos amados, sufrían una extraña ceguera y un embotamiento espiritual. Aunque el amor que los había extraviado era en sí mismo algo maravilloso, ello no quitaba que se hubiesen descarriado. Andaban errantes, como niños en busca de sus juguetes, como adolescentes tratando de recuperar el gozo en las cosas de la infancia; rehuían la admiración más difícil, más propia de la mente madura.

Y así se convirtió en un objetivo constante de la Quinta Humanidad educarse con el fin de admirar —aun durante los momentos críticos de aflicción— no a las personas, sino a aquella formidable música de innumerables vidas personales que constituye la vida de la raza. Y muy temprano en su camino descubrieron una inesperada belleza en el propio hecho de que el individuo debía morir. De modo que, cuando hubieron entrado realmente en posesión de los medios para hacerse inmortales, se abstuvieron de seguir adelante, prefiriendo aumentar tan sólo el lapso de vida de las generaciones siguientes hasta los cincuenta mil años. Ése parecía ser el período exigido para el pleno ejercicio de las capacidades humanas; pero la inmortalidad, sostenían ellos, conduciría al desastre espiritual.

Más tarde, al progresar la ciencia, descubrieron que había existido una época, antes de la formación de los astros, en que las mentes no habían tenido cabida en el cosmos, y que llegaría un momento en que la mentalidad humana sería eliminada de la existencia. La primera especie humana no tenía necesidad de preocuparse acerca del destino último de la mente; pero, para el longevo ser de la Quinta Humanidad, el fin, aunque remoto, no parecía infinitamente distante. Tal perspectiva lo perturbaba. Se habían instruido con el fin de vivir no sólo para el individuo sino para la raza, y ahora la vida de la raza misma se veía como un simple instante entre el vacío infinito del pasado y el insondable vacío del futuro. Nada dentro de su alcance era más digno de admiración que la progresiva mentalidad organizada de la humanidad; y la convicción de que eso tan admirado dejaría pronto de existir llenaba de horror e indignación a muchas de las mentes más estrechas.

Pero, con el tiempo, la Quinta Humanidad —como la Segunda mucho antes que ella— llegó a sospechar que incluso en esa trágica brevedad del curso de la mente existía una belleza de una cualidad más difícil de apreciar que la belleza conocida, pero también más exquisita. Aunque prisionero de un instante, el espíritu del hombre todavía podía sondear toda la magnitud del espacio, e incluso todo el pasado y todo el futuro; y de esa manera, desde detrás de las rejas de su proverbial prisión, podría brindar al universo la adoración inteligente que, según creían, éste le demandaba. Era mejor eso, decían, que impacientarse con pequeños esfuerzos para intentar huir. Su misma debilidad lo dignificaba, del mismo modo que el cosmos se enaltecía a raíz de su misma indiferencia ante él.

Durante largas eras conservaron esa fe, y enseñaron a su corazón a doblegarse, diciéndose: «Si es así, es mejor, y de alguna manera debemos aprender a ver que es mejor». Pero lo que ellos entendían por «mejor» no era lo que sus antecesores habrían querido significar. Por ejemplo, no se engañaban a sí mismos simulando que, después de todo, en realidad preferían que la vida fuese evanescente. Al contrario, siguieron anhelando que fuese de otra manera. Pero al haber descubierto, más allá del orden físico y de los deseos de la mente, un principio fundamental cuya esencia era estética, fueron fieles a la convicción de que, cualquiera que fuese el hecho, de alguna manera en una visión universal debía ser adecuado, correcto, bello y esencial para la forma del cosmos. Y así, aceptaron como correcto un estado de cosas que en el fondo del corazón aún sentían que era dolorosamente imperfecto.

Esa convicción acerca de lo irrevocable del pasado y de la evanescencia de la mente provocaba en ellos una gran ternura por todos los seres que habían vivido y fallecido. Considerándose cerca de la cima de la consecución de la existencia, y bendecidos con la longevidad y la objetividad filosófica, a menudo se les partía el corazón de compasión por aquellos espíritus más humildes, más fugaces y menos libres a quienes les había tocado en penosa suerte vivir en el pasado. Además, siendo ellos mismos extremadamente complejos, sutiles y conscientes, llegaron a sentir una generosa admiración por todas las mentes simples, por los primeros seres humanos y por las bestias. Condenaban muy acerbamente la acción de sus predecesores al destruir unos seres tan alegres y gozosos, y se esforzaban por recrear con la imaginación todos aquellos seres que el ciego intelectualismo había eliminado.

Con la mayor seriedad sondeaban el pasado cercano y el más remoto a fin de recuperar todo lo posible de la historia de la vida en el planeta. Con amorosa meticulosidad imaginaban los episodios vitales de los tipos extintos, tales como el brontosaurio, el hipopótamo, el chimpancé, el inglés, el norteamericano, como también la aún existente ameba. Y, si bien no podían menos que apreciar la comicidad de esos seres del pasado, su diversión era fruto del afecto que les inspiraban las naturalezas sencillas, y constituía al mismo tiempo el anverso del reconocimiento de que lo primitivo era esencialmente trágico a causa de su ceguera. Y así, aunque se daban cuenta de que la obra principal del hombre debía efectuarse con miras al futuro, también sentían que tenían una deuda para con el pasado. Debían conservarlo en su mente, si no realmente en vida, al menos en esencia. En el futuro estaba la gloria, la alegría, la brillantez del espíritu. El futuro requería vocación de servicio, no compasión, ni piedad; pero en el pasado estaba la obscuridad, la confusión, el despilfarro y todas las mentes primitivas, estrechas, estupefactas, torturándose mutuamente en su estupidez, pero todas y cada una hermosas en su unicidad.

La reconstrucción del pasado, no sólo como historia abstracta sino con la intimidad de la novela, se convirtió así en la principal preocupación de la Quinta Humanidad. Muchos se dedicaron a esa tarea; cada individuo se especializó minuciosamente en algún episodio particular de la historia humana o animal, e incorporó su obra a la cultura de la raza. Así, cada vez más, el individuo se sintió como una sola llama vacilante entre el colmado abismo del «nunca más» y el insondable vacío del «aún no». Como miembro de una raza afortunada y muy noble, su gusto por la existencia se veía atemperado, profundizado, por la sensación de la presencia — la presencia espectral— de la miríada de seres menos afortunados del pasado. En ocasiones, y sobre todo en épocas en las que el mundo contemporáneo parecía más satisfactorio y prometedor, esa devoción hacia lo primitivo y el pasado se convertía en la actividad predominante de la raza, lo cual daba lugar a fases alternativas de rebelión contra la tiránica naturaleza del cosmos, y de fe en que ese horror debía de ser justo en la visión universal. En este talante, se consideraba que la misma irrevocabilidad del pasado dignificaba a todos los seres anteriores existentes y dignificaba el cosmos, del mismo modo en que la irrevocabilidad del desastre dignifica la obra de arte trágica. Fue este talante de aquiescencia y fe lo que al fin se convirtió en la actitud característica de la Quinta Humanidad durante muchos millones de años.

Pero a la Quinta Humanidad le estaba reservado un descubrimiento asombroso, un descubrimiento que iba a modificar totalmente su actitud ante la existencia. Ciertos obscuros hechos biológicos comenzaron a hacerles sospechar, por razones puramente empíricas, que los acontecimientos del pasado no habían dejado simplemente de existir y que, si bien ya no existían de una manera temporal, tenían una existencia eterna de alguna otra manera. El efecto de esa sospecha acerca del pasado fue que una raza otrora armoniosa se dividió durante un tiempo en dos facciones: los que afirmaban que la belleza formal del universo exigía la trágica evanescencia de todas las cosas, y los que estaban decididos a demostrar que las mentes vivientes podían realmente remontarse hacia los acontecimientos pasados, hasta abarcarlos en toda su dimensión.

Los lectores de esta obra no están en condiciones de comprender el patetismo del conflicto que ahora amenazaba con hacer naufragar la humanidad, pues no pueden adoptar el punto de vista de una raza cuya cultura había consistido en la constante prédica de la admiración por un cosmos en perpetuo estado de desaparición. Al ortodoxo le parecía que la nueva idea era iconoclasta, impertinente, vulgar. Sus oponentes, por otra parte, afirmaban que había que tratar el tema sin apasionamiento, de acuerdo con las pruebas. También señalaron que esa devoción a la evanescencia era, después de todo, nada más que la expresión de la convicción de que el cosmos debía ser absolutamente noble. Nadie, se decía, tenía realmente una visión directa de la evanescencia como excelencia en sí misma.

Tan sentida era la disputa, que la facción ortodoxa cortó toda comunicación telepática con los rebeldes, y hasta llegó al punto de planear su destrucción. No hay ninguna duda de que, si se hubiese usado la violencia, la raza habría sucumbido; pues, en una especie de tan elevado desarrollo mental, una guerra sanguinaria habría constituido una tremenda violación de su naturaleza. Jamás habría podido superar un desastre espiritual tan vergonzoso. Sin embargo, por fortuna, a última hora prevaleció el sentido común. Se permitió a los iconoclastas llevar a cabo sus investigaciones, y la raza entera aguardó el resultado.

2. La exploración del tiempo

El estudio de la naturaleza del tiempo implicó una inmensa tarea cooperativa, tanto teórica como práctica. El primer indicio de que el pasado persistía derivó de la biología, y fue necesario replantear toda la biología y las ciencias físicas de acuerdo con la nueva idea. En el aspecto práctico, hubo que emprender una gran campaña de experimentación, fisiológica y psicológica. No podemos entretenernos en detallar esa tarea, en la que transcurrieron millones de años. En ocasiones, durante miles de años de arrobamiento, la investigación temporal constituía la principal preocupación de la raza; en otras se dejaba en un segundo plano, o durante épocas en que predominaban otros intereses se la olvidaba por completo. Pasó una era tras otra, y siempre el esfuerzo de la humanidad en esa esfera siguió siendo estéril. Luego, por fin, se obtuvo un verdadero éxito.

Entre las criaturas creadas en un proyecto de gestación de longevos, centrado en el dominio del tiempo, se eligió una. Desde la infancia, el cerebro de esa criatura fue controlado fisiológicamente con suma atención. También fue sometido a un estricto tratamiento psicológico, con el fin de que fuera posible instruirlo adecuadamente para la extraña tarea. En presencia de varios científicos e historiadores, se lo puso en una especie de trance, y se lo sacó de él al cabo de media hora. Entonces se le pidió que hiciera una reseña telepática de sus experiencias durante el trance. Lamentablemente, estaba tan conmocionado que su relato resultó casi ininteligible.

Al cabo de varios meses de reposo, se lo volvió a interrogar, y entonces pudo describir un curioso episodio que resultó ser un accidente terrorífico en la adolescencia de su difunta madre. Parecía que había visto el accidente a través de los ojos de ella, y que también pudo conocer todos sus pensamientos. Eso por sí solo no demostraba nada, pues podía haber recibido la información desde otra mente viviente. Por lo tanto, una vez más, y a pesar de sus súplicas, volvieron a ponerlo en el peculiar trance. Al despertar, contó una historia extravagante acerca de «una gente roja que vivía en una torre blanca achatada». Era evidente que se refería a los grandes cerebros y sus asistentes. Pero de nuevo ello no demostraba nada, y, antes de terminar el relato, el niño falleció.

Se eligió a otro niño, pero no fue sometido a la prueba hasta que alcanzó la plena adolescencia. Al cabo de una hora de estar en trance, se despertó y fue presa de una tremenda agitación, pero se esforzó en describir un episodio que los historiadores asignaron a la era de las invasiones marcianas. La importancia de ese incidente residía en la descripción que hizo de cierta casa con pórtico de granito cincelado, situada en lo alto de una cascada, en un valle. Dijo que en el sueño él se había convertido en una vieja, y que a él, o a ella, lo ayudaban a salir precipitadamente los demás habitantes de la casa. Vieron cómo un monstruo informe se arrastraba valle abajo, destruía su casa y aplastaba a dos personas que no lograron huir a tiempo.

Ahora bien, aquella casa no era típica de la Segunda Humanidad, sino que debía de responder al capricho de algún individuo raro. A partir de los datos que aportó el niño se logró localizar el valle, relacionado con una montaña conocida por los historiadores. Ningún valle había perdurado en aquel lugar; pero profundas excavaciones descubrieron las laderas y la brecha que había abierto la cascada, así como las columnas rotas del pórtico.

Ése y muchos incidentes similares confirmaron a la Quinta Humanidad la nueva visión del tiempo. Luego siguió una era en la que la técnica de la inspección directa del pasado fue mejorando de forma gradual, pero no sin resultados trágicos. En las primeras etapas, se comprobó que era imposible mantener al médium con vida más de unas pocas semanas después de que se aventuraba en el pasado. La experiencia parecía provocar una progresiva desintegración mental que en un primer momento causaba la locura, luego la parálisis y, al cabo de unos meses, la muerte. Pero esa dificultad por fin pudo superarse. Por uno y otro medio, se creó un tipo de cerebro capaz de soportar la tensión de la experiencia supratemporal sin resultados fatales. Una proporción cada vez mayor de la nueva generación tenía acceso directo al pasado, y se dedicaban a una fabulosa revisión de la historia gracias a su experiencia de primera mano; pero sus excursiones eran incontrolables. No podían dirigirse adonde deseaban ir, sino adonde los llevaba el destino. Tampoco podían actuar libremente, sino tan sólo mediante una complicada técnica, y con la cooperación de expertos.

Al cabo de un tiempo, el proceso se verificaba con mayor facilidad; de hecho, con demasiada facilidad. El infortunado médium podía caer tan fácilmente en trance, que sus días eran devorados por el pasado. Podía desplomarse de repente y permanecer extático, inerte, dependiendo de la alimentación artificial, durante semanas, meses y hasta años. O bien, podía verse arrojado a una docena de épocas diferentes de la historia doce veces en una misma jornada. O, lo que resultaba más penoso, su experiencia de los acontecimientos del pasado podía no seguir el ritmo real de los propios hechos, de modo que observaba los acontecimientos de un mes, o incluso de toda una vida, tan fantásticamente acelerados como para vivirlos en un trance de no más de un día de duración. O, peor aún, podía deslizarse hacia atrás en el avance de las horas y experimentar los eventos en orden inverso al natural. Ni siquiera los magníficos cerebros de la Quinta Humanidad eran capaces de soportarlo. El resultado era una conducta demencial, seguida por la muerte.

Otro inconveniente acosó también a esos primeros experimentadores. La experiencia supratemporal resultó ser como una droga adictiva y peligrosa. Quienes se aventuraban en el pasado podían quedar tan intoxicados, que luego trataban de pasar todos los momentos de su vida natural vagando entre los acontecimientos del ayer. Así, de manera gradual, perdían contacto con el presente, vivían sumidos en una cavilación abstraída, dejaban de reaccionar normalmente a su entorno, se volvían socialmente inútiles y a menudo sufrían verdaderos accidentes físicos a raíz de una incapacidad para cuidar de sí mismos.

Pasaron muchos miles de años más antes de que se superasen esas dificultades y peligros. Sin embargo, al fin, la técnica de la experiencia supratemporal se volvió tan perfecta, que todo individuo podía practicarla con seguridad, y podía, dentro de ciertos límites, centrar su visión en cualquier punto espaciotemporal que deseara inspeccionar. No obstante, sólo era posible ver los acontecimientos pasados por intermedio de la mente de un organismo del pasado que ya no viviera. Y, en la práctica, sólo se podía penetrar en las mentes humanas y, hasta cierto punto, en las mentes de los grandes mamíferos.

Durante toda su aventura, el explorador conservaba tanto la propia personalidad como la memoria. Mientras experimentaba las percepciones, recuerdos, ideas, deseos del individuo, y de hecho todo el proceso y contenido de la mente del pasado, el explorador seguía siendo él mismo, y reaccionaba de acuerdo con su propio carácter, ora condenando, ora compadeciendo, ora gozando críticamente del espectáculo.

La tarea de explicar el mecanismo de esa nueva facultad ocupó a científicos y filósofos de la especie durante un período muy largo. La relación final, por supuesto, puede explicarse sólo mediante una parábola; pues fue necesario refundir muchos conceptos fundamentales con el fin de interpretar los hechos con coherencia. El único indicio que puedo aportar de la explicación consiste en decir, de forma metafórica por supuesto, que el cerebro viviente tenía acceso al pasado, no por medio de una misteriosa especie de memoria racial, ni mediante algún viaje igualmente imposible por el flujo del tiempo, sino gracias al hecho de despertar parcialmente en la eternidad, como si dijéramos, y poder inspeccionar una fracción del espaciotiempo por conducto de una mente temporal del pasado, como si se utilizara un instrumento óptico. En los primeros experimentos, la fantástica aceleración, desaceleración y reversión del proceso temporal fueron resultados de la inspección desordenada. Así como un lector puede hojear un libro, o leerlo a un ritmo confortable, o detenerse en una palabra, o deletrear una frase al revés, así, involuntariamente, el principiante en el estudio de la eternidad podía leer apropiadamente o no la mente que se le presentaba.

Recordemos que ese nuevo modo de experiencia era producto de cerebros vivientes, aunque se tratara de cerebros de una especie nueva. De ahí que lo que se podía descubrir por conducto del médium de la eternidad estaba limitado por la capacidad del cerebro explorador para comprender aquello que se le presentaba. Y, además, si bien el contacto supratemporal con los acontecimientos del pasado no ocupaba tiempo alguno en la vida natural del cerebro, la asimilación de esa visión momentánea, y su reducción a la memoria temporal normal en las estructuras del cerebro, llevaba tiempo, y debía efectuarse durante el período del trance. Esperar que la estructura neuronal registrara la experiencia de forma instantánea, sería como esperar que una máquina compleja efectuara un complicado ajuste sin el correspondiente proceso de readaptación. Por supuesto, el acceso al pasado tuvo efectos de largo alcance en la cultura de la Quinta Humanidad.

No sólo le proporcionó un conocimiento incomparablemente más preciso de los hechos del pasado, y la capacidad para comprender los motivos de los personajes históricos y los movimientos culturales a gran escala, sino que también provocó un cambio sutil en la valoración de la importancia de las cosas. Si bien, claro está, habían comprendido la inmensidad y la riqueza del pasado, ahora se daban cuenta de ello con una intensidad abrumadora. Hechos históricos que hasta el momento sólo se habían conocido de forma esquemática, ahora se podían experimentar de una manera íntima.

El único límite a ese conocimiento residía en las limitaciones de la propia capacidad cerebral del explorador. Por consiguiente, el remoto pasado llegaba a penetrar en un hombre y moldeaba su mente de una manera en la que sólo el pasado reciente, por conducto de la memoria, lo había formado hasta el momento. Aun antes de que la raza adquiriese esta nueva capacidad, había sentido una peculiar fascinación por el pasado; pero ahora se había ido mucho más allá. Hasta entonces la Quinta Humanidad había sido como esos lectores sedentarios que se han atiborrado con lecturas sobre lugares exóticos, pero que nunca han viajado; pero ahora se habían convertido en viajeros experimentados en todos los continentes del tiempo humano. Las presencias que hasta entonces habían sido espectrales ahora eran presencias de carne y hueso, vistas a plena luz del día. Y así el momento cambiante llamado presente ya no aparecía como lo único real —e infinitesimal—, sino como la creciente superficie del árbol eterno de la existencia. Ahora era el pasado lo que parecía más real, mientras que el futuro aún parecía vacío, y el presente, tan sólo la impalpable consecuencia del indestructible pasado.

El descubrimiento de que los acontecimientos pasados eran, en definitiva, perdurables, y accesibles, constituía sin duda para la Quinta Humanidad una fuente de profundo gozo; pero también una causa de nueva aflicción. Mientras se hubo considerado al pasado como un simple abismo de lo no existente, los desmesurados dolores, desgracias y miserias sepultados en ese abismo pudieron darse por desaparecidos, y la voluntad podía concentrarse totalmente en evitar que esos horrores volviesen a ocurrir en el futuro. Pero ahora, junto con la alegría del pasado, se descubría que los sufrimientos antiguos eran eternos. Y quienes, en el curso de su viaje al pasado, encontraban regiones de eterno dolor, regresaban trastornados.

Resultaba fácil recordar a esos exploradores atormentados que si el dolor era eterno, también lo era la alegría; pero quienes habían soportado el viaje al trágico pasado rechazaban semejantes afirmaciones con desdén, afirmando que toda la dicha de la humanidad entera de todos los tiempos no lograba compensar el dolor de un solo individuo torturado. Y además, manifestaban, era evidente que la alegría no tenía preponderancia sobre el dolor. En efecto, salvo en la era moderna, el sufrimiento había sido abrumadoramente excesivo.

Tan fuertemente arraigaron esas convicciones en la mente de la Quinta Humanidad que, a pesar de su orden social casi perfecto, que los había impulsado a buscar el sufrimiento como si fuera un tónico, se apoderó de ellos la desesperación. En todas las épocas, en todas las empresas, la presencia del trágico pasado los obsesionaba, envenenaba su existencia, minaba sus energías. Los amantes se avergonzaban del goce que se brindaban mutuamente. Al igual que en los lejanos tiempos del tabú sexual, el sentimiento de culpa se interponía entre ellos y mantenía separados sus espíritus aunque sus cuerpos estuviesen unidos.

3. Viaje en el espacio

Fue mientras bregaban contra esa vasta tristeza social, y anhelaban ansiosamente una nueva visión que les permitiera reinterpretar o trascender el sufrimiento del pasado, que la Quinta Humanidad se enfrentó con una crisis física de lo más inesperada. Se descubrió que algo raro estaba ocurriendo en la Luna; en efecto, la órbita del satélite se iba estrechando en torno a la Tierra de forma contraria a todos los cálculos de los científicos.

La Quinta Humanidad hacía tiempo que había elaborado un sistema minuciosamente coherente y total de las ciencias naturales, después de someter a prueba miles de veces todos los factores sin que fallaran ni una sola vez. Imaginaos, pues, su desconcierto ante ese extraordinario descubrimiento. En las épocas en que la ciencia era aún fragmentaria, un descubrimiento tan perturbador provocaba simplemente la reorganización de alguno de los ámbitos de la especialidad; pero ahora el conocimiento era tan coherente, que la más ínfima discrepancia entre la realidad y la teoría provocaba en la humanidad un estado de vértigo intelectual absoluto.

La evolución de la órbita lunar se había estudiado, por supuesto, desde tiempos inmemoriales. Incluso la Primera Humanidad había descubierto que la Luna se alejaría y luego volvería a acercarse a la Tierra, hasta alcanzar una proximidad crítica y entonces comenzaría a dividirse en un enjambre de fragmentos como los anillos de Saturno. Esa visión la había confirmado fehacientemente la propia Quinta Humanidad. El satélite tendría que haber seguido alejándose durante muchos cientos de millones de años; pero de hecho ahora se observaba que no sólo había dejado de alejarse, sino que había iniciado un acercamiento relativamente rápido.

Se repitieron observaciones y cálculos, y se sugirieron ingeniosas explicaciones teóricas; pero la verdad permanecía totalmente inaccesible. Se dejó para una especie futura más inteligente el descubrimiento de la relación entre la gravedad del planeta y su desarrollo cultural. Mientras tanto, la Quinta Humanidad sólo sabía que la distancia entre la Tierra y la Luna se iba acortando con creciente rapidez.

Ese descubrimiento constituyó todo un estímulo para una raza melancólica. Los hombres volvieron del trágico pasado al asombroso presente y el incierto futuro. Pues era evidente que, si la actual aceleración de acercamiento se mantenía, la Luna entraría en la zona crítica y se desintegraría en menos de diez millones de años, y, además, los fragmentos no se mantendrían como un anillo, sino que muy pronto caerían sobre la Tierra. El calor generado por el impacto haría que la superficie de la Tierra se volviese imposible para la vida humana.

Una especie miope y de corta vida podría haber considerado que diez millones de años equivalían a una eternidad, pero eso no fue así para la Quinta Humanidad. Pensando esencialmente en función de la raza, reconocieron en seguida que toda su política social debía determinarse ahora con miras a la futura catástrofe. Hubo algunos que en un principio rehusaron tomarse el asunto en serio, diciendo que no existía razón alguna para suponer que el peculiar comportamiento de la Luna continuaría indefinidamente. Pero, a medida que avanzaban los años, esa posibilidad se fue haciendo cada vez más improbable. Algunos de los que habían dedicado casi toda la vida a explorar el pasado, ahora trataron de explorar el futuro también, esperando demostrar que siempre podría descubrirse civilización humana en la Tierra por remoto que fuera el tiempo. Pero el intento de desvelar el futuro mediante la inspección directa fracasó por completo, y se concluyó, erróneamente, que los acontecimientos futuros, a diferencia de los del pasado, eran estrictamente inexistentes hasta su creación mediante el avance del presente.

Era obvio que la humanidad debía abandonar su planeta madre. Las investigaciones se centraron por lo tanto en la posibilidad de volar por el espacio y en las condiciones habitables que ofreciesen los mundos vecinos.

Las únicas alternativas eran Marte y Venus. El primero carecía de agua y de atmósfera. El segundo tenía una atmósfera húmeda muy densa; pero carecía de oxígeno. Además, se sabía que la superficie de Venus estaba casi totalmente cubierta por un océano poco profundo. Por otra parte, el planeta era tan caliente durante el día, que en su estado actual el hombre a duras penas podría sobrevivir, incluso en los polos.

A la Quinta Humanidad no le llevó muchos siglos proyectar un medio adecuado para viajar por el espacio interplanetario. Se construyeron enormes navíos, cuya energía motora provenía de la desintegración de la materia. La tremenda presión de la radiación así producida era lo que propulsaba al vehículo. El combustible para un viaje de varios meses, o incluso de varios años, se podía transportar fácilmente, puesto que la desintegración de una ínfima porción de materia producía un inmenso caudal de energía. Además, una vez que la nave hubiese salido de la atmósfera de la Tierra, y hubiera alcanzado la plena velocidad, la conservaría sin utilizar la energía del navío. La tarea de construir una «nave del éter» adecuadamente manejable y decentemente habitable resultó difícil, pero no insuperable.

La primera nave que se lanzó al espacio fue un casco en forma de cigarro de unos novecientos metros de longitud, construido con metales cuyos átomos artificiales eran incomparablemente más rígidos que los conocidos hasta entonces. Baterías de cohetes en varios puntos del casco permitían a la nave no sólo avanzar, sino retroceder, girar en cualquier dirección o desplazarse de costado.

Ventanillas de un elemento transparente artificial, apenas menos resistente que el metal del casco, permitían a los viajeros mirar a su alrededor. En su interior había amplio espacio para un centenar de personas, con provisiones para tres años. El aire para ese período se elaboraría en el curso del viaje a partir de protones y electrones almacenados bajo una presión comparable a la del interior de un astro. El calor se obtenía, por supuesto, de la desintegración de la materia. Poderosos aparatos de refrigeración permitirían a la nave acercarse al Sol casi hasta la órbita de Mercurio. Un sistema de gravedad artificial, basado en las propiedades del campo electromagnético, podía accionarse y regularse a voluntad, con el fin de mantener un ambiente más o menos normal para el organismo humano.

Esa nave pionera era gobernada por una tripulación de navegantes y un equipo de científicos, y se lanzó con éxito en un viaje de prueba. La intención consistía en aproximarse a la superficie lunar, circunnavegarla a tres mil metros de altitud y regresar sin haber alunizado. Durante muchos días, en la Tierra se recibieron mensajes radiales de la poderosa emisora de la nave, informando que todo marchaba bien. Pero, de repente, se interrumpió la comunicación y nunca se supo nada más de la nave. Casi en el mismo instante del último mensaje, los telescopios habían detectado un súbito destello luminoso en un punto del curso del vehículo. Se supuso, pues, que había colisionado con un meteoro y se había fundido con el calor del impacto.

Se construyeron otras naves y se lanzaron en viajes de prueba. Muchas de ellas no regresaron. Algunas perdieron el control e informaron que se dirigían al espacio o que se precipitaban hacia el Sol, y seguían llegando mensajes desesperados hasta que el último tripulante perecía sofocado. Otras naves regresaron sin inconvenientes, pero las tripulaciones estaban consumidas y trastornadas a causa del prolongado confinamiento en una atmósfera viciada. Una de ellas se aventuró a descender en la Luna, pero se le rompió el casco y el aire escapó de su interior, de modo que la tripulación murió. Después de recibirse el último mensaje, fue localizada desde la Tierra, como una diminuta mancha más en la graneada superficie de uno de los «mares» lunares.

Sin embargo, a medida que pasaba el tiempo los accidentes se volvieron más raros; tanto, que los viajes al espacio comenzaron a ser una forma popular de diversión. La literatura de ese período refleja la novedad de esas experiencias, con la sensación de que la humanidad por fin había aprendido a volar de verdad y logrado la libertad de hacerlo en el sistema solar. Los autores expresaban la emoción de ver, mientras la nave se elevaba y aceleraba, cómo el paisaje se reducía a una simple media luna o disco iluminado, rodeado de constelaciones. También señalaban la tremenda lejanía y el misterio que los viajeros experimentaban en esos primeros viajes, con la deslumbrante luz solar en un costado de la nave y la rutilante noche en el otro. Describían cómo el Sol intensamente luminoso expandía su corona en un firmamento negro salpicado de estrellas. También se explayaban acerca del acuciante interés que provocaba acercarse a otro planeta, inspeccionar desde el cielo los restos aún visibles de la civilización marciana, atravesar los bancos de nubes de Venus para descubrir islas en su océano casi desprovisto de costas, atreverse a aproximarse a Mercurio hasta que el calor era insoportable a pesar del mecanismo de refrigeración, o seguir una ruta a través del cinturón de asteroides y más allá en dirección a Júpiter, hasta que la escasez de aire y provisiones marcaba el momento del regreso.

Pero, si bien se había logrado con facilidad la mera navegación por el espacio, la tarea más importante aún estaba por comenzar. Era necesario rehacer la naturaleza humana para adaptarla a otro planeta, o bien modificar las condiciones de ese otro planeta para adaptarlas a la naturaleza humana. La primera alternativa repugnaba a la Quinta Humanidad, pues sin duda implicaría una modificación casi completa del organismo humano. Ningún ser viviente podría ser transformado de tal manera como para que pudiese vivir en las actuales condiciones de Marte o Venus. Y resultaría casi imposible crear un ser nuevo, adaptado a esas condiciones, sin sacrificar la magnífica y armoniosa constitución de la especie existente.

Por otra parte, no se podía hacer que Marte fuera habitable sin proveerlo primero de aire y de agua, y esa empresa parecía imposible. No quedaba otra salida, pues, que habérselas con Venus. Las superficies polares de ese planeta, protegidas por impenetrables bancos de nubes, no eran, después de todo, insoportablemente calientes. Tal vez se podrían modificar las siguientes generaciones para que pudieran soportar incluso los climas «templados» y los subárticos. Había muchísimo oxígeno, pero estaba todo concentrado en combinaciones químicas. Eso era inevitable, pues el oxígeno se combina muy fácilmente, y en Venus no había vida vegetal para exhalar el gas libre y reponer la cantidad perdida. Era necesario, pues, dotarlo de una vegetación apropiada, que en el curso de los siglos transformaría la atmósfera del planeta en una habitable para el hombre. Había, pues, que estudiar con gran detalle las condiciones químicas y físicas de Venus, de modo que fuese posible idear una clase de vida que tuviese posibilidades de prosperar. Esa investigación tenía que ser llevada a cabo desde el interior de las naves del éter, o con cascos de oxígeno, puesto que el ser humano no podía vivir en la atmósfera natural del planeta hermano.

No nos entretendremos en la era de heroicas investigaciones y aventuras que entonces comenzaba. Las observaciones sobre la órbita lunar demostraron que diez millones de años era una estimación demasiado prolongada para la futura habitabilidad de la Tierra; y no tardaron en darse cuenta de que Venus no se podría acondicionar a tiempo, a menos que se pudiese realizar un cambio más acelerado.

Por lo tanto, se resolvió descomponer el agua de algún océano del planeta en hidrógeno y oxígeno mediante un extraordinario proceso de electrólisis. Eso habría constituido una tarea más difícil si el océano no hubiese estado relativamente libre de sal, debido al hecho de que había poca tierra seca de la cual la lluvia y el viento pudiesen arrastrar las sales. El oxígeno obtenido por medio de la electrólisis se mezclaría con la atmósfera venusina. De alguna manera se debía eliminar el hidrógeno, y se ideó un ingenioso método para expulsarlo hasta más allá de los límites de la atmósfera a una velocidad tan grande, que nunca podría volver hacia atrás. Una vez que se hubiese producido suficiente oxígeno libre, la nueva vegetación recuperaría la pérdida debida a la oxidación. Esa obra se puso debidamente en marcha. Se instalaron enormes plantas automáticas de electrólisis en varias de las islas, y la investigación biológica produjo a la larga una flora completa de tipos vegetales especializados para cubrir la superficie sólida del planeta. Se esperaba que, en menos de un millón de años, Venus estaría acondicionado para recibir a la raza humana, y la raza, a su vez, estaría preparada para vivir en Venus.

Mientras tanto, se había llevado a cabo un cuidadoso examen del planeta. Su superficie sólida era apenas mayor que una milésima parte de la terrestre, y consistía en un archipiélago de islas montañosas desigualmente distribuidas. Era evidente que el planeta había pasado recientemente por una época de formación de montañas, pues las exploraciones mostraban que toda su superficie rocosa estaba extrañamente arrugada. El océano estaba sujeto a terribles tormentas y corrientes marinas; pues, como el planeta tardaba varias semanas en rotar en su eje, había una gran diferencia de temperatura y de presión atmosférica entre el hemisferio cuasi ártico de la noche y el hemisferio abrasador del día. Tan grande era la evaporación, que el firmamento casi nunca era visible desde parte alguna de la superficie del planeta, y el clima medio durante el día era una sucesión de densas nieblas y fantásticas tempestades de truenos. La lluvia al anochecer era un torrente continuo. En cambio, antes de acabar la noche, las olas crepitaban con fragmentos de hielo.

La humanidad contemplaba su futuro hogar con aversión, y su lugar de nacimiento, con un afecto que se volvió apasionado. Con su cielo azul, sus incomparables noches estrelladas, sus continentes templados y variados, sus amplios espacios cultivados, los bosques y parques, sus animales y plantas tan conocidos, y toda la obra material de la más perdurable de las civilizaciones terrestres, a los hombres y mujeres que planeaban dejarlo les parecía un ser viviente implorando que no lo abandonaran. Contemplaban a menudo con odio la silente Luna, ahora visiblemente más grande que la histórica. Revisaron una y otra vez sus teorías físicas y astronómicas, esperando descubrir algún error que tornara el comportamiento observado en la Luna menos misterioso y menos aterrador. Pero no encontraron nada. Fue como si un demonio de algún mito antiguo hubiera cobrado vida en el mundo moderno, con el fin de trastrocar las leyes de la naturaleza para perjudicar a la humanidad.

4. Preparación de un mundo nuevo

Entonces ocurrió otro hecho alarmante. En Venus, varias plantas de electrólisis sufrieron desperfectos, al parecer a causa de una erupción submarina. Asimismo, un número de naves del éter, dedicadas a la exploración del océano, explotaron de forma misteriosa. Se encontró la explicación cuando una de esas naves, aunque averiada, logró regresar a la Tierra. El comandante informó que, cuando habían recogido la sonda, llevaba unida a ella un gran objeto esférico. Una inspección más minuciosa demostró que el objeto estaba unido a la sonda por un gancho que sin duda era artificial, una estructura de pequeñas láminas metálicas remachadas. Mientras se realizaban los preparativos para introducir el objeto en la nave, éste se golpeó contra el casco y explotó.

Era evidente que debía de haber vida inteligente en alguna parte del océano de Venus. Parecía que los venusinos marinos se sentían agraviados por el vaciamiento constante de su mundo acuoso, y estaban decididos a detenerlo. Los terrícolas habían supuesto que el agua sin oxígeno libre no podía contener vida; pero las observaciones no tardaron en revelar que en ese océano vastísimo había muchas especies vivientes: algunas sin locomoción, otras nadadoras, algunas microscópicas y otras tan grandes como ballenas. La base vital de esos seres residía no en la fotosíntesis ni la combinación química, sino en la desintegración controlada de átomos radiactivos. Venus era especialmente rico en esos átomos, y aún contenía ciertos elementos que hacía mucho tiempo que habían dejado de existir en la Tierra. La fauna oceánica subsistía a partir de la destrucción de ínfimas cantidades de átomos radiactivos a través de sus tejidos.

Varias de las especies venusinas habían alcanzado un dominio considerable del entorno físico y podían destruirse mutuamente de forma muy competente, por medio de diversos artefactos mecánicos. Muchos tipos entre ellos eran sin duda definidamente inteligentes y versátiles dentro de ciertos límites. Y, de esos tipos inteligentes, uno había logrado dominar a todos los demás en virtud de su inteligencia superior, y había creado una genuina civilización sobre la base de la energía radiactiva. Éstos, los más evolucionados de todos los seres venusinos, tenían aproximadamente el tamaño y la forma de un pez espada. Poseían tres órganos manipuladores, generalmente enfundados en su larga «espada», que podían extenderse más allá de la punta, como tres tentáculos musculosos ramificados. Nadaban con un curioso movimiento rotatorio del cuerpo y las tres colas, mientras que tres aletas les permitían cambiar de rumbo. También poseían órganos fosforescentes, de la vista, del tacto y algo análogo al oído. Parecían reproducirse asexuadamente, poniendo huevos en el cieno del lecho oceánico. No tenían necesidad de alimentarse en el sentido ordinario; pero durante la infancia reunían suficiente material radiactivo como para mantenerse con vida durante muchos años. Cuando a un individuo se le terminaba la provisión y comenzaba a debilitarse, era destruido por sus congéneres más jóvenes o enterrado en una mina radiactiva, de donde, al cabo de unos meses, renacía de esa cuasi muerte totalmente rejuvenecido.

En el fondo del océano venusino, esos seres se apiñaban en ciudades de construcción semejante a una proliferación coralina, provistas de muchos artículos complejos, que debían de constituir los requisitos y lujos de su civilización. Eso fue todo lo que pudieron comprobar los terrícolas en el curso de sus exploraciones submarinas; la vida mental de los venusinos permanecía ignota. Era evidente, por supuesto, que, como todos los seres vivientes, poseían un instinto de la propia conservación y ejercitaban sus aptitudes; pero acerca de la naturaleza de esas aptitudes poco fue lo que se descubrió. Al parecer, se servían de una especie de lenguaje simbólico, basado en las vibraciones mecánicas que producían en el agua al chasquear las pinzas de sus tentáculos; pero sus actividades más complejas eran absolutamente ininteligibles. Todo cuanto se pudo averiguar con certeza fue que eran muy adictos a luchar, incluso entre grupos de la misma especie, y que, aun en plena derrota, mantenían una febril producción de artículos materiales de toda clase, que luego olvidaban o destruían.

Se observó una actividad que era peculiarmente misteriosa. En ciertas épocas, tres individuos desarrollaban de repente una luminosidad inusitada y se acercaban unos a otros con rítmicas oscilaciones y temblores; luego se enderezaban sobre la cola y juntaban los cuerpos apretadamente. En ocasiones, en esa etapa se reunía en torno a ellos una multitud, que revoloteaba a su alrededor como un remolino de nieve. Entonces los principales actores se atacaban furiosamente entre sí para desgarrarse con sus pinzas de cangrejo, hasta que no quedaban más que jirones de carne, las largas espadas y las pinzas, que no cesaban de retorcerse. Los terrícolas, al observar esas contiendas, en un primer momento sospecharon que se trataba de una suerte de cópula; pero nunca se pudo determinar que el resultado fuese la reproducción. Tal vez ese comportamiento había tenido en un tiempo un fin biológico, y luego se había convertido en un ritual inútil. Seguramente se trataba de una especie de sacrificio religioso voluntario. Pero más probablemente tenía un carácter totalmente distinto, ininteligible para la mente humana.

A medida que se incrementaban las actividades del hombre en Venus, los ataques de los venusinos se hicieron más violentos. No podían salir del océano para luchar con él, pues eran organismos del fondo marino y, privados de la presión oceánica, habrían reventado; pero se las arreglaban para arrojar explosivos de alto poder al centro de las islas o de minarlas por medio de túneles. De esa forma dañaron seriamente las plantas de electrólisis. Y, dado que todos los esfuerzos por parlamentar con los venusinos fracasaron completamente, fue imposible llegar a un acuerdo con ellos. La Quinta Humanidad se enfrentó así con un grave problema moral.

¿Qué derecho tenía el hombre a invadir un mundo que ya pertenecía a unos seres evidentemente inteligentes, aunque su vida mental fuera incomprensible para el ser humano? En tiempos pasados, la humanidad misma había sufrido a manos de los invasores marcianos, que sin duda se consideraban a sí mismos más nobles que la raza humana. Y ahora, la humanidad cometía un crimen similar. Por otra parte, la emigración a Venus debía llevarse a cabo inevitablemente; de no ser así, la humanidad sería destruida. Pues para entonces era evidente que la Luna caería y en una fecha no muy distante. Y, aunque la comprensión que tenía la humanidad acerca de los venusinos era muy incompleta, lo que sabía de ellos sugería firmemente que eran, en definitiva, inferiores a ella en capacidad mental. El juicio podía ser erróneo, por supuesto; quizá los venusinos fuesen tan superiores al hombre que la humanidad no pudiera tener siquiera un atisbo de su superioridad. Pero ese argumento era igualmente válido para las medusas y los microorganismos. El juicio debía basarse en las pruebas disponibles, y, por lo que la humanidad podía juzgar, el hombre era definitivamente superior.

Hubo otro hecho que se tomó en cuenta. La vida de los organismos venusinos dependía de la existencia de átomos radiactivos, y, puesto que éstos están sujetos a la desintegración, su cantidad se reducía constantemente. Venus estaba mucho mejor provista que la Tierra en ese aspecto, pero inevitablemente tenía que llegar un momento en el que no habría más material radiactivo en Venus. Las investigaciones submarinas demostraron que la fauna venusina había sido más numerosa en otras épocas, y que la creciente dificultad de procurarse materia radiactiva ya era el gran factor limitativo de la civilización. Así pues, los venusinos estaban naturalmente condenados, y la humanidad en todo caso no haría más que acelerar su destrucción.

Por supuesto, se esperaba que al colonizar Venus la humanidad consiguiera acomodarse sin perturbar gravemente a la población nativa. Pero eso resultó imposible por dos motivos. En primer lugar, los nativos parecían decididos a destruir al invasor aunque tuviesen que destruirse a sí mismos en el proceso: provocaron enormes explosiones que causaron graves daños a los invasores, pero también sembraron la superficie del océano con miles de venusinos muertos. En segundo lugar, se descubrió que, a medida que la electrólisis liberaba más y más oxígeno a la atmósfera, el océano absorbía de nuevo parte del poderoso elemento en solución; y ese oxígeno disuelto producía efectos desastrosos en los organismos oceánicos. Sus tejidos comenzaron a oxidarse. Un fuego lento los incineraba, interior y exteriormente. La humanidad no se atrevió a detener el proceso de electrólisis hasta que la atmósfera fuese tan rica en oxígeno como el aire de la Tierra. Pero mucho antes de que se llegara a ese estado, se hizo evidente que los venusinos comenzaban a sentir los efectos del veneno, y que en unos pocos miles de años, a lo sumo, serían exterminados.

Por lo tanto, se resolvió acortar todo lo posible su sufrimiento. Los hombres ya podían poner pie en las islas de Venus y así empezaron a fundar las primeras colonias. De ese modo lograron construir una flota de poderosas naves submarinas para recorrer el océano y destruir toda la fauna nativa. Esa vasta matanza influyó en la mentalidad de la quinta especie humana en dos direcciones opuestas: ora llevándola a la desesperación, ora provocándole un tremendo regocijo. Porque, por una parte, el horror de la matanza produjo un obsesivo sentimiento de culpa en el espíritu de todos los hombres, un asco irracional ante la humanidad por haber sido arrastrada al asesinato por su propia salvación. Y esa culpa se sumó a la pérdida meramente intelectual de la confianza en sí misma, que se produjo a raíz del fracaso de la ciencia en dar cuenta y razón del acercamiento de la Luna. Volvió a despertar, también, aquel otro sentimiento de culpa irracional que se había nutrido de la compasión por las eternas penalidades del pasado. Unidas, esas tres influencias tendieron hacia una neurosis racial. Por otra parte, en ocasiones se generaba un talante muy diferente de esas mismas tres fuentes. Al fin y al cabo, el fracaso de la ciencia constituía un desafío que debía ser aceptado de buen grado, ya que abría una riqueza de posibilidades inimaginables hasta ese entonces. Incluso las inalterables penalidades del pasado constituían un desafío, pues de alguna extraña manera el presente y el futuro, según se decía, debían transfigurar el pasado. En cuanto a la destrucción de la vida venusina, era sin duda terrible, pero justa. Se había efectuado sin odio; en efecto, más bien con amor. Pues, a medida que la armada procedía a llevar a cabo su obra implacable, reunía muchos conocimientos acerca de la vida de los nativos, y aprendía a admirarlos e incluso en cierto sentido a amarlos, mientras seguía con la matanza. Ese talante, de una voluntad inexorable aunque no despiadada, intensificó la sensibilidad espiritual de la especie, refino, por así decirlo, su oído espiritual, y le reveló tonos y temas de la música universal que hasta entonces había desconocido.

¿Cuál de esos dos talantes, la desesperación o el coraje, triunfaría? Todo dependía de la habilidad de la especie para mantener un elevado grado de vitalidad en circunstancias desfavorables. Ahora, la humanidad se ocupó de la preparación de su nuevo hogar. Muchas clases de vida vegetal, procedentes de las cepas terrestres pero adaptadas al ambiente venusino, comenzaban ya a prosperar en las islas y en el mar; porque era tan reducida la superficie de tierra firme, que se formaron inmensos continentes flotantes de materia vegetal. En las islas menos tórridas se erigieron pilares habitables, en una densa maraña de edificios, con vegetación en cada hectárea de terreno libre. Pero aun así, sería imposible que Venus diera cabida a toda la enorme población de la Tierra. Por lo tanto, se tomaron medidas para lograr que el índice de natalidad fuese inferior al de mortalidad; de modo que, cuando llegara el momento, la raza pudiese emigrar sin dejar ningún miembro viviente atrás. Se calculaba que en Venus no podrían vivir de una manera soportable más de un centenar de millones; así pues, había que reducir la población a una centésima parte de su número actual. Y, puesto que en la comunidad terrestre, con su vasta actividad social y cultural, todo individuo cumplía una función definida en la sociedad, era evidente que la nueva

339

comunidad no se reduciría simplemente, sino que quedaría mentalmente menguada. Hasta el momento, todo individuo se había beneficiado mediante la interrelación con un entorno social más intrincado y diverso que el que sería posible mantener en Venus.

Tales eran las perspectivas cuando por fin se consideró aconsejable abandonar la Tierra a su suerte. La Luna era ahora tan enorme a la vista, que periódicamente convertía el día en noche, y la noche en un día lúgubre. Prodigiosas mareas y penosas condiciones climáticas ya habían arruinado las comodidades de la Tierra y causado graves daños a la civilización. Y así, por fin, la humanidad emprendió el vuelo, aunque con renuencia. Pasaron algunos siglos antes de completarse la emigración, antes de que Venus hubiese recibido, no sólo el total de la población humana restante, sino también representantes de muchas otras especies de organismos y los tesoros más preciados de la cultura humana.

XIII. LA HUMANIDAD EN VENUS

1. Echar raíces de nuevo

La permanencia de la humanidad en Venus duró algo más que toda su estancia en la Tierra. Desde los tiempos del Pithecanthropus hasta el final de la evacuación del planeta nativo, el hombre pasó, como hemos visto, por una asombrosa diversidad de formas y circunstancias. En Venus, si bien el tipo humano era de alguna manera más constante en el aspecto biológico, apenas se podía considerar menos variado en lo cultural. Brindar una reseña de ese período, aun en la ínfima escala que hemos adoptado hasta aquí, requeriría otro volumen. Sólo puedo esbozar su escueto perfil. El retoño, la humanidad, trasplantada a un suelo extranjero, marchito al principio casi hasta la raíz, se fue readaptando con lentitud, tomando fuerza y cierta forma permanente; estación tras estación, brotó con hojas y flores de muchas civilizaciones y culturas sucesivas, pero al fin —para forzar la metáfora— logró evitar la recurrente derrota al alcanzar una constitución perenne y una florescencia continua. Entonces, una vez más, por un capricho de la fortuna, fue arrancada de raíz y trasplantada a otro mundo.

Los primeros colonos humanos instalados en Venus sabían bien que la vida sería algo muy penoso. Habían hecho todo lo posible para transformar Venus a fin de adaptarlo a la naturaleza humana, pero no pudieron convertirlo en otro planeta Tierra. La superficie habitable era reducida; el clima, casi insoportable. La diferencia extrema de temperaturas entre el prolongado día y la noche producía increíbles tormentas, lluvias semejantes a miles de cascadas, aterradoras perturbaciones eléctricas y nieblas en las que el hombre no podía ver ni sus propios pies. Para empeorar las cosas, la provisión de oxígeno apenas era suficiente para hacer respirable el aire. Peor todavía: el hidrógeno liberado no siempre era expulsado totalmente de la atmósfera. A veces se combinaba con el aire y formaba una mezcla explosiva, y más tarde o más temprano se producía un vasto estallido atmosférico. Los repetidos desastres de esta clase destruían los edificios de muchas islas con todos sus habitantes, además de reducir en forma fulminante el oxígeno del aire. Sin embargo, con el tiempo, la creciente vegetación permitió poner fin al peligroso proceso de electrólisis.

Mientras tanto, esas explosiones atmosféricas dañaron a la humanidad en tal medida, que no fue capaz de resolver un misterioso problema que se le planteó algo después de la emigración. Una nueva e inexplicable degeneración de los órganos digestivos, que en un primer momento se presentó como una rara enfermedad, amenazó con liquidar a la humanidad en pocos siglos. Los efectos físicos de esa epidemia fueron apenas menos desastrosos que los psicológicos debidos al completo fracaso por dominarla. El inexplicable comportamiento de la Luna y el sentimiento de culpa —irracional y hondamente arraigado— producido por el exterminio de los venusinos ya había debilitado gravemente la confianza en sí misma de la humanidad, y su organizada mentalidad comenzó a presentar síntomas de locura. La nueva enfermedad pudo rastrearse hasta encontrar su origen en el agua venusina, y se supuso que se debía a ciertos agrupamientos moleculares, muy poco frecuentes anteriormente, que se habían incrementado por la presencia de la materia orgánica terrestre en el océano.

No se descubrió remedio alguno, y así otra plaga se abatió sobre la debilitada raza. Los tejidos humanos nunca habían asimilado del todo las unidades marcianas que constituían el medio de comunicación telepática. La mala salud universal favoreció, pues, una especie de «cáncer» del sistema nervioso, que se debía a la proliferación descontrolada de esas unidades. No es necesario mencionar los desastrosos resultados de esa enfermedad. Se fueron incrementando siglo tras siglo, y aun aquellos que de hecho no contrajeron la enfermedad vivían en constante terror de terminar volviéndose locos.

Esos problemas se agravaron a causa del calor devastador. La esperanza de que, a medida que pasaran las generaciones, la naturaleza humana se adaptaría incluso a las regiones más sofocantes parecía infundada. En efecto, al cabo de un millar de años las islas otrora populosas del ártico y antártico estaban casi desiertas. De cada centenar de pilares arquitectónicos, apenas dos o tres seguían habitados, y ésos sólo por unos pocos humanos enfermos y descorazonados que enfocaban sus telescopios a la Tierra para observar el bombardeo de su mundo nativo por fragmentos de la Luna, inesperadamente postergado.

La población decreció aún más. Cada reducida generación alcanzaba un desarrollo menor que la de sus padres. La inteligencia iba declinando, y la educación se tornó superficial y limitada. El contacto con el pasado ya no era posible. El arte perdió su significación, y la filosofía, su dominio sobre la mente del hombre. Incluso las ciencias aplicadas se volvieron demasiado difíciles. El control inexperto de las fuentes de energía subatómica condujo a una serie de desastres, que finalmente dieron paso a la superstición de que toda manipulación de la naturaleza era mala, y toda la sabiduría antigua, una artimaña del eterno enemigo del hombre. Libros, instrumentos, todos los tesoros de la cultura humana fueron por lo tanto quemados. Sólo los edificios perdurables resistieron a la destrucción. Del incomparable orden mundial de la Quinta Humanidad, nada quedó salvo unas pocas tribus isleñas aisladas unas de otras por el océano, y del resto del espaciotiempo por los abismos de su propia ignorancia.

Después de muchos miles de años, empero, la naturaleza humana comenzó a adaptarse al clima y al agua envenenada, sin la cual la vida era imposible. Al mismo tiempo, empezó a surgir una nueva variedad de la quinta especie que carecía de las unidades marcianas. Así, por fin, la raza recobró cierta estabilidad mental, a expensas de sus facultades telepáticas, que el hombre no recuperaría hasta la etapa final de su evolución. Mientras tanto, si bien había superado en parte los efectos de un mundo extraño, la gloria que había conocido ya no existía. Por lo tanto, pasemos rápidamente a través de las eras que se sucedieron antes de que volviese a suceder algo digno de mención. En los primeros tiempos en Venus, el hombre había obtenido alimentos de las enormes islas flotantes de materia vegetal producidas en forma artificial antes de la migración. Pero, a medida que el océano se poblaba de animales modificados de la fauna terrestre, las tribus humanas se dedicaron cada vez más a la pesca. Bajo la influencia de su entorno marino, una rama de la especie adoptó hábitos acuáticos que, con el tiempo, la llevaron a adaptarse a la vida en el agua. Quizá resulte sorprendente que el hombre aún fuese capaz de sufrir evoluciones espontáneas, pero la quinta especie humana era artificial, y siempre había tenido tendencia a sufrir poderosas mutaciones. Después de unos millones de años de transformaciones y selecciones, apareció una especie de subhombre semejante a una foca, muy bien adaptado. Todo su cuerpo adquirió líneas hidrodinámicas, y se desarrolló grandemente la capacidad pulmonar. La columna vertebral se alargó y aumentó su flexibilidad. Se encogieron las piernas, que crecían juntas, y se achataron hasta formar una suerte de timón horizontal. También los brazos eran diminutos y en forma de aleta, si bien conservaban los dedos manipuladores índice y pulgar. La cabeza se había retraído dentro del cuerpo y miraba hacia adelante en la dirección del movimiento natatorio. Unos fuertes dientes carnívoros, un profundo gregarismo y una nueva astucia, casi humana, para la caza se combinaban para convertir a esos hombres-foca en señores del océano. Y así permanecieron durante muchos millones de años, hasta que una raza más humana, fastidiada por su eficacia en la pesca, los arponeó hasta exterminarlos.

Esta otra rama de la quinta especie degenerada había conservado las costumbres terrestres y las antiguas formas humanas. Tristemente disminuidos en estatura y capacidad cerebral, esos abyectos seres eran tan distintos de los invasores originales, que con toda razón se consideraron una especie nueva, y por lo tanto merecen el nombre de Sexta Humanidad. Durante una era tras otra llevaron una existencia precaria en las islas boscosas, arrancando raíces, atrapando innumerables aves con trampas y pescando con cebo en las bahías. Con frecuencia devoraban a sus parientes semejantes a focas, o eran devorados a su vez por ellos. Tan limitado y constante era el entorno de esos remanentes humanos, que se mantuvieron estancados biológica y culturalmente durante varios millones de años.

Sin embargo, al fin, ciertos accidentes geológicos brindaron de nuevo al ser humano la oportunidad de transformarse. Una poderosa deformación de la corteza del planeta produjo una isla casi tan grande como Australia. Con el tiempo se fue poblando, y de la oposición entre las tribus surgió una raza nueva y versátil. Otra vez se labró la tierra, se fabricaron artesanías, se estableció una compleja organización social, y la humanidad se aventuró de nuevo en la esfera del pensamiento.

Durante los siguientes doscientos millones de años se repitieron en Venus las principales fases de la vida humana en la Tierra, aunque con características diferentes. Imperios teocráticos; ciudades libres e intelectualistas; inseguras soberanías feudales; rivalidades entre altos prelados y emperadores; largas disputas religiosas a raíz de la interpretación de las sagradas escrituras; continuas fluctuaciones de las ideas entre el animismo ingenuo, el politeísmo, conflictivos monoteísmos y todos los desesperados «ismos» mediante los cuales la mente humana desfigura la nítida verdad; modas recurrentes nacidas de la fantasía y la fría inteligencia en busca de la comodidad; desórdenes sociales a consecuencia del mal uso de la energía volcánica y eólica en la industria; imperios comerciales e imperios seudocomunistas; todas esas formas incidieron sobre la cambiante sustancia de la humanidad una y otra vez, así como en el fuego del hogar aparecen y se desvanecen las formas infinitamente diversas de las llamas y el humo.

Pero los fugaces espíritus en los que se manifestaban esas formas estaban atentos principalmente a las primitivas necesidades de alimento, abrigo, compañerismo, gregarismo y copulación, a la difícil relación entre padre e hijo, y al ejercicio muscular y de la inteligencia en deportes fáciles. Muy raras veces, sólo en infrecuentes momentos de lucidez y después de siglos de errores, unos pocos, aquí y allá, de tiempo en tiempo, tenían el discernimiento necesario para profundizar en la naturaleza del mundo y del hombre. Y, en cuanto ese precioso discernimiento empezaba a propagarse, no tardaba en ser obliterado por algún desastre pequeño o grande, una enfermedad epidémica, una desorganización espontánea de la sociedad, un acceso de imbecilidad racial, un prolongado bombardeo de meteoritos o la simple cobardía que evitaba asomarse al precipicio de la realidad.

2. Los hombres voladores

No es necesario que nos entretengamos en esas múltiples reiteraciones culturales, pero debemos observar por un momento la última fase de esa sexta especie, de modo que podamos dedicarnos a estudiar la especie artificial que produjo.

A lo largo de su evolución, la Sexta Humanidad siempre se había sentido fascinada con la idea de volar. El ave fue una y otra vez su símbolo más sagrado. Su monoteísmo le permitía adorar no un dios–hombre, sino un dios–ave, concebido ora como la divina águila marina, símbolo del poder, ora como el vencejo gigante, símbolo de la clemencia, o como un espíritu del aire desencarnado, y en una ocasión como el pájaro–dios que se hizo hombre para dotar a la raza humana de la capacidad de volar, física y espiritualmente.

Era inevitable que el deseo de volar obsesionara al hombre en Venus, pues el planeta brindaba una morada muy reducida a los terrestres; y la exuberante abundancia de especies voladoras abochornaba a los hombres, sujetos a sus hábitos pedestres. Cuando a su debido tiempo la Sexta Humanidad logró conocimientos y poderes comparables a los de la Primera Humanidad en su apogeo, inventó máquinas voladoras de varios tipos. Por supuesto, fueron muchas las veces en que se redescubrió el vuelo por medios mecánicos, para luego volver a perder los conocimientos con la caída de la civilización. Pero, en el mejor de los casos, se consideraba que esta forma de volar era sólo un sustituto. Y cuando por fin, con el progreso de las ciencias biológicas, la Sexta Humanidad estuvo en posición de influir en el organismo humano, decidieron crear un verdadero hombre volador. Muchas civilizaciones buscaron en vano ese resultado, a veces con poco entusiasmo, a veces con gravedad religiosa. Al cabo, la más perdurable y brillante de todas las civilizaciones de la Sexta Humanidad logró realmente su objetivo. La Séptima Humanidad estaba constituida por pigmeos, apenas más pesados que las más grandes de las aves terrestres, pero que poseían todo lo necesario para volar. Una membrana correosa se extendía del pie hasta la punta del dedo mayor de la mano, inmensamente alargado y fortalecido. Tres dedos exteriores, igualmente alargados, servían como armadura para la membrana, mientras que el índice y el pulgar quedaban libres para la manipulación. El cuerpo tenía las líneas aerodinámicas de un pájaro, y estaba cubierto de un espeso manto de lana plumosa. Éste, y las sedosas membranas voladoras, variaban grandemente en color y textura de un individuo a otro. En tierra, los miembros de la Séptima Humanidad caminaban como los demás seres humanos, pues llevaban las membranas voladoras plegadas junto a las piernas y el cuerpo, las cuales les colgaban de los brazos como unas mangas exageradas. En vuelo, mantenían las piernas extendidas como una cola aplanada, con los pies unidos por los pulgares. El esternón, sumamente desarrollado, servía de base para los músculos del vuelo. Los demás huesos eran huecos, para aligerar su peso, y sus superficies internas servían como pulmones suplementarios. Pues, al igual que las aves, esos hombres voladores tenían que mantener un elevado índice de oxigenación. Un estado que otros seres considerarían como fiebre alta era normal para ellos.

Su cerebro estaba dotado de zonas especiales para llevar a cabo las destrezas necesarias en vuelo. De hecho, se consiguió dotar a la especie de un sistema de reflejos para mantener el equilibrio aéreo, y de una aptitud instintiva para volar, verdadera aunque artificial, así como del interés por el vuelo. Comparados con sus hacedores, el volumen de su cerebro era bastante pequeño, pero su sistema nervioso estaba cuidadosamente reorganizado. También maduraba muy rápido, y poseía una facilidad extrema para la adquisición de nuevos modos de actividad. Eso era muy deseable, pues el período de vida natural del individuo era sólo de cincuenta años, y en la mayoría de los casos se acortaba a consecuencia de ciertas hazañas que resultaban imposibles de realizar alrededor de los cuarenta o cuando comenzaban a manifestarse los síntomas de la vejez.

De todas las especies humanas, estos hombres voladores semejantes a murciélagos, la Séptima Humanidad, eran seguramente los más despreocupados. Dotados de un físico armonioso y de un temperamento alegre, se encontraron en un ambiente social bien adaptado a su naturaleza. No tuvieron ocasión —como a menudo la habían tenido algunos otros— de considerar el mundo fundamentalmente hostil a la vida, ni de considerarse a sí mismos como esencialmente deformes. De inteligencia ágil con respecto a los asuntos personales cotidianos y la organización social, no sufrían la sed insaciable de conocimientos. Pero eso no significa que fuesen una raza negada para lo intelectual, pues no tardaron en formular un armonioso sistema que daba cuenta de la realidad. Sin embargo, se daban buena cuenta de que la perfecta esfera de su pensamiento no era más que una burbuja a la deriva en el caos.

349

No obstante, se trataba de una burbuja ingeniosa. Y el sistema era verdadero, a su manera alegre y francamente insincera: verdadero como metáfora significativa, no literalmente. ¿Qué más, se preguntaban, se podía esperar del intelecto humano? A los adolescentes se los instaba a estudiar los antiguos problemas filosóficos, sin razón alguna salvo la de convencerse de la futilidad de indagar más allá de los límites del sistema ortodoxo. «Pinchad la burbuja del pensamiento en cualquier punto», se decía, «y la destruiréis por completo. Y, puesto que el pensamiento constituye una necesidad de la vida humana, debe conservarse».

Las ciencias naturales fueron adoptadas con desdeñosa gratitud de las especies anteriores, como un medio necesario para adaptarse cuerdamente al entorno. Sus aplicaciones prácticas se valoraban como el fundamento del orden social; pero, a medida que avanzaba el milenio y la sociedad alcanzaba aquella notable perfección y estabilidad que perduraría durante muchos millones de años, la inventiva científica se tornó cada vez menos necesaria, y la ciencia misma quedó relegada a las escuelas primarias. También se daba un esbozo de la historia en la infancia, y luego se hacía caso omiso de ella.

Esa insinceridad intelectual, curiosamente sincera, se debía al hecho de que la Séptima Humanidad se interesaba principalmente por otras materias que nada tenían que ver con el pensamiento abstracto. Resulta difícil brindar a vosotros, los miembros de la primera especie humana, un atisbo de la gran preocupación de esos hombres voladores. Decir que era el vuelo sería cierto, pero estaría lejos de ser toda la verdad. Decir que trataban de vivir en peligro e intensamente, y acumular tanta experiencia como fuese posible en cada momento, sería de nuevo una pálida sombra de la verdad. En el plano físico, sin duda el universo del vuelo, con toda la variedad de peligros y aptitudes que entrañaba debido a la tempestuosa atmósfera, constituía el principal medio de expresión de la personalidad de todo individuo. Sin embargo, no era el vuelo en sí, sino el aspecto espiritual del vuelo, lo que obsesionaba a la especie.

La Séptima Humanidad no era la misma en el aire que en la tierra. Cada vez que se entregaban al vuelo, experimentaban un notable cambio anímico. Pero buena parte del tiempo tenían que pasarlo en tierra, ya que casi todo el trabajo del que dependía la civilización era irrealizable en el aire. Además, la vida en el aire era una vida bajo altas presiones, y requería períodos de recuperación en tierra. En su vida pedestre, la Séptima Humanidad era sobria y relativamente aburrida, aunque en general eran personas alegres: se impacientaban ante la monotonía y el fastidio de los asuntos pedestres, pero sacaban fuerzas del recuerdo de su intensa vida en el aire y de la expectativa de una pronta nueva experiencia. A menudo estaban cansados después de someterse a la tensión de aquella otra vida, pero raras veces se mostraban abatidos o perezosos.

En efecto, en las rutinarias tareas agrícolas e industriales se mostraban laboriosos como las hormigas sin alas. Sin embargo, trabajaban en un extraño estado de distracción, pues su corazón siempre estaba en el aire. Mientras pudiesen contar con frecuentes períodos de vuelo, se conformaban de estar en tierra. Pero, si una enfermedad o alguna otra razón los obligaba a permanecer un largo espacio de tiempo sin volar, languidecían, sufrían una aguda tristeza y a menudo fallecían.

Sus hacedores los habían ideado de tal manera que, ante la aparición de un gran dolor o desgracia, su corazón se detenía. Por lo tanto, debían evitar los disgustos fuertes. Pero en realidad, ese misericordioso dispositivo funcionaba tan sólo en tierra. En el aire daban muestras de una naturaleza muy diferente y más heroica, que sus hacedores no habían previsto, aunque sin duda era una consecuencia de la forma en que habían sido concebidos.

En el aire, el corazón del hombre volador latía con más fuerza. Aumentaba su temperatura. Sus sensaciones eran más vividas y selectivas, y su inteligencia, más ágil y penetrante. Experimentaba el placer o el dolor con más intensidad en todo cuanto le acontecía. No sería cierto decir que se volvía más emotivo; antes bien era todo lo contrario, si por emotividad se quiere significar ser esclavo de las emociones. Pues lo más notable del período aéreo era que esa capacidad de apreciación más acentuada carecía de pasión. Mientras el individuo se encontraba en el aire, fuese en la lucha solitaria con una tormenta, o bien en el baile ceremonial con una hueste de sus semejantes que obscurecía el cielo; tanto si ejecutaba la arrebatada danza de amor con una pareja sexual, o bien volara en círculos sobre el mundo, solitario y meditabundo; tanto si su empresa era afortunada, como si se veía arrastrado por un huracán y moría al estrellarse, siempre contemplaba con igual gozo estético su propia suerte, fuera jubilosa o trágica. Aun cuando un desastre aéreo destruyese o mutilase a su más querido compañero, él estaba exultante, pese a que a su vez habría sido capaz de ofrendar su propia vida para salvarlo. Pero, una vez en tierra, no tardaba en sentirse abrumado por la pena, se esforzaba vanamente en recobrar la visión perdida y tal vez moría a causa de un infarto.

Cuando un accidente atmosférico de alcance mundial destruía toda una población aérea, como ocurría de vez en cuando en el borrascoso clima de Venus, los contados y maltrechos supervivientes se sentían exultantes mientras permanecían en el aire. Y, de hecho, cuando al fin se precipitaban exhaustos hacia tierra, hacia una desilusión y una muerte seguras, interiormente reían. Sin embargo, al cabo de una hora de haber llegado al suelo, su constitución se transformaba y perdían la bella visión. Sólo recordaban el horror del desastre, y el recuerdo los mataba.

No debe extrañar entonces que los hombres de la Séptima Humanidad detestaran todos los momentos que pasaban en tierra. Mientras se encontraban en el aire aceptaban con inmutable alegría —aunque con repugnancia— la perspectiva de un período pedestre, por interminable que éste fuera; pero, una vez en tierra, detestaban amargamente encontrarse allí. Ya en los comienzos de la evolución de las especies, se había incrementado la proporción de horas aéreas en relación con las terrestres mediante una invención biológica. Se había creado una diminuta planta comestible que se pasaba el invierno arraigada en el suelo, y en el verano flotaba a la deriva en el aire iluminado por el sol, dedicada tan sólo al proceso de la fotosíntesis. De ahí que la población de hombres voladores pudiese nutrirse en los brillantes prados del firmamento, tal como las golondrinas.

A medida que pasaron los siglos, la civilización se hizo cada vez más simple. Las necesidades que no se podían satisfacer sin recurrir al trabajo terrestre se fueron descartando. Los artículos manufacturados eran cada vez más raros, y ya no se escribían ni leían libros. En general, ya no eran necesarios; pero hasta cierto punto su lugar fue ocupado por la tradición y la discusión oral, llevada a cabo en el aire. De las artes, se practicaban constantemente la música, la lírica hablada y el verso épico, así como el supremo arte de la danza alada. El resto desapareció.

Muchas de las ciencias se esfumaron inevitablemente; sin embargo, se conservó el verdadero espíritu científico en las muy exactas predicciones meteorológicas, una biología bastante acertada y una psicología humana sólo superada por la segunda y quinta especie en sus puntos más altos. No obstante, ninguna de esas ciencias se tomó muy en serio, salvo en sus aplicaciones prácticas. Por ejemplo, la psicología explicaba el éxtasis del vuelo de manera muy minuciosa como una beatitud febril e irracional. Pero nadie prestaba mucha atención a esa teoría, pues todos sentían, mientras volaban, que era simplemente una verdad a medias.

El orden social de la Séptima Humanidad no era en esencia utilitario, ni humanístico, ni religioso, sino estético. Todo acto y toda institución se justificaba como una contribución a la forma perfecta de la comunidad. Incluso la prosperidad social se concebía meramente como el medio en el que se debía encarnar la belleza, esto es, la belleza de las intensas vidas individuales armoniosamente relacionadas. Aun así, según afirmaban los sabios, la muerte temprana en vuelo era mucho mejor que una vida muy prolongada en tierra, no sólo para el individuo, sino incluso para la propia raza. Mejor, mucho mejor sería el suicidio colectivo, que un futuro de vida completamente pedestre. Sin embargo, aunque tanto el individuo como la raza se concebían como instrumentos para obtener la belleza objetiva, en esa convicción no había nada religioso, en un sentido ordinario. La Séptima Humanidad no sentía interés alguno por lo universal y lo invisible. La belleza que trataban de crear era efímera y muy sensual, y todos se conformaban con que fuese así. La inmortalidad personal, decía un sabio moribundo, sería tan tediosa como una canción interminable. Igual ocurría con la raza. «La llama adorable, de la cual todos somos miembros, debe morir», decía; «pues sin la muerte carecería de belleza».

Durante casi cien millones de años terrestres, esa sociedad aérea perduró con pocos cambios. En muchas de las islas de ese período aún había un buen número de antiguas torres arquitectónicas, aunque restauradas casi hasta resultar irreconocibles. En esos nidos, los hombres y las mujeres de la séptima especie dormían durante las largas noches venusinas, apretujados como golondrinas en reposo. De día, las enormes torres apenas estaban habitadas por aquellos que trabajaban por turnos en la industria, mientras otros laboraban en los campos y en el mar. Pero la mayoría estaba en el aire. Muchos sobrevolaban el océano, para precipitarse, como alcatraces, en busca de peces. Muchos, revoloteando sobre el mar o la tierra firme, se abatían una y otra vez como halcones sobre las aves silvestres que constituían la principal ración de carne de la especie. Otros, a doce o quince mil metros sobre las olas, donde incluso la densa atmósfera de Venus apenas podía sostenerlos, planeaban en círculos y descendían precipitadamente, por el puro gozo de volar. Otros, en la calma de las elevadas alturas, planeaban sin esfuerzo, llevados por alguna corriente de aire estable, con el fin de meditar y de gozar del éxtasis de la simple percepción. No faltaban las parejas embriagadas de amor que entrelazaban sus rumbos para formar diseños aéreos, espirales, cascadas y verdaderos nudos de amor en vuelo, hasta abrazarse y descender tres mil metros corporalmente unidos. Algunos se desplazaban de aquí para allá a través de las verdes neblinas de partículas vegetales, recogiendo el maná en sus bocas abiertas. Algunos grupos, describiendo círculos juntos, trataban temas sociales o estéticos; otros cantaban a coro o escuchaban recitativos de versos épicos. Miles de ellos, reunidos en el cielo como aves migratorias, efectuaban evoluciones en masa que recordaban las vastas coreografías aéreas del primer Estado Mundial, pero más vitales y expresivas, como el vuelo de un pájaro resulta más vital que el vuelo de una máquina. Y siempre había alguien que, solitario o en compañía, o bien iba a la pesca de seres marinos o a la caza de aves silvestres, o bien de puro atrevido probaba su fuerza y habilidad desafiando un huracán, a menudo de forma trágica, pero invariablemente lleno de deleite y alegría del espíritu.

Puede parecer increíble que la cultura de la Séptima Humanidad durara tanto. Seguramente, tendría que haber declinado a causa de la simple monotonía y el estancamiento, o haber progresado hacia una experiencia más rica. Pero no fue así. Las generaciones se fueron sucediendo, y cada una fue demasiado breve para superar la joven etapa de gozo y descubrir el aburrimiento. Además, tan perfecta era la adaptación de esos seres a su mundo que, aun cuando hubiesen vivido durante siglos, no habrían experimentado la necesidad de cambiar. El vuelo les producía un intenso alborozo físico, junto con la base física de una genuina y embelesada experiencia espiritual, por limitada que ésta fuese. En ese logro supremo se solazaban no sólo en la diversidad de vuelos, sino también en el goce de las bellezas de su abigarrado mundo, y sobre todo, quizás, en los miles de matices líricos y épicos de las relaciones humanas en la comunidad aérea.

El fin de ese paraíso aparentemente eterno, sin embargo, estuvo relacionado con la propia naturaleza de la especie. En primer lugar, a medida que las eras se sucedían, las generaciones conservaban cada vez menos el antiguo tesoro científico, pues para ellos carecía de importancia. La comunidad aérea no lo precisaba. Esa pérdida de información careció de importancia en tanto su estado permaneció inalterado; pero, con el tiempo, los cambios biológicos comenzaron a dañarlos. La especie siempre había sido proclive a cierta inestabilidad biológica. Desde un principio había habido una proporción de recién nacidos con malformaciones, cuyo número variaba según las circunstancias; y, en general, las deformaciones les habían imposibilitado volar. El niño normal podía volar a los dos años. Si algún accidente se lo impedía, invariablemente se debilitaba y fallecía antes de haber cumplido los tres años. Pero muchos de los individuos deformes, que habían sufrido una regresión a la naturaleza pedestre, lograban vivir indefinidamente sin volar. Siempre había existido la costumbre piadosa de exterminarlos; pero a la larga, a causa del gradual agotamiento de una sal marina esencial para la naturaleza de la Séptima Humanidad, eran más los niños con deformaciones congénitas que los que nacían sanos.

La población del mundo fue declinando de tal manera, que ya no fue posible mantener la vida organizada de la comunidad aérea de acuerdo con los principios estéticos tradicionales.

Nadie sabía cómo detener la degeneración racial, pero muchos tenían la impresión de que eso podría haberse evitado si se hubiesen tenido más conocimientos biológicos. Entonces, se adoptó un plan de acción desastroso. Se resolvió salvar a una proporción de niños deformes cuidadosamente seleccionados, a aquellos que, si bien estaban condenados a la vida pedestre, era probable que desarrollaran una elevada inteligencia. Así se esperaba contar con un grupo de personas especializadas que, libres de la ebriedad que causaba el afán de volar, tendrían la misión de realizar investigaciones biológicas.

Los brillantes tullidos que resultaron de ese plan enfocaron la existencia desde otro ángulo. Privados de la suprema experiencia para la cual vivían sus semejantes, envidiosos de un goce que sólo conocían de oídas, pero desdeñosos de la mentalidad ingenua a la que nada parecía importarle salvo el ejercicio físico, hacer el amor, la belleza de la naturaleza y los aspectos elegantes de la sociedad, buscaron satisfacción casi totalmente en la investigación y el dominio de la ciencia. Sin embargo, eran seres torturados y resentidos, pues su naturaleza había sido concebida para una vida aérea que ellos no podían llevar. Si bien recibían de sus semejantes alados un trato justo y cierto respeto compasivo, se sentían heridos por esa amabilidad, rechazaban todos los valores ortodoxos y buscaban nuevos ideales.

Al cabo de unas centurias habían rehabilitado la vida del intelecto, y, con el poder que brinda el conocimiento, se adueñaron del mundo. Los afables voladores se quedaron sorprendidos, perplejos y hasta dolidos; no obstante, al mismo tiempo lo hallaban divertido. Aun cuando se hizo evidente que los pedestres estaban decididos a crear un nuevo orden mundial en el cual no habría lugar para los goces del vuelo natural, los voladores sólo se mostraban dolidos por el asunto cuando se hallaban en tierra.

Las islas se llenaron de maquinarias e industrias. En el aire, los seres alados se encontraban superados por los toscos pero eficaces instrumentos de vuelo mecánico. Las alas se convirtieron en motivo de burla, y la vida del vuelo natural se condenó como un lujo estéril. Se ordenó que, en el futuro, todo volador debía estar al servicio del orden mundial, o se moriría de hambre. Y, como se había abandonado el cultivo de las plantas transportadas por el viento, y los derechos de pesca y caza estaban estrictamente controlados, esa ley no era una simple forma vacía de contenido.

En un principio, a los voladores les resultaba imposible trabajar en tierra durante largas horas, día tras día, sin sufrir un grave deterioro de la salud que los conducía a una muerte temprana. Pero los fisiólogos pedestres inventaron una droga que mantenía a los pobres esclavos asalariados en un estado de aparente buena salud física, y de hecho les alargaba la vida. Sin embargo, ninguna droga podía restaurar su espíritu, pues sus hábitos aéreos normales se redujeron a unas pocas horas fatigosas de recreación una vez a la semana. Mientras tanto, se llevaron a cabo experimentos de gestación con el fin de crear un tipo desprovisto de alas y con gran capacidad cerebral. Y, por fin, se dictó una ley por la cual se debía mutilar o aniquilar a todos los niños alados. En ese momento, los voladores realizaron un acto heroico, pero ineficaz, para recuperar el poder, y atacaron a la población pedestre desde el aire. En respuesta, el enemigo los persiguió en sus grandes aviones y los destruyó con explosivos.

Finalmente, las escuadrillas de combate de los voladores naturales fueron obligadas a aterrizar en una isla remota y yerma. Allí se reunió a toda la población aérea, un simple remanente de su fuerza anterior, huyendo del archipiélago civilizado en pos de la libertad: toda la población, salvo los enfermos, que se suicidaron, y los niños que aún no podían volar. A ésos los estrangularon sus madres o parientes, acatando un decreto de los líderes. Cerca de un millón de hombres, mujeres y niños, algunos de los cuales tenían apenas edad suficiente para el vuelo prolongado, ahora estaban apiñados en las rocas, a pesar de que no había alimentos en el entorno para una cantidad tan grande de gente.

Sus líderes, reunidos en un cónclave, comprendieron sin lugar a dudas que a los hombres voladores les había llegado la hora, y que sería más digno para su noble raza morir de pronto, que seguir viviendo sometidos a sus insolentes amos. Por lo tanto, ordenaron a la población que participara en un acto de suicidio racial que, al menos, convertiría la muerte en un honroso gesto de libertad. La gente recibió el mensaje mientras reposaban en el rocoso brezal, y un gemido de dolor se alzó de sus gargantas. Lo acalló la voz del orador, quien los indujo a ver, aun en tierra, la belleza de lo que debían hacer. Ellos no podían verlo; pero comprendieron que, si tenían la fuerza para emprender de nuevo el vuelo, lo verían claramente, casi en el mismo momento en que sus fatigados músculos los llevaran hasta lo alto. No había tiempo que perder, pues muchos ya estaban debilitados por el hambre, y temían no poder elevarse del suelo. Dada la señal, toda la población emprendió el vuelo con gran estrépito de alas. Las penas quedaron atrás. Hasta los niños, cuando su madre les explicó qué debían hacer, aceptaron su suerte con deleite

360

aunque, si lo hubiesen sabido en el suelo, se habrían quedado aterrados.

Todos volaron hacia el poniente, formando una doble hilera de muchos kilómetros. En el horizonte apareció el cono humeante de un volcán, que crecía a medida que se acercaban. Los líderes se dirigieron hacia la columna de humo rojizo, y, sin vacilar, reunida en parejas, toda la multitud se precipitó en el ardiente hálito y desapareció. Así terminó la existencia de los hombres voladores.

3. Un acontecimiento astronómico de poca importancia

La raza sin alas que ahora era la dueña del planeta, y que aún conservaba mucho de pájaro, se dedicó a crear una sociedad basada en la industria y la ciencia. Después de muchas vicisitudes crearon una nueva especie humana, la Octava Humanidad. Estos individuos, fuertes y de cabeza alargada, fueron diseñados para ser estrictamente pedestres, física y mentalmente. Aptos para la manipulación, el cálculo y la invención, no tardaron en convertir a Venus en un paraíso de la ingeniería. Con energía extraída del calor central del planeta, sus enormes barcos eléctricos navegaban tranquilamente entre los continuos huracanes y tormentas, que tampoco perturbaban a sus naves aéreas. Túneles y puentes comunicaban las islas, y hasta el último centímetro de tierra servía a un fin industrial o agrícola. Las generaciones acumularon fortunas con tanto éxito, que las razas y castas rivales pudieron dedicarse, con una periodicidad de algunos siglos, a desenfrenados excesos de mutuas matanzas y destrucción material sin que, como norma, sus descendientes se empobrecieran. Y tan insensible se había vuelto el hombre, que no se avergonzaba en absoluto de esos excesos. En efecto, sólo los ardores de la violencia física arrancaban durante un tiempo de su suficiencia a esa especie tan palurda. Contiendas que para unos seres más nobles habrían constituido un tremendo desastre espiritual, para éstos era un ejercicio tonificante, casi religioso. Cabe señalar que esos paroxismos catárticos no eran más que raras y breves crisis que automáticamente acarreaban eras de paz imperturbable. En ningún momento fueron una amenaza para la existencia de la especie, y en muy contadas ocasiones llegaron a destruir la civilización.

Fue después de un largo período de paz y de adelantos científicos cuando la Octava Humanidad realizó un sorprendente descubrimiento astronómico. Desde que la Primera Humanidad supiera que en la vida de las estrellas llega un momento en que la enorme esfera se comprime hasta reducirse a un cuerpo denso y diminuto de débil radiación, el hombre había sospechado periódicamente que el Sol estaba a punto de sufrir una transformación, para convertirse en una típica «enana blanca». La Octava Humanidad detectó señales seguras de la catástrofe y predijo la fecha. Contaban con veinte mil años antes de que comenzase el cambio. Cincuenta mil años más tarde, Venus estaría congelado y sería inhabitable. La única esperanza que cabía era emigrar a Mercurio durante el gran cambio, cuando ese planeta hubiera dejado de ser intolerablemente ardiente. Era necesario, pues, crear una atmósfera en Mercurio y generar una nueva especie que fuese capaz de adaptarse finalmente a un mundo de frío extremo.

Esa operación desesperada ya estaba en marcha cuando un nuevo descubrimiento astronómico les demostró que aquella empresa era inútil. Los astrónomos detectaron, a cierta distancia del sistema solar, una nube de gas no luminoso. Los cálculos demostraron que ese objeto y el Sol se estaban aproximando de forma tangencial, y que terminarían por chocar. Cálculos ulteriores revelaron el probable resultado de ese acontecimiento: el Sol estallaría en una llamarada y se expandiría de forma prodigiosa. La vida se convertiría en algo completamente imposible en los planetas con excepción, quizá, de Urano y más probablemente Neptuno. Los tres planetas más allá de Neptuno se salvarían de la quemazón, pero resultaban inadecuados por otras razones. Los dos más alejados seguirían siendo helados y, además, se hallaban fuera del alcance de las imperfectas naves espaciales de la Octava Humanidad. El más cercano era prácticamente una esfera de hierro, desprovisto no sólo de atmósfera y agua, sino también de la normal cubierta rocosa. Sólo Neptuno podría albergar la vida, pero ¿cómo se podría poblar alguna vez Neptuno? No sólo su atmósfera no era apta en absoluto, y su fuerza de gravedad tan grande que el peso del hombre sería insoportable, sino que hasta el momento de la colisión sería excesivamente frío. Sólo después del incendio solar podría mantener la clase de vida conocida por el hombre.

Aunque vale la pena relatar la historia del salto de la humanidad a su última morada, no tengo tiempo de detallar cómo se superaron todas esas dificultades. Tampoco puedo contar en detalle el conflicto político que surgió. Algunos, considerando que la Octava Humanidad jamás podría vivir en Neptuno, propusieron entregarse a una orgía de placeres hasta que llegara el fin. Pero, a la larga, la raza tuvo éxito al resolver casi de forma unánime que destinaría los siglos restantes a la creación de un ser humano capaz de llevar la antorcha de la mentalidad a un mundo nuevo.

Las naves del éter podían alcanzar aquel mundo remoto y efectuar cambios químicos para mejorar la atmósfera. Por medio de los procesos recientemente redescubiertos para desintegrar la materia, se podía lograr también un suministro constante de energía con el fin de calentar una región donde la vida podría tener esperanzas de sobrevivir hasta que el Sol se rejuveneciera.

Cuando al fin se acercaba el momento de la emigración, se despachó hacia Neptuno una vegetación especialmente creada para que arraigara en la región cálida, donde el hombre podría servirse de ella. Se resolvió que no sería necesario enviar animales. Acto seguido, se transportó a la nueva morada del hombre una especie humana especialmente concebida, la Novena Humanidad. Los gigantescos miembros de la Octava Humanidad no podrían habitar Neptuno. El problema no era simplemente que apenas serían capaces de sostener su propio peso, por no hablar de caminar, sino que la presión atmosférica de Neptuno era insoportable, ya que el enorme planeta contaba con una envoltura gaseosa de miles de kilómetros de espesor. La masa sólida era apenas el equivalente de la yema de un huevo gigantesco, pero ambas masas, la gaseosa y la solida, se combinaban para producir una presión gravitatoria mayor que la existente sobre el lecho oceánico de Venus.

Por lo tanto, la Octava Humanidad no se atrevió a salir de sus naves del éter para recorrer la superficie del planeta salvo durante breves lapsos, y ataviados con vestidos de buceo hechos de acero. Allí no podían hacer nada más; sólo les quedaba regresar a los archipiélagos de Venus y vivir de la mejor manera posible hasta el fin.

No tuvieron que esperar mucho. Unos pocos siglos después de establecerse en Neptuno, tras transferir allí todas las más preciosas reliquias materiales de la humanidad, el enorme planeta estuvo a punto de colisionar con el extraño viajero del espacio. Urano y Júpiter se hallaban en ese momento muy lejos de su órbita, pero no así Saturno, que, unos años después de la emigración a Neptuno, fue tragado por la nube, con todos sus anillos y satélites. La súbita incandescencia que provocó esa colisión de menor importancia no fue más que un preludio.

El gigantesco extraño siguió avanzando y, como un dedo que rasgara una tela de araña, desbarató las órbitas planetarias. Habiéndose abierto camino entre los asteroides, pasó de largo junto a Marte, atrapó a la Tierra y a Venus en su ardiente estela y saltó hacia el Sol. A partir de entonces, el centro del sistema solar se convirtió en una estrella con un diámetro casi tan grande como el de la antigua órbita de Mercurio, y todo el sistema se transformó.

XIV. NEPTUNO

1. Una vista a vuelo de pájaro

He contado la historia de la humanidad hasta un punto intermedio en el trayecto que va de su origen a su aniquilación. Detrás queda el vasto espacio que incluye todas las eras terrestres y venusinas, con sus lentas fluctuaciones entre obscurantismo e iluminismo. Adelante se encuentra la era neptuniana, igualmente extensa, igualmente trágica, quizá, pero más diversa y, en su última fase, incomparablemente más brillante. No serviría de nada relatar la historia de la humanidad en Neptuno en la escala de la crónica precedente. Buena parte de ella sería incomprensible para los terrícolas, y muchos de los acontecimientos repiten una y otra vez temas de la sinfonía humana que ya observamos en los movimientos terrestres o venusinos, pero al modo neptuniano. Para apreciar plenamente el alcance y las sutilezas de la gran epopeya viviente deberíamos, sin duda, ahondar en todos sus movimientos con el mismo cuidado fiel. Pero eso resulta imposible para cualquier mente humana. Sólo podemos prestar atención a las fases significativas, aquí y allá, y confiar en captar algunos indicios fragmentarios de su vasta e intrincada forma. Y para los lectores de esta obra, que son ellos mismos trémolos en los compases iniciales de la obra musical, es preferible que me entretenga principalmente en cosas cercanas a ellos, aun a costa de dejar a un lado buena parte de aquello que de hecho es mucho más importante.

Antes de continuar este largo vuelo, echemos un vistazo a nuestro alrededor. Hasta aquí hemos pasado sobre los campos del tiempo a una altitud relativamente baja, para poder efectuar observaciones detalladas. Ahora vamos a viajar a mayor altura y con una velocidad de otro orden. Por lo tanto, debemos orientarnos en el horizonte más amplio que se abre alrededor de nosotros, y considerar algunas cosas desde un punto de vista más astronómico que humano. Dije que nos encontrábamos en el punto medio entre el comienzo y el fin de la humanidad. Mirando hacia el remoto principio, vemos que el espacio de tiempo que incluye todo el curso de la Primera Humanidad, desde el Pithecanthropus hasta el desastre patagónico, constituye un punto imposible de analizar. Incluso el período precedente y mucho más prolongado entre los primeros mamíferos y el primer hombre —unos veinticinco millones de años terrestres— parece ahora insignificante. Todo él, junto con la era de la Primera Humanidad, se puede decir que se encuentra entre la formación de los planetas, dos mil millones de años antes, y su destrucción final, dos mil millones de años después.

Desde un punto de vista más amplio, vemos que esa era de cuatro mil millones de años no es en sí misma más que un instante en comparación con la edad del Sol. Y, antes del nacimiento del Sol, la materia de esta galaxia ya había existido durante muchas eras en la forma de una nebulosa. Sin embargo, incluso esas eras parecen breves en relación con el paso del tiempo antes de que la miríada de grandes nebulosas, las futuras galaxias, se condensaran a partir de la niebla que todo lo ocupaba en el principio. Así la duración total de la humanidad, con sus múltiples especies y su incesante sucesión de generaciones, no es más que un destello en la existencia del cosmos.

También desde el punto de vista espacial el hombre es inconcebiblemente insignificante. Si en la imaginación reducimos el tamaño de esta galaxia al de un principado terrestre antiguo, debemos suponerlo a la deriva en el vacío junto con millones de otros principados, muy alejados unos de otros. En la misma escala, el omnipresente cosmos sería del tamaño de una esfera con un diámetro de unas veinte veces mayor que el de la órbita lunar en vuestra época; y en alguna parte dentro del principado errante como un asteroide que es nuestro propio universo, el sistema solar sería un punto microscópico, y el mayor de los planetas, incomparablemente más pequeño.

Hemos observado la suerte de ocho especies humanas sucesivas durante mil millones de años: la primera mitad de ese destello que es la duración de la humanidad. Diez especies más se sucedieron en las llanuras de Neptuno. Nosotros, la Ultima Humanidad, somos la decimoctava. De las ocho especies preneptunianas, algunas, como hemos visto, no superaron el estadio primitivo; muchas alcanzaron al menos un grado de civilización confuso y efímero, y una de ellas, la brillante Quinta, ya estaba despertando a la verdadera humanidad cuando la calamidad la destruyó. Las nueve especies neptunianas demuestran una diversidad aún más grande, ya que abarcan desde el animal instintivo hasta modos de conciencia nunca alcanzados con anterioridad. Los tipos degenerados definitivamente subhumanos no vivieron en su mayoría más allá de los primeros seiscientos millones de años de la permanencia de la humanidad en Neptuno. Durante la primera mitad de esa larga fase de preparación, la humanidad, que al principio había sido casi exterminada por un medio hostil, fue poblando gradualmente el vasto norte; pero de bestias, no de hombres. Pues el hombre como tal ya no existía. Durante la última mitad de esos seiscientos millones de años iniciales, el espíritu humano volvió a despertar poco a poco, para sufrir los fluctuantes avances y decadencias característicos de las eras preneptunianas. Pero, en los postreros cuatrocientos millones de años de su curso en Neptuno, el hombre ha efectuado un progreso casi permanente hacia la plena madurez espiritual.

Veamos ahora con más detenimiento esas tres grandes épocas de la historia de la humanidad.

2. Da capo

Fue con prisa desesperada que los últimos hombres venusinos diseñaron y crearon una nueva especie que pudiese colonizar Neptuno. La simple lejanía del gran planeta, además, no había permitido que se explorara a fondo su naturaleza, de modo que el nuevo organismo humano sólo se adaptó en parte al medio al que fue destinado. Inevitablemente era enano, limitado en altura por la necesidad de resistir la excesiva gravedad. Su cerebro estaba tan contraído, que hubo que omitir todo salvo lo más esencial del ser humano. Aun así, la Novena Humanidad era demasiado delicada para soportar la ferocidad de las fuerzas de la naturaleza en Neptuno. Los diseñadores habían subestimado seriamente esa ferocidad, y se habían conformado con crear una copia en miniatura de su propio tipo.

Deberían haber planeado un salvaje duro, lascivamente procreador, astuto en la lucha por la existencia física, pero sobre todo fuerte, prolífico y tan insensible como para apenas merecer el nombre de hombre. Deberían haber confiado en que, si ese ser tan basto llegaba a echar raíces, las mismas fuerzas naturales lograrían con el tiempo hacer de él algo más humano. En cambio, crearon una raza condenada con la inevitable fragilidad de las miniaturas, y pensada para un medio civilizado que esos espíritus débiles no podrían mantener en un mundo tumultuoso. Pues ocurrió que el gigantesco Neptuno, aún joven, fue entrando con lentitud en una fase de contracción de la corteza, y por lo tanto de terremotos y erupciones volcánicas. Así pues, los frágiles colonos se encontraron cada vez más en peligro de ser tragados por las tremendas grietas que se abrían repentinamente, o de acabar enterrados bajo las cenizas volcánicas. En cuanto a sus bajos edificios, cuando no quedaban sepultados por ríos de lava o se agrietaban sus cimientos, corrían el riesgo de ser derruidos por los embates de la atmósfera, densa y turbulenta. Además, la composición malsana de la atmósfera eliminó toda posibilidad de alegría y coraje en una raza cuya naturaleza estaba condenada, aun en circunstancias favorables, a ser neurótica.

Por fortuna, esa agonía no podía durar indefinidamente. De forma gradual, la civilización se hundió en el salvajismo, la torturada visión de cosas mejores se perdió, y la conciencia del hombre se estrechó y endureció hasta convertirse en la conciencia de un bruto. Gracias a la buena suerte, el bruto sobrevivió de manera precaria.

Mucho después de que la Novena Humanidad hubo perdido su condición humana, la propia naturaleza, a su manera lenta y desatinada, triunfó donde la inteligencia del hombre había fracasado: los descendientes salvajes de esa especie humana se adaptaron por fin a su mundo. Con el tiempo, surgió una rica variedad de formas subhumanas en las múltiples clases de ambientes que brindaban las tierras y los mares de Neptuno. Ninguna de ellas se aventuró cerca del ecuador, pues en esa época el Sol dilatado había convertido los trópicos en una región demasiado ardiente para albergar algún tipo de vida. Aun en el polo, el prolongado verano provocaba una gran tensión en todos los seres salvo los más resistentes.

Por esa época, el año de Neptuno duraba unas ciento sesenta y cinco veces más que el antiguo año terrestre, y el lento cambio estacional ejercía un importante efecto en los ritmos vitales. Todos los organismos, salvo los más efímeros, tendían a vivir al menos durante todo un año, y los mamíferos superiores sobrevivían más aún. En una etapa posterior, esa longevidad natural desempeñaría un beneficioso papel en el renacimiento de la humanidad. Pero, por otra parte, la gran lentitud de crecimiento del individuo, la duración de la inmadurez en cada generación, retrasaba el proceso evolutivo natural en Neptuno de tal modo que, comparada con las épocas terrestre y venusina, la historia biológica ahora avanzaba a paso de caracol.

Después de la caída de la Novena Humanidad, todos los seres subhumanos adoptaron la posición cuadrúpeda, la mejor para lidiar con la fuerza de gravedad. Al principio sólo la adoptaban en ciertas ocasiones, pero con el tiempo aparecieron muchas especies de verdaderos cuadrúpedos. En varios de los tipos corredores, los dedos de las manos y de los pies crecieron juntos, de modo que se desarrolló un casco, no en las puntas de los dedos, que estaban doblados y atrofiados, sino en los nudillos.

Doscientos millones de años después de la colisión solar, innumerables especies de subhumanos cuadrúpedos, dotados de morro semejante al de los ovinos, molares amplios y un sistema digestivo parecido al de los rumiantes, competían unas con otras en el continente polar. Estas especies eran presa de los carnívoros subhumanos, algunos de los cuales alcanzaban grandes velocidades en la persecución, mientras que otros estaban dotados para la caza al acecho y el salto súbito. Pero, como quiera que saltar no era tarea fácil en Neptuno, estos últimos eran en general muy pequeños. Sus presas eran los descendientes de los hombres que guardaban cierto parecido con los conejos y ratones, o bien se cebaban en la carroña de los grandes mamíferos, o en los robustos gusanos y escarabajos, que habían surgido originalmente de los bichos transportados accidentalmente desde Venus. De toda la antigua fauna venusina, sólo el hombre, algunos pocos insectos y otros invertebrados, así como muchas clases de microorganismos, lograron colonizar Neptuno. En cuanto a la flora, se habían generado de forma artificial muchos tipos de plantas para el nuevo mundo, y de éstas terminó por surgir una gran cantidad de hierbas, plantas florales, arbustos de grueso tronco y nuevas algas. Gusanos marinos muy desarrollados se alimentaban de esa flora, y, con el tiempo, algunos se convirtieron en vertebrados depredadores, ágiles y pisciformes. A su vez fueron presas de los descendientes marinos de la humanidad, fuesen éstos las focas subhumanas o las marsopas subhumanas, aún más especializadas. Quizá la más notable de esas evoluciones de la antigua raza humana fue la que condujo, por medio de una especie de murciélago insectívoro, a una gran variedad de verdaderos mamíferos voladores, apenas más grandes que los colibríes, pero en algunos casos ágiles como golondrinas.

En ninguna parte sobrevivió la típica forma humana. Hubo sólo animales que adaptaron su estructura e instintos a algún habitat específico de un mundo infinitamente diverso y vasto. Sin duda, extraños vestigios de la mentalidad humana persistieron aquí y allá, así como en los miembros anteriores de algunas especies persistían los dedos del hombre, en un tiempo ágiles. Así, por ejemplo, había ciertos rumiantes que en épocas de escasez se reunían y ululaban estridentemente, o bien, sentados sobre los cuartos traseros y con las patas delanteras bien apretadas, escuchaban durante horas y horas los aullidos de algún líder, respondiendo de forma intermitente con gruñidos y gemidos, hasta que terminaban enloqueciendo. Y había carnívoros que, en medio del fervor primaveral, interrumpían de repente la cópula, una pelea o la rutina cotidiana de la cacería, para quedarse sentados en algún lugar alto día tras día, noche tras noche, vigilando, esperando; hasta que por fin el hambre los obligaba a entrar de nuevo en acción.

Ahora, en la plenitud del tiempo, unos trescientos millones de años terrestres después de la colisión solar, un pequeño ser semejante a un conejo sin pelo, procedente de los prados polares, se encontró con que era intensamente perseguido por un ágil podenco del sur. El conejo subhumano carecía relativamente de especialización, y no poseía medios eficaces para defenderse o huir, de modo que fue prácticamente exterminado. Sin embargo, algunos individuos se salvaron cuando buscaron refugio en la espesa maleza de gruesos troncos, donde los podencos no podían seguirlos. Allí tuvieron que cambiar su alimentación y modo de vida; la hierba fue reemplazada por raíces, bayas y hasta gusanos y escarabajos. Sus miembros delanteros los usaban ahora para escarbar y trepar, e incluso para tejer nidos de paja y ramas. En esa especie, los dedos nunca se habían unido entre sí. En la parte interior, la garra delantera era como un pequeño puño, de cuyos nudillos, alargados y expuestos, sobresalían las puntas de unos dedos separados. Luego, los nudillos se alargaron aún más, para convertirse con el tiempo en un nuevo conjunto de dedos. En la palma de la nueva mano simiesca aún persistían restos de los antiguos dedos del hombre, doblados sobre sí mismos.

Como en el pasado, la manipulación dio origen a una conciencia más clara. Y ésta, sumada a la necesidad de experimentar con frecuencia en la alimentación, la caza y la defensa, desembocó al fin en una verdadera versatilidad de comportamientos y flexibilidad mental. El conejo prosperó, adoptó una posición casi erecta y siguió creciendo en estatura y capacidad cerebral. No obstante, del mismo modo que la nueva mano no era meramente una resurrección de la antigua, así las nuevas regiones cerebrales no eran tampoco un simple renacimiento del atrofiado cerebro humano, sino un órgano nuevo, que superó y asimiló ese vestigio de otra época. La mente de ese ser, por lo tanto, era en muchos aspectos una mente nueva, aunque adaptada a las mismas y grandes necesidades básicas.

Al igual que sus antepasados, deseaba alimentos, amor, gloria, compañerismo. En busca de esos fines, fabricó armas y trampas, construyó poblaciones de mimbre y conjuró las enfermedades con exorcismos.

Se convirtió en la Décima Humanidad.

3. Una lenta conquista

Durante un millón de años terrestres, esos seres lampiños y de largos brazos fueron diseminando sus cabañas de mimbre e implementos de hueso por los grandes continentes del norte. Y, durante muchos millones de años más, mantuvieron sus posesiones sin realizar grandes progresos culturales, pues la evolución biológica y cultural era muy lenta en Neptuno. Al fin, un microorganismo atacó a la Décima Humanidad y la eliminó. De sus restos se desarrollaron varias especies humanas primitivas, que permanecieron aisladas en territorios remotos durante millones de décadas, hasta que por fin la casualidad o alguna empresa las puso en contacto. Una de esas especies tempranas, dotada de grandes colmillos, fue perseguida por otra más hábil, que codiciaba el marfil, y acabó exterminada. Otra, de largo morro y amplios cuartos traseros, habitualmente permanecía en cuclillas como el canguro. Poco después de que esta especie, industriosa y social, hubiera descubierto el uso de la rueda, un tipo más primitivo y belicoso se abatió como una ola y arrasó con ella. Erectos, pero literalmente casi tan altos como anchos, esos salvajes sedientos de sangre se extendieron por todas las regiones árticas y subárticas, y pasaron varios millones de años sumidos en la monótona reiteración del progreso y la decadencia; hasta que una lenta degeneración de sus genes casi acabó con su existencia.

No obstante, después de una era de tinieblas, apareció otra especie de robusta constitución, pero de cerebro más grande. Ésta, por primera vez en Neptuno, concibió la religión del amor, así como todos los anhelos y angustias espirituales que tan a menudo habían atormentado en vano a la humanidad en la Tierra y en Venus. Volvieron a aparecer imperios feudales, naciones belicosas, guerras de origen económico y, no una vez sino muy a menudo, un estado mundial que abarcaba a todo el hemisferio norte. Fueron esos hombres los que por primera vez cruzaron el ecuador en naves eléctricas refrigeradas y exploraron el vasto sur. No se descubrió vida de ninguna clase en el hemisferio meridional; pues, incluso en esa época, ninguna materia viviente habría podido atravesar los ardientes trópicos sin refrigeración artificial. Fue sólo por el hecho de que la temporal revitalización solar ya había pasado su punto álgido que el hombre, con todo su ingenio, pudo resistir un largo viaje tropical.

Como la Primera Humanidad y tantos otros tipos humanos naturales, esos seres de la Decimocuarta Humanidad eran imperfectamente humanos. Como la Primera Humanidad también, concibieron ideales de conducta que su imperfecto sistema nervioso jamás pudo alcanzar, y a los que muy raras veces llegaron a acercarse. Pero a diferencia de la Primera Humanidad, sobrevivieron con cambios insignificantes durante trescientos millones de años. Sin embargo, ni siquiera un período tan extenso les permitió trascender su imperfecta naturaleza espiritual. Una y otra vez pasaron del salvajismo a la civilización mundial, y de vuelta al salvajismo. Estuvieron cautivos de su propia naturaleza, como un pájaro en una jaula. Y, así como el pájaro enjaulado puede malgastar los materiales para construir el nido y destruir periódicamente los frutos de su inútil trabajo, de la misma manera aquellos seres atrapados destruyeron su civilización.

Sin embargo, también esa segunda fase de la historia neptuniana, esa era de fluctuaciones, acabó. Seiscientos millones de años después del primer asentamiento en el planeta, la naturaleza produjo por sí misma, en la decimoquinta especie humana, el hombre natural de mayor altura, que sólo había producido una vez, en la segunda especie. Y en esta ocasión no interfirieron los marcianos. No debemos entretenernos en observar la lucha de ese hombre macrocéfalo para superar sus graves desventajas: un excesivo peso craneano y unas proporciones corporales difíciles de manejar. Baste decir que, tras una inmadurez prolongada y una tremenda guerra mecanizada entre el hemisferio norte y el sur, la Decimoquinta Humanidad superó los males y fantasías de la juventud y se consolidó como una sola comunidad mundial. Esa civilización se basó económicamente en la energía volcánica, y espiritualmente, en la fe en el logro de la capacidad humana. Fue esa especie la que, por primera vez en Neptuno, concibió, como un propósito racial perdurable, la voluntad de rehacer la naturaleza humana sobre la base de una escala mayor.

En adelante, y a pesar de muchos desastres tales como otro período de terremotos y erupciones, súbitos cambios climáticos, e innumerables plagas y aberraciones biológicas, el progreso humano fue relativamente estable, aunque de ninguna manera veloz y seguro. Aún habría eras, a menudo más largas que todo el curso de la Primera Humanidad, en las que el espíritu humano se tomaría un descanso en el intento de consolidar sus conquistas, o se perdería en el desierto. Pero nunca más, aparentemente, sería descalabrada y reducida a la mera animalidad.

Al trazar el avance final hacia la plena humanidad, sólo podemos observar los rasgos principales de toda una era astronómica. Pero, de hecho, se trata de una era repleta de muchos miles de generaciones de larga vida. Miríadas de individuos, cada uno de ellos único, vivieron su vida en extasiada relación con sus semejantes, aportaron los latidos de su corazón a la música universal, y luego desaparecieron para dejar su lugar a otros. Toda esa larga secuencia de vidas privadas, que constituye el real tejido de la carne de la humanidad, no puedo describirla. Sólo cabe trazar, como si dijéramos, la forma descarnada de su desarrollo.

Primero que nada, la Decimoquinta Humanidad se dedicó a eliminar cinco grandes males, a saber: la enfermedad, el trabajo extenuante, la senilidad, las desavenencias y la mala voluntad. La historia de su devoción, de sus múltiples experimentos desastrosos y de sus triunfos últimos no se puede contar aquí. Tampoco puedo relatar cómo aprendieron el secreto de la producción de energía a partir de la desintegración de la materia y a valerse de él, ni cómo diseñaron sus naves espaciales para explorar los planetas vecinos, ni cómo, al cabo de eras de experimentación, concibieron y crearon una nueva especie, la Decimosexta, que debía sucederles.

El nuevo tipo era análogo al de la Quinta Humanidad, que había colonizado Venus. Se introdujeron átomos rígidos artificiales en los tejidos óseos, con el fin de que pudiesen sostener un cuerpo de gran estatura y enorme cerebro, en el cual, además, una estructura celular excepcionalmente delicada permitiera una nueva complejidad organizativa. Se logró, asimismo, la telepatía, no por medio de las unidades marcianas, que ya hacía mucho tiempo que habían dejado de existir, sino mediante la síntesis de nuevos grupos celulares de un tipo similar. Debido en parte al inmenso incremento de la comprensión mutua, como consecuencia de la compenetración telepática, y, en parte, a la mejorada coordinación del sistema nervioso, se logró eliminar total y definitivamente el antiguo mal del egoísmo en el ser humano normal. Cuando los impulsos egotistas se resistían a subordinarse, se los clasificaba como síntomas de demencia. Ni que decir tiene que los poderes sensoriales de la nueva especie se mejoraron grandemente, y hasta se la dotó de un par de ojos en la nuca. A partir de ese momento, el hombre poseería un campo de visión total en vez del semicircular conocido hasta entonces. Y era tal la inteligencia de la nueva raza, que muchos de los problemas que anteriormente les parecían insolubles ahora podían resolverlos en una fracción de segundo.

De los grandes usos prácticos a los que la Decimosexta Humanidad dedicó sus energías, sólo es necesario mencionar uno como ejemplo: lograron controlar el movimiento de su planeta. Ya en las primeras etapas de su evolución pudieron, con la energía ilimitada que tenían a su disposición, dirigirlo hacia una órbita más amplia, de modo que el clima medio se tornó más templado, y en algunas ocasiones la nieve cubría los casquetes polares. Pero, a medida que avanzaban los siglos y el Sol se volvía cada vez menos ardiente, fue necesario revertir ese proceso y acercar el planeta gradualmente al Sol.

Cuando ya llevaba cerca de cincuenta millones de años en posesión de su mundo, la Decimosexta Humanidad, como la Quinta anteriormente, aprendió a penetrar en las mentes del pasado. Eso constituyó para ellos una aventura aún más emocionante que para sus antepasados, puesto que ignoraban la historia terrícola y venusina. Como sus antepasados, tan aterrados quedaron ante la fabulosa magnitud del eterno sufrimiento en el pasado, que durante un tiempo la existencia les pareció una burla, a pesar de sus grandes bendiciones y espontáneas alegrías. Pero al fin aprendieron a considerar que las desgracias del pasado eran un desafío. Se dijeron que el pasado les pedía ayuda, y que de alguna manera tenían que preparar una gran «cruzada para liberar el pasado». Cómo la llevarían a cabo, no podían concebirlo; pero estaban decididos a no cejar en esa quijotesca empresa que se había convertido en la principal preocupación de la raza: la creación de un tipo humano de un orden superior en todos sus aspectos.

Resultaba evidente que el hombre había avanzado en comprensión y creatividad hasta donde era posible para el cerebro del individuo humano, aislado físicamente. Sin embargo, la Decimosexta Humanidad se sentía limitada por su propia impotencia. Si bien en filosofía había profundizado más allá de lo que hasta entonces había sido posible, aun en esas profundidades descubría tan sólo las arenas movedizas del misterio. En particular, se sentía obsesionada por tres antiguos problemas, dos de los cuales eran puramente intelectuales: el misterio del tiempo y el de la relación de la mente con el mundo. El tercer problema consistía en la necesidad de reconciliar de alguna manera su firme lealtad a la vida —a la que concebía como una lucha contra la muerte— con su impulso a elevarse por encima de la batalla y admirarla desapasionadamente.

Durante una era tras otra, las razas de la Decimosexta Humanidad florecieron con una cultura tras otra. El movimiento de las ideas osciló una y otra vez entre todas las formas posibles del espíritu, para descubrir significados nuevos en los temas antiguos. Aun así, transcurrida toda esa época, los tres grandes problemas seguían sin resolver, lo que confundía a los individuos y viciaba la política de la raza entera. Obligada así a elegir por fin entre el estancamiento espiritual y un peligroso salto en la obscuridad, la Decimosexta Humanidad decidió dedicarse a la creación de un tipo de cerebro que, mediante la fusión mental de varios individuos, pudiera abrirse a una nueva forma de conciencia. Así, según se esperaba, el hombre podría penetrar hasta el corazón mismo de la existencia, ya fuese para admirarla como para detestarla. Y de ese modo podría verse por fin con claridad el propósito de la raza, que tan confuso le resultaba por su ignorancia filosófica.

De los cientos de millones de años que transcurrieron antes de que la Decimosexta Humanidad creara el nuevo tipo humano, no voy a decir nada. Ellos creyeron que habían dado cumplimiento al deseo de su corazón; pero, de hecho, los gloriosos seres que crearon se vieron atormentados por sutiles imperfecciones que estaban más allá de la comprensión de sus hacedores. Por lo tanto, en cuanto esa Decimoséptima Humanidad pobló el mundo y alcanzó plena estatura cultural, también sus miembros dedicaron todas sus energías a la creación de un nuevo tipo, esencialmente a semejanza de ellos, pero perfeccionado. Así, después de un breve trayecto de unos pocos cientos de miles de años llenos de esplendor y sufrimiento, la Decimoséptima Humanidad dio nacimiento a la Decimoctava y, según resultó ser, la última especie humana. Puesto que todas las culturas tempranas culminaron en el mundo de la Última Humanidad, paso por encima de ellas para ahondar algo más en nuestra era moderna.

XV. LA ÚLTIMA HUMANIDAD

1. Introducción a la última especie humana

Si un miembro de la Primera Humanidad pudiese penetrar en el mundo de la Última Humanidad, descubriría muchas cosas familiares y muchas otras que le parecerían extrañamente distorsionadas y equivocadas. Pero casi todo aquello que es más distintivo de la última especie humana le pasaría inadvertido. A menos que se le dijese que detrás de todos los rasgos obvios e imponentes de la civilización, detrás de toda la organización social y las relaciones personales de una gran comunidad, hay todo un mundo de cultura espiritual que lo rodea por entero pero está fuera de su alcance, jamás sospecharía que este mundo existe, así como un gato de Londres tampoco sospecha la existencia de las finanzas o la literatura.

Entre las cosas familiares que encontraría habría criaturas notoriamente humanas, pero que le parecerían grotescas. Mientras él tendría que esforzarse bajo el peso de su propio cuerpo, aquellos gigantes se desplazarían con facilidad. Los consideraría muy fuertes, a menudo casi rechonchos, pero no tendría más remedio que reconocer la gracia con que se movían y la belleza de sus proporciones. Cuanto más tiempo estuviese con ellos, más hermosos le parecerían, y no daría tanta importancia a los miembros de su propia raza. Algunos de esos hombres y mujeres fantásticos estarían cubiertos de vello, ya hirsuto o suave como terciopelo, revelando su musculatura. Otros presentarían una piel bronceada, amarillenta o rubicunda, y otros aún una piel cenicienta y translúcida, cálida a causa de la sangre que fluye por sus venas. Como especie, si bien todos somos humanos, somos muy distintos en cuerpo y forma; tanto, que superficialmente parecemos ser no una sola especie sino varias.

Algunos caracteres, por supuesto, son comunes a todos. El viajero quizá se sorprendería ante las grandes pero sensibles manos que son universales, tanto en los hombres como en las mujeres. En todos nosotros, el dedo más externo tiene en su extremo tres órganos diminutos de manipulación, bastante similares a los que se idearon para la Quinta Humanidad. Sin duda esas excrecencias desagradarían a nuestro visitante, como también el par de ojos en el occipucio y el ojo astronómico en la coronilla, que es peculiar de la Última Humanidad. Ese órgano fue tan sagazmente diseñado que, cuando se extiende totalmente, hasta más o menos un palmo del cráneo, nos permite ver el cielo con tanto detalle como al usar un pequeño telescopio astronómico. Aparte de esos rasgos especiales, no hay nada definidamente nuevo en nosotros, aunque cada miembro y cada contorno demuestra inequívocamente que han ocurrido muchas cosas desde los tiempos de la Primera Humanidad.

Nosotros somos más humanos, y más animales. El explorador primitivo podría impresionarse más por nuestra animalidad que por nuestra humanidad, a pesar de que buena parte de esta última le resultaría incomprensible. Quizás en un primer momento nos consideraría como un tipo degradado. Nos calificaría de faunescos y, en algunos casos particulares, de simiescos, ovinos, plantígrados, marsupiales o elefantinos. Sin embargo, nuestras proporciones generales son definidamente humanas a la manera antigua. Donde la fuerza de gravedad no es insuperable, la forma bípeda erecta resulta la más conveniente para los animales inteligentes de tierra, y así, después de prolongados extravíos, el hombre ha recobrado su antigua forma general. Además, si nuestro observador fuese sensible a la expresión facial, reconocería en cada uno de nuestros innumerables tipos fisonómicos un rasgo indescriptible pero claramente humano, el signo visible de esa gracia espiritual e interior que no está del todo ausente en su propia especie. Quizá diría: «Estos hombres que son bestias seguramente también son dioses», y se acordaría de aquellas antiguas deidades egipcias con cabeza de animal. Pero, en nosotros, lo animal y lo humano se compenetran en todas las facciones, en todas las curvas del cuerpo y con una variedad infinita. Observaría en nosotros, junto con rasgos mongólicos, negroides, nórdicos y semíticos, desaparecidos desde tiempo inmemorial, muchas facciones y expresiones extrañas, que provienen del período subhumano en Neptuno o en Venus. Advertiría en cada miembro unos desconocidos contornos de músculos, tendones o huesos, que se adquirieron mucho tiempo después de la desaparición de la Primera Humanidad. En los ojos, además de los colores familiares descubriría órbitas de color topacio, esmeralda, amatista y rubí, en un millar de variaciones. Y, si poseyera la capacidad de discernimiento, también vería en todos nosotros una expresión facial y un gesto corporal peculiar de nuestra especie: un rasgo luminoso, pero mordaz e irónico, que casi no aparece en los primeros rostros humanos.

El viajero reconocería en nosotros los rasgos sexuales inconfundibles, tanto en las proporciones generales como en los órganos específicos. Pero le costaría descubrir que algunas de las diferencias faciales y corporales más notables se deben a la diferenciación de los dos antiguos sexos en muchos subsexos. La experiencia sexual plena implica para nosotros una compleja relación entre los individuos de todos esos tipos. Más tarde volveré a referirme a los grupos sexuales, extremadamente importantes.

Nuestro visitante advertiría, por cierto, que, si bien todas las personas en Neptuno andan habitualmente desnudas, con excepción de una bolsa o mochila, la ropa —a menudo de brillantes colores y confeccionada con diversos tejidos, lustrosos o toscos, desconocidos antes de nuestra era — se usa con propósitos especiales.

También vería muchos edificios, la mayoría de una sola planta, dispersos por los verdes campos; pues en Neptuno hay espacio de sobra aun para los miles de millones de seres de la Última Humanidad. Sin embargo, aquí y allá contamos con grandes estructuras arquitectónicas, cruciformes o en forma de estrella, que por su altura se pierden en las nubes y adornan los invariables llanos de Neptuno. Los más imponentes de todos los edificios, que se construyen con materiales diamantinos formados con átomos artificiales, les parecerían a nuestros visitantes montañas geométricas, mucho más altas de lo que podría ser cualquier montaña natural, aun en el planeta más pequeño. En muchos casos, toda la construcción es translúcida o transparente, de modo que por la noche, con la iluminación interior, parecen edificios de luz. Las torres buscadoras de estrellas, que se alzan sobre una base de unos treinta kilómetros o más de diámetro, se elevan a una altura donde hasta la atmósfera de Neptuno se encuentra en parte atenuada. En las cimas trabajan nuestros equipos de astrónomos, los ojos esenciales por los cuales nuestra comunidad observa el océano desde una pequeña balsa en el espacio. Allí también, en un momento u otro, acuden todos los hombres y mujeres para contemplar nuestra galaxia y los innumerables universos más remotos. Allí realizan juntos los supremos actos simbólicos para los cuales no encuentro otro término en vuestra lengua, como no sea la degradada palabra «religión». Asimismo, allí buscan el solaz del aire de la montaña en un mundo donde no existen las montañas naturales. Y en los pináculos y precipicios de esas viviendas ahusadas muchos de nosotros satisfacemos aquella primaria sed de escalar que ya acuciaba al hombre incluso antes de que fuese humano.

Esos edificios combinan así las funciones de observatorio, templo, gimnasio y sanatorio. Algunos de ellos son casi tan viejos como la especie, y otros aún no están terminados. Encarnan, por lo tanto, muchos estilos. El viajero encontraría formas que se vería tentado a llamar góticas, clásicas, egipcias, incas, chinas o norteamericanas, aparte de un millar de ideas arquitectónicas desconocidas para él. Cada uno de esos edificios constituyó la obra de la raza como un todo en alguna etapa de su existencia. Ninguno de ellos es un mero producto local, y toda cultura se ha expresado en uno o más de esos supremos monumentos. Cada cuarenta mil años, más o menos, se concibe y ejecuta una nueva gloria de la arquitectura. Y la continuidad de nuestras culturas es tanta, que sólo en muy raras ocasiones ha sido necesario destruir la producción del pasado.

Si nuestro visitante llegara a acercarse lo bastante a uno de esos grandes pilares arquitectónicos, se vería rodeado por lo que le parecerían enjambres de moscas, que resultarían ser seres humanos que vuelan, no provistos de alas, sino sólo con los brazos extendidos. El extranjero podría preguntarse cómo un organismo tan grande se puede levantar del suelo en el poderoso campo de gravedad de Neptuno. Sin embargo, volar constituye nuestro medio ordinario de locomoción. Lo único que hace falta es ponerse un mono provisto de varios generadores de radiación. Así, el vuelo ordinario se convierte en una especie de natación aérea. Sólo cuando deseamos viajar altas velocidades recurrimos a las naves aéreas cerradas, sean grandes o pequeñas.

Al pie de los grandes edificios, el campo llano u ondulado es verde, marrón o dorado, y está sembrado de casas. Nuestro viajero advertiría que la mayor parte de la tierra se encuentra cultivada, y vería muchas personas trabajando en ella con herramientas y máquinas. En realidad, la mayor parte de nuestros alimentos se producen mediante fotosíntesis artificial en el tórrido planeta Júpiter, donde, incluso ahora que el Sol vuelve a la normalidad, no puede existir la vida sin una potente refrigeración. En lo que se refiere a la simple nutrición, pues, podríamos vivir sin vegetales; pero la agricultura y sus productos han tenido un papel tan importante en la historia de la humanidad, que las operaciones agrícolas y los vegetales son hoy muy beneficiosos para la raza desde el punto de vista psicológico. Y así resulta que la materia vegetal se utiliza muy a menudo, no sólo como materia prima en innumerables manufacturas, sino también en deliciosos platos. Las verduras, las frutas y varias bebidas alcohólicas a base de frutas han llegado a tener para nosotros el mismo significado ritual que tiene el vino para vosotros. En cuanto a la carne, si bien no forma parte de la alimentación, se come en muy raras y sagradas ocasiones. La apreciada fauna salvaje del planeta contribuye con su aporte a los banquetes simbólicos que se celebran periódicamente. Y, cuando un ser humano decide morir, sus amigos organizan una ceremonia y se comen el cuerpo. La comunicación con las fábricas de alimentos de Júpiter y las regiones polares agrícolas del menos tórrido Urano, como así también con las minas automáticas en las colonias de los planetas más alejados y helados, se mantiene mediante naves del éter, que, al viajar mucho más rápidamente que los mismos planetas, saltan a los mundos vecinos en una pequeña fracción del año neptuniano. Esas naves, las más pequeñas de las cuales tienen más de mil quinientos metros de largo, descienden por nuestros océanos como si fuesen patos. Antes de entrar en contacto con el agua producen una agitación prodigiosa con la presión descendente de la radiación; pero, una vez que tocan la superficie, se trasladan silenciosamente a puerto.

Estas naves espaciales son de alguna manera un símbolo de nuestra comunidad, por su complejidad y su reducido tamaño en relación con el vacío en el que se desplazan. Los navegantes del éter, que pasan gran parte de su tiempo en las regiones vacías del espacio, más allá del alcance de la comunicación telepática y en ocasiones incluso de la radio, constituyen mentalmente una clase única entre nosotros. Son una gente recia, sencilla y modesta. Y, si bien encarnan el orgulloso dominio humano del éter, nunca se cansan de recordar a los «civiles» de tierra, con grave ironía, que los viajes más osados no son más que una gota en el ilimitado océano del espacio.

Recientemente, una nave exploradora regresó de un viaje a las rutas más exteriores. La mitad de la tripulación había muerto. Los supervivientes estaban extenuados, enfermos y mentalmente desequilibrados. Para una raza que se creía tan sensata que nada podía perturbarla, el espectáculo de aquellos infortunados resultó muy aleccionador. Durante todo el viaje, que fue el más largo jamás intentado, no descubrieron otra cosa que dos cometas y algún meteorito. Algunas de las constelaciones más cercanas se veían con la forma cambiada.

Un par de estrellas aumentaron ligeramente su brillo, y el Sol pasó a ser la más brillante de las estrellas.

Al parecer, la presencia lejana e inmutable de las constelaciones enloqueció a los viajeros. Cuando por fin la nave regresó y amarró, se produjo una escena como raras veces se había presenciado en nuestro mundo moderno: la tripulación abrió las compuertas y se precipitó trastabillando en brazos de la multitud. Nunca se hubiera pensado que los miembros de nuestra especie pudiesen perder de tal modo el dominio de sí mismos, que tan normal es en todos nosotros. Con posterioridad, esas pobres piltrafas humanas han manifestado una fobia irracional a las estrellas y a todo lo que no sea humano. No se atreven a salir de noche. Viven sumidos en una extravagante pasión por la presencia de los demás. Y, dado que todos los demás poseen una mentalidad centrada en la astronomía, no logran encontrar un verdadero compañerismo. Se niegan insensatamente a participar en la vida mental de la raza en un plano donde todas las cosas se ven en su justa proporción. Se aferran lastimeramente a las delicias de la vida a ras de tierra, y así se ven impulsados a maldecir las inmensidades. Se llenan la mente de ínfulas humanas, y sus casas, de juguetes. Por la noche, cierran las cortinas y ahogan la queda voz de las estrellas con su algazara. Pero se trata de una algazara obsesionada y carente de alegría, deseada menos por sí misma que como defensa contra la realidad.

2. Infancia y madurez

He dicho que todos poseíamos una mentalidad centrada en la astronomía; pero eso no quiere decir que no tengamos intereses «humanos». Nuestro visitante de la Tierra no tardaría en descubrir que los edificios bajos, desparramados por todas partes, son los hogares de individuos, familias, grupos sexuales y pandillas de compañeros. La mayoría de esos edificios están construidos de tal manera que se pueden retirar las paredes y techos, totalmente o en partes, para tomar baños de sol o para pasar la noche. Alrededor de cada casa hay un bosque, o un jardín, o un huerto de nuestros recios árboles frutales. Aquí y allá pueden verse hombres y mujeres trabajando con azadas, palas o tijeras de podar. Los edificios responden a muchos estilos, y en sus interiores nuestro visitante encontraría una gran diferencia de una casa a otra. Incluso dentro de una misma casa podría toparse con habitaciones al parecer de distintas épocas. Y, si bien algunas estancias se encuentran repletas de artículos, muchos de los cuales serían desconocidos para el extranjero, otras están desnudas, salvo por una mesa, sillas, un aparador y quizás algún objeto puramente decorativo. Poseemos una inmensa variedad de mercaderías manufacturadas, pero al visitante de un mundo obsesionado por la riqueza material seguramente le parecería notable la sencillez, y hasta la austeridad, que caracteriza a muchos hogares particulares.

Sin duda, le sorprendería no ver libro alguno. Pero en cada habitación hay un

aparador lleno de diminutos rollos de cinta, microscópicamente cifrados. Cada rollo contiene más información de la que cabría en una veintena de vuestros volúmenes. Se usan juntamente con un instrumento de bolsillo del tamaño y forma de las antiguas cigarreras. Cuando se introduce el rollo, éste gira a la velocidad deseada e interfiere de forma sistemática con las vibraciones etéreas producidas por el instrumento. Así se genera un flujo muy complejo de lenguaje telepático que impregna el cerebro del lector. Tan delicado y directo es este medio de expresión, que apenas existe la posibilidad de interpretar erróneamente la intención del autor.

Los rollos, cabe decir, los produce otro instrumento especial, que es sensible a las vibraciones generadas en el cerebro del autor. Eso no significa que produzca una simple réplica de su corriente de conciencia; registra tan sólo aquellas imágenes e ideas que él «inscribe» de manera deliberada.

Vale la pena mencionar también que, comoquiera que sea que nos podemos comunicar en todo momento mediante la telepatía directa con cualquier persona del planeta, esos «libros» nuestros no se usan para la mera publicación de ideas efímeras. Cada uno de ellos conserva sólo los granos elegidos y tamizados de la cosecha de una mente dada.

En nuestras casas hay muchos otros instrumentos que no puedo detenerme a describir, instrumentos pensados para realizar las tareas domésticas o satisfacer directamente de una manera u otra las necesidades culturales. Junto a la puerta cuelgan varios trajes voladores, y en una cochera adosada se guardan los vehículos aéreos particulares, objetos en forma de torpedo, de alegres colores y distintos tamaños.

La decoración de nuestras casas, con excepción de las que pertenecen a los niños, es muy simple y hasta austera. No obstante, le damos un gran valor y le dedicamos mucho tiempo. Los niños, en cambio, suelen adornar sus casas con gran esplendor, y los adultos disfrutan de él a través de los ojos de los pequeños, del mismo modo que pueden participar en los juegos infantiles con sincera alegría.

El número de niños en nuestro mundo es reducido en relación con nuestra inmensa población. Sin embargo, considerando que todos somos potencialmente inmortales, se podría preguntar cómo nos permitimos tener hijos. La explicación es doble. En primer lugar, nuestra política consiste en crear nuevos individuos de un tipo superior a nosotros mismos, pues distamos mucho de ser biológicamente perfectos. En consecuencia, necesitamos una continua provisión de niños. Y, a medida que éstos en su momento alcanzan la madurez, asumen las funciones de los adultos cuya naturaleza es menos perfecta; éstos, por su parte, cuando se dan cuenta de que ya no son útiles, eligen renunciar a la vida.

Pero, aunque todo individuo deja de existir más tarde o más temprano, la duración media de la vida es poco menos que un cuarto de millón de años terrestres. No debe extrañar, pues, que no haya espacio para alojar a muchos niños. Pero tenemos muchos más de lo que podría esperarse, ya que en nosotros la infancia y la adolescencia son muy prolongadas. El feto se gesta durante veinte años. Nuestros antepasados practicaron la ectogénesis, pero nuestra especie la abandonó porque, al haber mejorado muchísimo las condiciones del embarazo, no hay necesidad de ella. Nuestras madres, en efecto, son física y mentalmente más vigorosas durante el raro período del embarazo. Después de nacer, la verdadera infancia dura alrededor de un siglo. Durante ese período, en el que se afianzan los cimientos del cuerpo y la mente, muy despacio, pero con tanta firmeza que jamás cederán, la madre cuida al hijo. Luego siguen unos siglos de niñez y un millar de años de adolescencia.

Nuestros niños son, por supuesto, seres muy diferentes de aquellos de la Primera Humanidad. Si bien físicamente parecen en parte infantiles, son personas independientes dentro de la comunidad. Cada uno posee su casa propia, o habitaciones en edificios más grandes que mantienen en común junto con sus amigos. En el vecindario de los centros educativos se encuentran miles de ellos. Hay algunos que prefieren vivir con sus padres, o con uno u otro de sus progenitores, pero esto es muy raro. Si bien la relación entre padres e hijos suele ser amistosa, las generaciones se llevan mejor si viven bajo techos separados. Eso es inevitable en nuestra especie, pues la abrumadora experiencia de los adultos les revela el mundo en unas proporciones muy distintas incluso de las que puede llegar a conocer el niño más inteligente; mientras que, por otra parte, la mente de los niños es, en un sentido u otro, definitivamente superior a la de los adultos. Por consiguiente, aunque el niño nunca llega a comprender las mejores cualidades de sus mayores, el adulto, a pesar de su capacidad para atisbar directamente en todas las mentes inferiores a la suya, está condenado a no poder comprender todo lo que es nuevo en sus propios hijos.

Unos seiscientos o setecientos años después de nacer, el niño es equivalente, en ciertos aspectos, a uno de diez años de la Primera Humanidad. Pero su cerebro, destinado a un desarrollo muy superior, ya es mucho más complejo que el de cualquier individuo de esa especie. Y, si bien en muchos aspectos aún es temperamentalmente un niño, en el intelectual ya ha superado en cierto modo la cultura de las mejores mentes adultas de las razas antiguas. El viajero, al conocer a alguno de nuestros chicos brillantes, podría acordarse de la sabia sencillez del legendario Niño Jesús. Pero también podría descubrir igualmente mucha exuberancia, fanfarronería, malicia y una completa incapacidad para apartarse de su propia vida de niño, cargada de impaciencia, y considerarla sin pasión. En general, nuestros niños se desarrollan intelectualmente hasta superar el nivel de la Primera Humanidad mucho antes de adquirir la voluntad desapasionada que es característica de nuestros adultos. Cuando surge un conflicto entre las necesidades personales del niño y las de la sociedad, como regla general aquél se esfuerza por seguir el dictamen social, pero lo hace con resentimiento y una dramática autocompasión, algo que aparece a los ojos de los adultos como encantadoramente ridículo.

Cuando nuestros niños alcanzan la adolescencia física, casi unos mil años después de nacer, abandonan los seguros senderos de la niñez para pasar otros mil años en uno de los continentes polares, conocido como la Tierra de los Jóvenes. A semejanza del continente silvestre de la Quinta Humanidad, ese territorio se conserva como tierra virgen, y abundan en él rumiantes subhumanos y carnívoros. Las erupciones volcánicas, los huracanes y las estaciones glaciales constituyen un atractivo para los jóvenes con espíritu aventurero, y acarrean una elevada mortalidad. En esa tierra, nuestros jóvenes llevan la vida a medias primitiva y a medias sofisticada para la que está preparada su naturaleza. Cazan, pescan, cuidan de las reses y trabajan la tierra. Cultivan las bellezas sencillas de la individualidad humana. Aman y odian. Cantan, pintan y esculpen. Crean mitos heroicos y

394

gozan imaginando que mantienen relaciones directas con una persona cósmica. Se organizan en tribus y naciones. En ocasiones, hasta se entregan a una guerra de carácter primitivo y sanguinario. Antiguamente, cuando eso sucedía, intervenía el mundo adulto; pero desde entonces hemos aprendido a dejar que la fiebre siga su curso.

La pérdida de vidas es lamentable; pero es un precio muy bajo que hay que pagar por la comprensión que nos brinda —a pesar de tratarse de una guerra restringida y juvenil— de las angustias y pasiones más primitivas, que en el espíritu adulto asoman transformadas por la filosofía y tienen otro valor. En la Tierra de la Juventud, nuestros chicos y chicas experimentan todo lo que hay de precioso y de abyecto en lo primitivo. Llevan así, siglo tras siglo, una vida malvada, negra y precaria; pero asimismo saborean el esplendor de una lírica gloria primaveral. Cometen en pequeña escala todos los errores de pensamiento y acción que han cometido los hombres en todos los tiempos; pero al fin salen de esa experiencia preparados para enfrentar el mundo más vasto y difícil de la madurez.

Se esperaba que algún día, cuando hubiésemos perfeccionado la especie, no habría necesidad de crear nuevas generaciones, ni de tener hijos, ni de todo ese aprendizaje. Se esperaba que la comunidad no contaría entonces más que con adultos, y que éstos serían inmortales no meramente de una manera potencial, sino de hecho; pero también, por supuesto, que estarían de forma perenne en la flor de la madurez juvenil. Así, la muerte nunca cortaría el hilo de la individualidad ni desparramaría las perlas tan arduamente obtenidas, ni se precisarían nuevos hilos ni una vez más recoger laboriosamente las preciosas joyas. Los múltiples y muy deleitables gozos de la infancia aún se podrían disfrutar ampliamente en la exploración del pasado.

Ahora sabemos que ese objetivo no se logrará jamás, puesto que el final de la humanidad es inminente.

3. Un despertar racial

Es fácil hablar de los niños; pero ¿cómo puedo contaros algo significativo de nuestra experiencia adulta, en relación con la cual no sólo el mundo de la Primera Humanidad, sino los mundos de las más evolucionadas especies anteriores a la nuestra parecen tan ingenuos? El origen de la inmensa diferencia entre nosotros y todas las demás razas humanas reside en el grupo sexual, que es de hecho mucho más que un simple grupo sexual.

Los diseñadores de nuestra especie se dispusieron a crear un ser que pudiese ser capaz de una mentalidad de un orden superior. Esto sólo sería posible si se conseguía incrementar la organización cerebral. Pero, sabiendo que no se podía exagerar el peso del cerebro de un individuo humano, trataron de crear la nueva mentalidad mediante un sistema de distintos cerebros especializados, que se mantendrían unidos telepáticamente mediante la radiación etérea. Los cerebros materiales tenían que ser capaces de convertirse en ciertas ocasiones en meros nodos de un sistema de radiación que en sí mismo constituiría la base física de una mente simple. Hasta ese entonces se habían establecido comunicaciones telepáticas entre muchos individuos, pero no de forma superindividual o grupal. Se sabía que nunca antes se había logrado una unidad de mentes individuales, salvo en Marte; y se sabía de qué lamentable manera había fracasado la mente racial de Marte en el intento de trascender la mente individual de los marcianos. Mediante una combinación de perspicacia y buena suerte, los diseñadores descubrieron la manera de evitar el fracaso de Marte, y planearon como base del superindividuo un pequeño grupo multisexual.

Por supuesto, la unidad mental del grupo sexual no es el resultado directo de la relación sexual de sus miembros, pero esa relación existe. Los grupos se diferencian unos de otros muy grandemente en ese aspecto; pero en la mayoría de los grupos todos los miembros del sexo masculino tienen relaciones con todos los miembros del sexo femenino. Así pues, la sexualidad es en nosotros esencialmente social. Me resulta imposible dar una idea del gran alcance e intensidad de la experiencia que proporcionan esos diversos tipos de unión. Aparte del enriquecimiento emocional de los individuos, la importancia de la actividad sexual en grupo reside en esa intimidad extrema, esa armonía temperamental y complementaria que procura a los individuos, sin las cuales no sería posible alcanzar la experiencia superior.

Los individuos no pertenecen necesariamente al mismo grupo para siempre. De forma gradual, un grupo puede ir cambiando a cada uno de sus noventa y seis miembros, y sin embargo seguir siendo la misma mente superindividual, aunque enriquecida con las memorias que aportan los recién llegados. Sólo en muy raras ocasiones un individuo abandona un grupo antes de llevar en él unos diez mil años. En algunos grupos, los miembros viven juntos en un hogar común. En otros, viven separados. A veces un individuo establece una suerte de relación monógama con otro miembro de su grupo durante muchos miles de años, o incluso toda la vida. Por cierto, algunos afirman que la monogamia para toda la vida constituye el estado ideal, a causa de la profundidad y delicadeza de la intimidad que proporciona. Pero, por supuesto, aun en la monogamia cada miembro debe renovarse periódicamente por medio de la relación con otros miembros del grupo, no sólo en aras de la salud mental de la pareja, sino también para que la mente grupal se mantenga en todo su vigor. Sea cual fuere la costumbre sexual, la mente de cada miembro es siempre leal al grupo, un peculiar esprit de corps templado sexualmente, sin parangón en otras especies.

En ocasiones tiene lugar una clase especial de relación sexual en la que, durante el real acaecimiento de la mentalidad grupal, todos los miembros de un grupo mantienen relaciones con los de otro. Las relaciones casuales fuera del grupo no son frecuentes, pero tampoco se desaconsejan. Cuando ocurren, se interpreta que se tratan de actos simbólicos que coronan una intimidad espiritual.

A diferencia de la relación sexual física, la unidad mental del grupo implica a todos los miembros. Durante los momentos de experiencia grupal, el individuo sigue realizando sus tareas habituales de trabajo y ocio, salvo cuando la mente grupal le exige alguna actividad en particular. Pero lo que acomete como individuo privado lo lleva a cabo siempre en un profundo estado de abstracción. En situaciones que le son familiares reacciona de un modo adecuado, y puede tanto ejecutar un trabajo intelectual conocido como participar en una conversación inteligente. Sin embargo, en todo momento está, de hecho, «muy lejos», ensimismado en el proceso de la mente grupal. Nada que no sea una crisis urgente y muy especial puede reclamarlo; y, cuando esto ocurre, concluye por lo general la experiencia del grupo.

Cada miembro del grupo es fundamentalmente tan sólo un animal humano muy evolucionado. Disfruta de la comida. Tiene buen ojo para la atracción sexual, dentro o fuera del grupo. Le place ridiculizar las flaquezas e idiosincrasias personales de los demás... y las propias. Puede contarse entre los que aborrecen a los niños, o bien entre los que participan en sus travesuras con fervor, si ellos lo toleran. Es capaz de remover cielo y tierra con el fin de obtener un permiso para pasar unas vacaciones en la Tierra de la Juventud. Y si no lo logra, como es lo habitual, puede salir de excursión con un amigo, a navegar y nadar, o a practicar juegos violentos. O puede simplemente arreglar su jardín o vivificar la mente, ya que no el cuerpo, explorando alguna región favorita del pasado. El ocio ocupa una gran parte de su vida. Por esa razón, a su debido tiempo siempre vuelve contento al trabajo, tanto si su cometido consiste en mantener una parte de la organización material de nuestro mundo, como en educar, o realizar investigaciones científicas, o cooperar en la interminable empresa artística de la raza, o, como es más probable, contribuir en alguna de las innumerables empresas cuya naturaleza me resulta imposible describir.

Como individuo humano, pues, es bastante semejante a un miembro de la quinta especie. De nuevo volvemos a encontrar un sistema glandular y una naturaleza instintiva perfectos. También volvemos a encontrar el sentido de la percepción y la intelección altamente desarrollado. Como en la quinta especie, en la decimoctava cada individuo tiene sus propias necesidades privadas, que ansia atender de todo corazón; pero también, subordina esos deseos particulares al bien de la raza en forma absoluta y sin esfuerzo. La única clase de conflicto que en algunas ocasiones surge entre los individuos no se debe a un conflicto irreconciliable de las voluntades, sino a algún malentendido, o a un conocimiento imperfecto del tema en cuestión, y eso siempre se puede solucionar mediante la paciente explicación telepática.

Además de la organización cerebral necesaria para alcanzar esa perfección individual, cada miembro de un grupo sexual tiene en su cerebro un órgano especial que, inútil por sí solo, puede cooperar telepáticamente con los órganos especiales de otros miembros del grupo y engendrar un sistema electromagnético que es la base física de la mente grupal. En cada subsexo ese órgano tiene una forma y una función peculiares; y sólo mediante la operación simultánea de los noventa y seis se logra la vida mental unificada. La función de esos órganos no es simplemente permitir que cada miembro comparta la experiencia de todos, pues eso ya lo proporciona la sensibilidad a la radiación característica de todo el tejido cerebral de nuestra especie. En realidad, la actividad armoniosa de los órganos especiales es la que hace posible la aparición de una verdadera mente grupal, cuya experiencia va mucho más allá del alcance de los individuos aislados.

Esto no sería posible si el temperamento y la capacidad de cada subsexo no se diferenciaran adecuadamente de los de los demás. Sólo puedo insinuar esas diferencias mediante la analogía. Entre los miembros de la Primera Humanidad hay muchos tipos temperamentales que los psicólogos de vuestra especie jamás analizaron plenamente. Puedo mencionar, sin embargo, como designaciones superficiales de esos tipos, el meditativo, el activo, el místico, el intelectual, el artístico, el teórico, el concreto, el plácido, el arrogante. Ahora bien, nuestros subsexos se diferencian temperamentalmente de esas muchas maneras, pero con una diversidad y un rango mucho mayores. Esas diferencias de temperamento se utilizan para el enriquecimiento de un yo grupal, como jamás habría podido hacer la Primera Humanidad, aunque hubiese logrado la comunicación telepática y la unidad electromagnética, pues carecía de la forma cerebral especializada.

Para todos los asuntos cotidianos de la vida, pues, cada uno de nosotros es mentalmente un individuo distinto, aunque su medio de comunicación ordinario con los demás es telepático. Pero con frecuencia se encuentra con que forma parte de una mente grupal. Aparte de ese «despertar de los individuos juntos», si puedo expresarlo así, la mente grupal no tiene existencia, ya que su ser es solamente el ser de los individuos comprendidos en un todo. Cuando se produce ese despertar comunal, cada individuo experimenta todos los cuerpos del grupo como «su propio cuerpo múltiple», e igualmente percibe el mundo desde todos esos cuerpos. Ese despertar les sucede a todos los individuos al mismo tiempo. Pero mucho más importante que ese simple engrandecimiento del campo de la experiencia es el despertar a una nueva clase de experiencia.

Como es obvio, acerca de esto no puedo deciros nada, salvo que la diferencia con el estado más inferior es mucho más radical que aquella que separa la mente del niño de la del individuo adulto. Esa nueva experiencia consiste en la percepción de muchos rasgos insospechados y previamente inconcebibles del mundo familiar de los hombres y las cosas.

De ahí que, en nuestra forma grupal, la mayoría de los perennes enigmas filosóficos —aunque no todos, y en especial aquellos relacionados con la naturaleza de la personalidad— se pueden volver a plantear de una manera tan lúcida que dejan de ser enigmas.

En ese plano de mentalidad más elevado, los grupos sexuales, y por lo tanto los individuos que en ellos participan, mantienen relaciones sociales entre sí como superindividuos y forman en conjunto una comunidad de comunidades mentales. Pues cada grupo es una persona que se diferencia de los otros grupos en carácter y experiencia, del mismo modo en que se diferencian los individuos. Los grupos en sí no se dedican a obras diferentes, y ninguno se dedica totalmente a la industria, o a la astronomía, por ejemplo. Sólo los individuos están así distribuidos, y en cada grupo habrá miembros de muchas profesiones. La función del grupo en sí es puramente una forma especial de percepción y modo de apreciación. Por supuesto, la mente grupal controla constantemente la obra de los individuos, no sólo mientras forman parte del yo del grupo, sino también cuando cada uno ha vuelto una vez más a la limitada experiencia propia del individuo comunitario. Pues, si bien como individuos no pueden retener una clara percepción de los elevados asuntos que han experimentado, conservan un recuerdo que no supera el alcance de la mentalidad individual; y en particular recuerdan el efecto de la experiencia del grupo en su propia conducta como individuos.

Recientemente se ha logrado otra suerte de experiencia mucho más profunda, en parte gracias a la buena suerte, y en parte debido a la investigación dirigida por las mentes grupales. En efecto, éstas se han especializado en ciertas funciones mentales, así como antes los individuos se han especializado para participar de la mente de un grupo. Esta suprema experiencia se ha conseguido en circunstancias excepcionales y precarias. En ella, el individuo va más allá de esta experiencia grupal y se convierte en la mente de la raza. En todo momento, claro está, un individuo se puede comunicar telepáticamente con otros de cualquier parte del planeta; y, con frecuencia, la raza entera «escucha» mientras un individuo se dirige al mundo. Pero, en la verdadera experiencia racial, la situación es diferente. El sistema de radiación que abarca todo el planeta, y que incluye los billones de cerebros de la raza, se convierte en la base física de un yo racial. El individuo se descubre a sí mismo encarnado en todos los cuerpos de la raza. En una sola intuición goza de todos los contactos corporales, incluyendo los mutuos abrazos de todos los amantes. Conoce el mundo a través de la miríada de pies de todos los hombres y mujeres. Ve con todos los ojos, y abarca con una sola mirada todos los campos visuales.

Así percibe en seguida, y como una esfera continua y abigarrada, la superficie total del planeta. Pero no sólo eso. Ahora se yergue sobre las mentes grupales como éstas sobre los individuos, y las contempla como uno puede contemplar sus propios tejidos vitales: con una mezcla de desapego, simpatía, respeto e indiferencia. Las observa como uno podría estudiar las células vivas de su cerebro, pero asimismo con el interés distante de quien observa un nido de hormigas; y no obstante también como alguien extasiado con las extrañas y diversas maneras de ser de sus semejantes, y aun como uno que, contemplando desde lo alto el campo de batalla, se ve a sí mismo y a sus camaradas sufriendo en alguna lucha desesperada; pero, sobre todo, como el artista que no piensa en nada más que en su visión y su personificación.

En el modo racial, el hombre aprehende todas las cosas astronómicamente. A través de todos los ojos y todos los observatorios, ve su mundo viajero y atisba el espacio. De esta manera funde en una mirada, como si dijéramos, la vista del marinero de cubierta, del capitán, del fogonero y del vigía. Al contemplar el sistema solar simultáneamente desde ambos extremos de Neptuno, percibe los planetas y el Sol de forma estereoscópica, como si fuese en visión binocular. Además, el «ahora» que percibe no es un instante sino toda una era. Así, mientras observa la galaxia desde todos los puntos que se suceden a lo largo de la amplia órbita de Neptuno, y contempla las estrellas más cercanas en su desplazamiento, percibe algunas constelaciones en tres dimensiones. Y más aún: con la ayuda de nuestros instrumentos más recientes, toda la galaxia aparece en forma estereoscópica. Pero la gran nebulosa y los universos remotos siguen siendo simples marcas en el firmamento plano; y en la contemplación de esa lejanía, el hombre, aun como el yo racial de la más poderosa de todas las razas humanas, se da cuenta de su propia insignificancia e impotencia.

Pero la mente racial trasciende sobre todo las mentes de los grupos y los individuos en las disquisiciones filosóficas acerca de la verdadera naturaleza del espacio y el tiempo, la mente y sus objetos, el esfuerzo cósmico y la perfección cósmica. Cabe exponer algunos indicios de esta gran elucidación, aunque en última instancia sea incomunicable. En efecto, ese conocimiento se nos escapa aun a nosotros como individuos aislados, e incluso al de los grupos de mentes. Cuando nos apartamos de la mentalidad racial, no alcanzamos a recordar con claridad qué hemos experimentado.

En particular, conservamos un recuerdo muy sorprendente de nuestra experiencia racial, un recuerdo que implica una aparente imposibilidad. En la mente racial, nuestra experiencia se amplía no sólo espacialmente sino temporalmente, y de una manera muy extraña. Con respecto a la percepción temporal, claro está, las mentes pueden diferir en dos aspectos: en la duración del espacio de tiempo que entienden como el «ahora», y en la brevedad de los sucesivos acontecimientos que pueden discriminar dentro del «ahora». Como individuos, llegamos a captar dentro de un «ahora» una duración igual al antiguo día terrestre; y en esa duración podemos, si así lo deseamos, discriminar rápidas pulsaciones semejantes a las que comúnmente oímos juntas como un sonido musical alto. Como mente racial, percibimos como «ahora» todo el período que va desde el nacimiento del más viejo de los individuos vivientes, y todo el pasado de la especie aparece como memoria personal, que se va extendiendo hacia atrás hasta perderse en la nebulosa de la infancia. Sin embargo, podríamos, si quisiéramos, discriminar dentro del «ahora» entre distintas vibraciones.

En ese simple aumento de la amplitud y precisión de la percepción temporal no existe contradicción alguna. Pero ¿de qué manera, nos preguntamos, puede la mente racial experimentar como «ahora» un vasto período en el cual ella misma no tenía existencia? Nuestra primera experiencia de la mentalidad racial duró tan sólo el tiempo que la luna de Neptuno tarda en recorrer la órbita. Antes de ese período, entonces, la mente racial no existía. No obstante, durante ese mes contempló todo el curso anterior de la raza como un «presente».

Sin duda, la experiencia racial nos ha dejado bastante perplejos como individuos, y con el recuerdo sobre todo de una sutileza y belleza extremas. Al mismo tiempo, a menudo nos asalta una impresión de horror indescriptible. Nosotros, que en nuestra familiar esfera individual somos capaces de considerar cualquier tipo de tragedia no sólo con entereza sino también con exultación, somos obscuramente conscientes de que como mente racial nos hemos asomado a un abismo de maldad que ahora nos parece inconcebible. Pese a ello, sabemos que ese infierno resultaba aceptable como miembro orgánico de la austera forma del cosmos. Recordamos obscuramente, y no obstante con una extraña convicción, que todos los esfuerzos del espíritu humano de todos los tiempos, no menos que los insignificantes deseos de los individuos, eran sólo un componente de algo mucho más admirable que el espíritu mismo, y que tanto el hombre que acaba derrotado como el que triunfa durante un tiempo contribuyen a este elevado grado de excelencia.

Pero ¡qué pobres son estas palabras! ¡Qué indignas de esa belleza absolutamente satisfactoria, que en nuestro despertar racial vemos cara a cara! Todo ser humano, de cualquier especie, puede de vez en cuando vislumbrar algún fragmento o aspecto de la existencia, transfigurado con una helada belleza que normalmente nadie ve. Incluso la Primera Humanidad, en su respeto por el arte trágico, conoció en parte esa experiencia. La Segunda, y con más seguridad la Quinta, la buscaron con deliberación. Los miembros alados de la Séptima la tuvieron mientras estaban en el aire. Pero su mente era muy estrecha, y lo único que podían apreciar era un pequeño mundo y una trágica historia. Nosotros, la Ultima Humanidad, disfrutamos de la vida, tanto si nos va bien como si nos va mal. La disfrutamos en todo momento, y hasta en circunstancias inconcebibles para las mentes inferiores. Además la disfrutamos de manera inteligente. Sabiendo lo extraño que es admirar el mal junto con el bien, advertimos claramente lo que esta experiencia tiene de subversivo. Ni siquiera nosotros, como meros individuos, podemos reconciliar nuestra lealtad al espíritu esforzado del hombre con nuestra divina indiferencia. Pero, en la forma racial, cada uno de nosotros ha aprendido a discriminar entre el intelecto y el sentimiento. Y, aunque no volvamos a captar aquella visión abarcadora cuando recuperamos nuestra mente individual, su obscuro recuerdo siempre nos domina y gobierna todos nuestros planes.

Entre nosotros, el artista, después la fase de inspiración creativa, cuando vuelve a ser uno más en la lucha por la existencia, puede llevar a cabo en detalle la obra concebida durante un breve período de claridad. Recuerda, aunque la experiencia haya pasado; y entonces trata de plasmar el esplendor desvanecido. Así nosotros, en nuestra vida individual, al deleitarnos en los contactos de la carne, las relaciones mentales y todas las sutiles actividades de la cultura humana, al cooperar y luchar en miles de empresas individuales y cumplir cada uno con su cometido en el mantenimiento material de nuestra sociedad, vemos todas las cosas como a la luz de una fuente que ya no nos es revelada.

He tratado de contaros algunas de las características más notables de nuestra especie. Podéis imaginaros que las frecuentes ocasiones en que asoma la mentalidad grupal, y más aún las raras ocasiones en que accedemos a la mentalidad de la raza, tienen un efecto duradero en la mente de cada individuo, y por lo tanto en todo nuestro orden social. La nuestra es de hecho una sociedad dominada, como ninguna otra sociedad anterior, por la sola idea de un fin racial, que es en cierto sentido religioso. Eso no significa que el fin racial frustre el desarrollo privado del individuo. Al contrario; pues ese fin exige como primera condición una gran plenitud individual, física y mental. Pero, en toda mente de hombre o mujer, el fin racial tiene preeminencia absoluta, y de ahí que sea el motivo incuestionable de toda política social.

No debo detenerme a describir en detalle nuestra sociedad, en la cual un billón de ciudadanos, agrupados en más de un millar de naciones, vive en perfecta armonía sin ayuda de ejércitos, ni siquiera de fuerzas policiales. No debo explicar nuestra muy apreciada organización social, que asigna una función única a cada ciudadano y controla la natalidad de nuevos ciudadanos de cada tipo en relación con las necesidades sociales, pero que sin embargo brinda una inagotable fuente de originalidad. No tenemos gobierno ni leyes, si por leyes se entiende una convención estereotipada sostenida por la fuerza, y que sólo se puede modificar tras fastidiosos procesos. No obstante, si bien nuestra sociedad es en este sentido una anarquía, persiste gracias a un intrincado sistema de costumbres, algunas de las cuales son tan antiguas que se han convertido espontáneamente en tabúes, en lugar de mantenerse como convenciones premeditadas. Es tarea de aquellos de entre nosotros que se corresponden con vuestros abogados y políticos estudiar esas costumbres y sugerir mejoras. Esas sugerencias no se someten a ningún cuerpo

408

representativo, sino a toda la población mundial en conferencias telepáticas.

La nuestra es así, en cierto sentido, la más democrática de las sociedades. Sin embargo, en otro sentido, es extremadamente burocrática, pues ya han transcurrido algunos millones de años terrestres desde que se rechazó, o siquiera se criticó, alguna sugerencia del Colegio de Organizadores, tan minucioso es el estudio que realizan esos ingenieros sociales del material que se les somete. La única posibilidad seria de conflicto reside ahora entre la población mundial como individuos y los mismos individuos como mentes grupales o como mente racial. Pero, si bien en este sentido ya hubo anteriormente conflictos graves que perturbaron de manera muy peculiar a los individuos que los experimentaron, esos conflictos son extremadamente raros en la actualidad. Pues, incluso como simples individuos, estamos aprendiendo a confiar cada vez más en el juicio y los dictados de nuestra experiencia superindividual.

Es tiempo de abordar la parte más difícil de mi tarea. De alguna manera, y muy brevemente, debo ofreceros una idea de esa visión de la existencia que ha determinado nuestro fin racial, convirtiéndolo esencialmente en un fin religioso. Esta visión nos ha llegado, en parte, a través de la obra individual en investigaciones científicas y en el pensamiento filosófico, y, en parte, por medio de la influencia de nuestras experiencias grupales y raciales. Como podéis imaginaros, no es fácil describir esta moderna visión de la naturaleza de las cosas de un modo que resulte inteligible a aquellos que no poseen nuestro grado de evolución. Muchos aspectos de esta visión os recordarán a vuestros místicos; sin embargo, entre ellos y nosotros existe mucha más diferencia que similitud, tanto en el tema como en la manera de pensar. Pues, mientras que ellos creen que el cosmos es perfecto, nosotros sólo estamos seguros de que es muy hermoso. Mientras que ellos llegan a esa conclusión sin ayuda del intelecto, nosotros nos hemos valido de él en todas las etapas.

Así, aunque respecto de las conclusiones estamos más de acuerdo con vuestros místicos que con vuestros aplicados intelectuales, respecto del método aprobamos más a los intelectuales, pues ellos rehusaron engañarse a sí mismos con cómodas fantasías.

4. La cosmología

Vivimos en un orden de acontecimientos espaciotemporales vasto e ilimitado, aunque finito. Y cada uno de nosotros, como la mente racial, ha descubierto que existen otros órdenes semejantes, otras inconmensurables esferas de acontecimientos que no se relacionan con la nuestra ni espacial ni temporalmente, sino en otra forma de ser que es eterna. Del contenido de esas esferas ajenas no sabemos casi nada, salvo que son incomprensibles para nosotros, incluso para nuestra mentalidad racial.

En nuestra esfera espaciotemporal, notamos lo que llamamos el Principio y lo que denominamos el Fin. En el Principio se produjo —ignoramos cómo— ese gas tenue inimaginable y omnipresente que fue el progenitor de todo lo existente material y espiritual en el espacio de tiempo conocido. Fue, de hecho, una materia vastísima, pero limitada. De la condensación de esa dilatada materia surgieron con el tiempo las nebulosas, cada una de las cuales, a su vez, se condensó en una galaxia, un universo de estrellas. Las estrellas tienen un principio y un fin; y, durante unos instantes entre su principio y su fin, unas pocas, muy pocas, pueden contener la mente. Pero a su debido tiempo llegará el Fin universal, cuando todos los restos de las galaxias sean arrastrados juntamente como simples cenizas estériles, aparentemente inmutables, en medio de un caos de energía infructuosa. Pero los acontecimientos cósmicos que denominamos Principio y Fin son definitivos tan sólo en relación con nuestra ignorancia de los eventos que los trascienden. Sabemos —y como mente racial lo hemos aprehendido como una evidente necesidad— que no sólo el espacio sino también el tiempo es ilimitado aunque finito, ya que en cierto sentido también es cíclico. Después del Fin, seguirán sucediendo acontecimientos incognoscibles durante un período mucho más extenso que el que habrá transcurrido desde el Principio; pero a la larga volverá a ocurrir un hecho idéntico al que también fue el Principio.

Sin embargo, si bien el tiempo es cíclico, no es repetitivo; no existe ningún otro tiempo en el que pueda repetirse. Pues el tiempo no es más que una abstracción de la sucesión de acaecimientos que pasan, y, puesto que todos los eventos forman juntamente un ciclo de sucesiones, no existe nada constante que pueda repetirse. Y así la sucesión de acontecimientos es cíclica, pero no repetitiva. El nacimiento del gas omnipresente en el así llamado Principio no es simplemente similar a otro nacimiento semejante que ocurrirá mucho después de nosotros y mucho después del Fin cósmico, por así decirlo; el Principio pasado es el futuro Principio.

Del Principio al Fin no hay más que el espacio de un radio al siguiente en la gran rueda del tiempo. Hay un espacio más amplio, que se extiende hasta más allá del Fin y de vuelta al Principio. De los eventos en él, nada sabemos, salvo que sucederán.

En todo momento dentro del ciclo del tiempo hay un tránsito infinito de eventos. En un flujo continuo, ocurren y desaparecen, dando paso a sus sucesores. Sin embargo, cada uno de ellos es eterno. Si bien el tránsito es de su misma naturaleza, y sin tránsito no hay nada, el ser de los acontecimientos es eterno. Pero su tránsito no es una ilusión: aunque su ser es eterno, los eventos están eternamente en tránsito. En nuestra forma racial, vemos claramente que esto es así; pero, en nuestra forma individual, sigue siendo un misterio. No obstante, aun en nuestra forma individual debemos aceptar ambos aspectos de esta misteriosa antinomia como una ficción necesaria para la racionalización de nuestra experiencia.

El Principio precede al Fin por centenares de billones de años terrestres, y lo sucede durante un período por lo menos nueve veces más extenso. En medio del espacio más corto reside el aún más corto período dentro del cual pueden producirse los mundos con vida. Y son muy pocos. Uno a uno van despertando a la conciencia y mueren, como sucesivos florecimientos en el breve verano de la vida. Antes de esa estación y después de ella, desde el Principio y hasta el Fin, e incluso antes del Principio y después del Fin, la conciencia duerme en el más absoluto olvido. Ni antes de las estrellas, ni después de que las estrellas se congelen, puede haber vida. Y luego, muy raramente. En nuestra galaxia ha habido hasta ahora unos veinte mil mundos que han concebido vida. Y, de ésos, sólo unas pocas veintenas han alcanzado o superado la mentalidad de la Primera Humanidad. Pero, de los que han alcanzado esa evolución, el hombre ha aventajado al resto, y en la actualidad sólo el hombre sobrevive.

Existen millones de otras galaxias, por ejemplo la nebulosa de Andrómeda. Tenemos motivos para suponer que en ese universo privilegiado la mente puede alcanzar un discernimiento y poder incomparablemente superiores a los nuestros. Pero lo único que sabemos con certeza es que contiene cuatro mundos de orden superior.

Del sinnúmero de otros universos que se encuentran dentro del alcance de nuestros instrumentos detectores de conciencia, ninguno ha creado nada comparable al hombre. Pero existen muchos otros universos demasiado remotos para poder estudiarlos.

Quizás os preguntéis cómo hemos llegado a detectar esas vidas e inteligencias remotas. Lo único que puedo decir es que la presencia de una mentalidad produce ciertos efectos astronómicos nimios, a los que nuestros instrumentos son sensibles aun a grandes distancias. Esos efectos aumentan ligeramente con la simple masa de materia viviente en cualquier cuerpo celeste, pero mucho más con su desarrollo mental y espiritual. Hace mucho tiempo, fue el desarrollo espiritual de la comunidad mundial de la Quinta Humanidad lo que desvió a la Luna de su órbita. Y, en nuestro caso, tan numerosa es nuestra sociedad actualmente, y está tan desarrollada en sus actividades mentales y espirituales, que sólo mediante un continuo gasto de energía física se puede evitar una perturbación del sistema solar.

Poseemos otros medios para detectar mentes que se encuentran lejos de nosotros en el espacio. Podemos, por supuesto, penetrar en mentes del pasado dondequiera que se encuentren, siempre y cuando nos resulten inteligibles; y hemos tratado de utilizar ese poder para descubrir los remotos mundos con mentes individuales. Pero, en general, la experiencia de esas mentes es tan diferente en carácter de las nuestras, que ni siquiera podemos detectar su existencia. Y por lo tanto, el conocimiento de las mentes de otros mundos proviene casi por completo de sus efectos físicos.

No podemos decir que la vida sólo es posible en esos raros cuerpos llamados planetas, pues tenemos pruebas de que en unas pocas de las estrellas más jóvenes hay vida e incluso inteligencia. Cómo puede persistir en un medio incandescente, no lo sabemos, ni siquiera si se trata de la vida de la estrella como un todo, como un simple organismo, o bien de la vida de muchos habitantes flamígeros de la estrella. Lo único que sabemos es que ninguna estrella tiene vida en la mitad de su ciclo, y por lo tanto la vida que hay en las más jóvenes está seguramente condenada. Sabemos también que, aunque con muy poca frecuencia, existe la mente en unas cuantas estrellas extremadamente viejas, que ya no están incandescentes. Lo que será el futuro de esas mentes, no lo podemos decir. Tal vez sea en ellas, y no en el hombre, donde resida la esperanza del cosmos. Pero en la actualidad todas son primitivas.

Hoy en día, nada en ninguna parte de esta galaxia nuestra se puede comparar con el hombre respecto de su visión y creatividad mental. Por lo tanto, hemos llegado a considerar a nuestra comunidad como algo importante; en especial, a la luz de nuestra metafísica. Pero sólo nos podemos referir a nuestra visión metafísica de las cosas por medio de metáforas que, en el mejor de los casos, constituirán una caricatura de esa visión.

En el Principio, había una gran potencia, pero poca forma. Y el espíritu dormía al igual que la multitud de distintos existentes primordiales. A partir de entonces, ha habido una prolongada y fluctuante aventura hacia la armoniosa complejidad de la forma, y hacia el despertar del espíritu a la unidad, el conocimiento, el gozo y la autoexpresión. Y éste es el objetivo de todo lo viviente: que el cosmos pueda ser conocido y admirado, y que pueda ser completado con nuevas bellezas. Hasta donde nosotros podemos saber, en ninguna parte y en ningún momento ha ido más lejos la aventura que en nosotros mismos, al menos en nuestra galaxia. Y lo que nosotros hemos alcanzado no es más que un modesto comienzo. Pero es un comienzo verdadero.

El hombre en nuestros días ha alcanzado cierta profundidad de discernimiento, cierta vastedad de conocimientos, cierto poder de creación y cierta facultad de adoración. Hemos mirado hacia adelante. Hemos sondeado —y no demasiado superficialmente— la naturaleza de la existencia, y la hemos encontrado hermosa aunque también terrible. Hemos creado una comunidad que dista de ser insignificante, y hemos logrado acceder juntos al espíritu único de esa comunidad. Nos habíamos propuesto a nosotros mismos un futuro muy largo y arduo que, en algún momento antes del Fin, debía culminar en el logro absoluto del espíritu ideal. Pero ahora sabemos que el desastre ya se encuentra a la vuelta de la esquina.

Cuando estamos en plena posesión de nuestras facultades, esa suerte no nos perturba. Pues, si bien sabemos que nuestra magnífica comunidad debe desaparecer, su ser es indestructible. En una región de lo verdaderamente eterno, hemos esculpido por fin una forma que posee una belleza de un orden superior. La gran asociación de hombres y mujeres diversos y admirables en todas sus sutiles relaciones, que se esfuerzan por alcanzar el objetivo que constituye la meta final de la mente; la comunidad y la superindividualidad de esa gran congregación; los comienzos de un orden superior de discernimiento y creatividad: ésos son sin duda verdaderos logros, aun cuando, en una amplia perspectiva, sean logros menores.

No obstante, pese a que no estamos angustiados por nuestra desaparición, no podemos dejar de preguntarnos si en un futuro lejano algún otro espíritu colmará el ideal cósmico, o si nosotros somos la modesta coronación de la existencia. Desafortunadamente, aunque podemos explorar el pasado cuando existen mentes inteligibles, no podemos penetrar en el futuro. Y por lo tanto nos preguntamos en vano: ¿se despertará alguna vez un espíritu para reunir en sí mismo a todos los espíritus, para descubrir en las estrellas toda su belleza en flor, para conocer todas las cosas juntas y admirarlas como se merecen?

Si en el futuro lejano se alcanza ese fin, en realidad se alcanza incluso ahora mismo; pues, cuando ocurre, su existencia es eterna. Pero, por otra parte, si efectivamente se alcanza ese fin eternamente, ese logro debe ser la obra de espíritus o de un espíritu no totalmente diferente de nosotros, aunque infinitamente más grande. Y la localización física de ese espíritu ha de estar en el futuro lejano.

Si, en cambio, ningún espíritu futuro alcanza ese fin antes de morir, entonces, aunque el cosmos sea indudablemente hermoso, no es perfecto.

Dije que encontramos el cosmos muy hermoso. Sin embargo, también es terrible. Para nosotros es fácil mirar con ecuanimidad hacia nuestro fin, y aún hacia el fin de nuestra admirada comunidad, pues lo que más valoramos es la excelente belleza del cosmos. Pero hay miríadas de espíritus que jamás han tenido esa visión. Ellos han sufrido, y no se les permitió ese consuelo. Hay, en primer lugar, un número incalculable de seres inferiores con mentes inteligentes que están desparramados por todas las eras en los mundos. La suya fue tan sólo una vida soñada, y por lo común su sufrimiento no fue intenso; pero no obstante son dignos de lástima por no haber conocido esa experiencia más profunda que el espíritu necesita para encontrar la plenitud. Luego están los seres inteligentes, humanos o no; los múltiples mundos con mentes en todas las galaxias, que han bregado para alcanzar el conocimiento, esforzándose por conocer lo que no conocían, que tuvieron breves gozos y vivieron a la sombra del dolor y la muerte, hasta que por fin su vida fue aplastada por el destino ciego. En nuestro sistema solar han estado los marcianos, loca y miserablemente obsesionados; los venusinos nativos, prisioneros en su océano y asesinados por el bien del hombre, y el sinnúmero de especies humanas que nos precedieron. Sin duda, unos pocos individuos en cada período, y muchos en ciertas razas privilegiadas, han vivido con total felicidad. Y unos pocos han gustado la suprema beatitud. Pero, hasta nuestra época moderna, para la mayoría la contrariedad ha superado a la plenitud; y, si las penas no han tenido preponderancia sobre la alegría, es porque, afortunadamente, no se puede concebir en toda su magnitud la plenitud que se desconoce.

Nuestros predecesores de la decimosexta especie, oprimidos por ese vasto horror, emprendieron una cruzada desesperada y aparentemente irracional para rescatar el trágico pasado. Ahora vemos con claridad que su empresa, aunque desesperada, no era del todo fantástica. Pues, si alguna vez se logra el ideal cósmico, aunque sólo sea por un instante, el Alma del Todo que se despertará en ese momento abarcará todos los espíritus de todo el amplio circuito de todas las eras. Y así a cada uno de ellos, incluso entre los inferiores, le parecerá que se ha despertado y ha descubierto que él mismo es el Alma del Todo, sabiéndolo todo y regocijándose en todo. Y aunque después, con la inevitable declinación de las estrellas, esa visión gloriosa deba desaparecer, ya sea repentinamente o en la prolongada anulación de la vida, el Alma del Todo tendrá existencia eterna, y en cada espíritu martirizado reinará la beatitud eterna, aunque él no lo sepa en su forma temporal. Puede que ése sea el caso. Si no lo es, los espíritus martirizados seguirán siendo martirizados por toda la eternidad, y nunca bendecidos.

No podemos decir cuál de esas posibilidades será la válida. Como individuos, deseamos fervientemente que el ser eterno de las cosas pueda incluir ese despertar supremo. Éste, nada menos que éste, ha sido el objetivo de nuestra vida religiosa y de nuestra política social, un objetivo remoto pero siempre presente.

En nuestra forma racial también hemos deseado intensamente ese fin, pero de diferente manera. Incluso como individuos, todos nuestros deseos están atemperados por esa incesante admiración del destino que reconocemos como el más elevado logro del espíritu. Incluso como individuos, nos sentimos exultantes tanto si nuestra empresa tiene éxito como si fracasa. El pionero vencido, el amante afligido y abrumado, puede encontrar en su fracaso la suprema experiencia, el desapasionado éxtasis que saluda a lo real tal como es sin cambiar ni un ápice la realidad. Incluso como individuos, podemos considerar la inminente extinción de la humanidad como algo soberbio aunque trágico. Aferrados al conocimiento de que el espíritu humano ya ha otorgado al cosmos una indestructible belleza, y que inevitablemente, más tarde o más temprano, el curso del hombre debe terminar, encaramos ese fin demasiado súbito con alegría en nuestro corazón, y en paz. Pero hay una idea que, en nuestro estado individual, aún nos desalienta: que la empresa cósmica pueda fracasar; que la potencialidad de lo real jamás logre expresarse plenamente; que nunca, en ninguna etapa del tiempo, las multitudinarias y conflictivas criaturas existentes se organicen como un cuerpo viviente universalmente armonioso; que la eterna naturaleza del espíritu, por lo tanto, sea discordante, y que permanezca miserablemente enajenada; que las indestructibles bellezas de esta esfera nuestra del espacio y el tiempo continúen siendo imperfectas, y no sean, asimismo, adecuadamente reverenciadas. Pero, en la mente racial, ese último temor no tiene lugar de ser. En las contadas ocasiones en que nos hemos despertado racialmente, hemos llegado a considerar con devoción hasta la posibilidad de la derrota cósmica. Pues como mente racial, si bien en cierta manera deseamos fervientemente la plenitud del ideal cósmico, no nos sentimos más esclavizados por ese deseo de lo que, como individuos, lo estamos de nuestros deseos privados. En efecto, la mente racial desea ese logro supremo, pero al mismo tiempo se mantiene distante de ese deseo, así como de todo otro deseo y de toda emoción, salvo del éxtasis que admira lo real tal como es, y acepta con alegría su forma obscura y brillante.

Por lo tanto, como individuos, tratamos de considerar la totalidad de la aventura cósmica como una sinfonía que actualmente está en ejecución, y que un día podrá alcanzar o no el adecuado acorde final. Sin embargo, como la música, la vasta historia de las estrellas debe juzgarse no con respecto a su simple momento final, sino con respecto a la perfección de su forma total; y no podemos saber si esa forma como un todo es perfecta o no. La música propiamente dicha es un patrón de temas entrelazados que evolucionan y cesan; y éstos a su vez están entretejidos con elementos más sencillos que, por su parte, están hilados a partir de acordes y tonos unitarios. Pero la música de las esferas es de una complejidad casi infinitamente más sutil, y sus temas se superponen en un orden jerárquico tras otro. Nadie salvo un dios, nadie salvo una mente sutil como la música misma, podría oír la totalidad en todos sus detalles, y captar de una vez su intrincada individualidad, si es que la tiene. Y ninguna mente humana podría decir con autoridad: «Esto es música, totalmente», ni decir: «Esto es simple ruido, adornado de vez en cuando con fragmentos significativos».

La música de las esferas es distinta de cualquier otra música no sólo respecto de su riqueza, sino también de la naturaleza de su medio. Es una música no simplemente de sonidos sino de almas. Cada uno de sus temas menores, cada uno de sus acordes, cada simple tono, cada vibración de cada tono, es en sí mismo mucho más que un simple factor pasivo en la música; es un oyente, pero también un creador. Siempre que hay una individualidad formal, hay también un estimador y creador individual. Y cuanto más compleja es la forma, tanto más perceptivo y activo es el espíritu. Así, en todo factor individual dentro de la música, el entorno musical de ese factor se experimenta de forma vaga o precisa, de manera errónea o con una gran aproximación a la verdad; y, al experimentarlo, se lo admira o se lo detesta, sea justa o injustamente. Y se influye en él. Del mismo modo que en la música propiamente dicha cada tema está en cierta manera determinado por los que les preceden y le siguen, y por su acompañamiento presente, así también en esa música más vasta cada factor individual está determinado por su entorno, y a su vez determina tanto a lo que le precede como a lo que le sigue.

Pero ignoramos si esas múltiples interrelaciones son después de todo azarosas o si, como en la música, están controladas en función de la belleza del todo; si éste es el caso, tampoco sabemos si el bello conjunto de las cosas es la obra de alguna mente, ni si alguna mente lo admira adecuadamente como un conjunto de belleza.

No obstante, sabemos esto: que, cuando el espíritu está más despierto en nosotros, admiramos lo real tal como se nos revela, y saludamos con alegría su forma obscura y brillante.

XVI. LO ÚLTIMO DE LA HUMANIDAD

1. La sentencia de muerte

La nuestra ha sido esencialmente una era filosófica, de hecho la era suprema de la filosofía. Pero también nos ha preocupado un enorme problema práctico. Tuvimos que prepararnos para la tarea de conservar a la humanidad durante un período muy difícil que, según se estimaba, sobrevendría después de unos cien millones de años de nuestro presente, pero que podría, en ciertas circunstancias, precipitarse sobre nosotros en un lapso más breve. Tiempo atrás, los habitantes humanos de Venus creían que ya en aquella época el Sol estaba a punto de entrar en la fase de «estrella enana blanca» y que, por lo tanto, llegaría muy pronto un momento en el que su mundo se congelaría. Este cálculo era indebidamente pesimista; pero ahora sabemos que, aun concediendo que se produjera una ligera demora a causa de la gran colisión, el colapso solar comenzará en una fecha astronómicamente no muy lejana. Habíamos planeado que, durante el período relativamente breve del colapso, acercaríamos nuestro planeta en forma constante al Sol, hasta que por fin lo estabilizaríamos en la órbita más cercana posible.

Entonces la humanidad permanecería cómodamente establecida durante un período muy largo. Pero, con el tiempo, se produciría una crisis mucho más grave. El Sol seguiría enfriándose y llegaría el momento en que el hombre ya no podría vivir alimentado por la radiación solar. Sería necesario desintegrar la materia con el fin de suplir la deficiencia, para lo cual se podrían utilizar los demás planetas, y posiblemente hasta el propio Sol. O bien, contando con los debidos alimentos para un viaje tan largo, el hombre podría aguerridamente trasladar su planeta hasta las cercanías de alguna estrella joven. Quizás en adelante podría operar en una escala mucho mayor. Podría explorar y colonizar todos los mundos convenientes en todos los rincones de la galaxia, y organizarse como una vasta comunidad de mundos con mentes inteligentes. Incluso —así lo soñamos— podría establecer relaciones con otras galaxias. No parecía imposible que el hombre fuese el germen del alma mundial, la cual, así lo esperamos aún, está destinada a despertar durante un tiempo antes de la decadencia universal, y coronar el cosmos eterno con su debido conocimiento y admiración, efímero pero eterno. Nos atrevimos a creer que en una época distante el espíritu humano, dotado de toda sabiduría, poder y gozo, podría contemplar nuestra era primitiva con cierto respeto, sin duda, también con piedad y diversión, pero al mismo tiempo con admiración por el espíritu que anida en nosotros y que, todavía sólo a medias despierto, lucha contra grandes limitaciones. Con ese talante, mezcla de piedad y admiración, nosotros mismos contemplamos las humanidades primitivas.

Pero de repente nuestra perspectiva ha cambiado por completo, pues los astrónomos han hecho un descubrimiento sorprendente, que asigna al hombre un rápido final. Desde ya, su existencia siempre ha sido precaria: en cualquier etapa de su curso podría haber sido exterminado fácilmente por alguna ligera alteración de su entorno químico, por algún microbio más maligno que los habituales, por un cambio radical del clima o por los múltiples efectos de su locura. Ya en dos ocasiones casi había acabado destruido por un fenómeno astronómico. Con qué facilidad podría haber sucedido que el sistema solar, al precipitarse hacia una región de la galaxia mucho más poblada, hubiese rozado o chocado con un cuerpo celeste y se hubiera destruido. Pero el destino, como resulta ser, tiene reservado un final más sorprendente para la humanidad.

No hace mucho tiempo, se observó que se producía una alteración inesperada en una estrella cercana. Sin ninguna causa observable, comenzó a virar del blanco al violeta, y a aumentar su brillantez. Ya ha alcanzado un brillo tal que, si bien su disco real sigue siendo un simple punto en el firmamento, su asombrosa radiación púrpura ilumina nuestros paisajes nocturnos otorgándoles una belleza pavorosa. Nuestros astrónomos han comprobado que no se trata de una nova ordinaria, que no es una de esas estrellas que sufren paroxismos de brillantez. Se trata de algo sin precedentes, una estrella normal que padece una enfermedad única, una fantástica aceleración de su proceso vital, un derroche desenfrenado de la energía que debería haber permanecido presa en su sustancia durante largas eras. Al ritmo actual, se reducirá a cenizas o quedará totalmente destruida en unos pocos miles de años. Ese hecho extraordinario puede haberse producido a raíz de torpes desaciertos llevados a cabo por seres inteligentes en las cercanías de la estrella. Pero, puesto que, a muy elevada temperatura, la materia se halla en un estado de equilibrio inestable, la causa puede haber sido simplemente una conjunción de circunstancias naturales.

Al principio, se consideró que el acontecimiento era un espectáculo interesante. Pero ulteriores estudios despertaron un interés más profundo. Nuestro propio planeta, y por lo tanto también el Sol, estaba sufriendo un continuo y creciente bombardeo de vibraciones etéreas, la mayoría de las cuales eran de una frecuencia increíblemente alta y de una potencia desconocida. ¿Cuál sería su efecto sobre el Sol? Después de varios siglos se comprobó que ciertos cuerpos celestes que se hallaban en las cercanías de la estrella alterada sufrían los efectos de su desorden. Su brillo aumentó el esplendor de nuestro cielo nocturno, pero también confirmaba nuestros temores. Esperábamos que el Sol se encontrara demasiado distante para ser seriamente influido, pero un cuidadoso análisis nos demostró que teníamos que abandonar esa esperanza.

La lejanía del Sol podría causar una demora de unos miles de años antes de que los efectos acumulativos del bombardeo inicien la desintegración; pero, más tarde o más temprano, el Sol también sufrirá las consecuencias. Seguramente, dentro de treinta mil años la vida será imposible en un vasto radio del Sol, en un radio tan vasto que resulta del todo imposible trasladar nuestro planeta lo suficientemente lejos como para estar a salvo antes de que la tormenta nos alcance.

2. La conducta de los condenados

El descubrimiento de esta condena ha despertado en nosotros emociones desconocidas. Hasta ese momento, la humanidad parecía destinada a un futuro muy largo, y el propio individuo se había acostumbrado a gozar de muchos miles de años de vida personal, para terminar en un sueño voluntario. A menudo habíamos concebido la súbita destrucción de nuestro mundo, e incluso la habíamos saboreado imaginariamente. Pero ahora la enfrentamos como un hecho. Exteriormente, todos nos comportamos con absoluta serenidad, pero en el interior de cada mente se ha desatado un torbellino. Eso no significa que corramos el riesgo de ser presas del pánico o la desesperación, pues nuestra capacidad innata para ser objetivos nos ayuda en esta crisis. Pero inevitablemente ha tenido que pasar algún tiempo antes de que nuestra mente se adaptara adecuadamente a la nueva perspectiva, antes de que pudiésemos ver nuestro destino clara y bellamente perfilado contra el fondo cósmico.

Sin embargo, no hemos tardado en aprender a contemplar la totalidad de la gran epopeya de la humanidad como una obra de arte completa, y a admirarla tanto por su súbito y trágico fin como por la promesa que conllevaba y que no se cumplirá. La pena ahora se ha transfigurado totalmente en éxtasis. La derrota, que nos había oprimido con una sensación de impotencia, y de inferioridad del hombre entre las estrellas, ha generado en nosotros una nueva compasión y reverencia por todas aquellas miríadas de seres del pasado de cuyos esfuerzos deriva nuestra vida: hemos visto a los más brillantes de nuestra raza y a los más inferiores de nuestros antepasados prehumanos como espíritus esencialmente de igual excelencia, aunque moldeados en circunstancias diversas. Cuando contemplamos el cielo, ante el esplendor violeta que acabará por destruirnos, nos llenamos de espanto y compasión: de espanto por el inconcebible poder de la brillante estrella, y de compasión por nuestros frustrados esfuerzos para realizarnos como el espíritu universal.

En esa etapa, parecía que no nos quedaba nada por hacer salvo reunir tanta excelencia como fuese posible en lo que nos restaba de vida, y enfrentar nuestro fin de la manera más noble. Pero entonces volvimos a vernos inmersos en la rara experiencia de la mentalidad racial. Durante un largo año neptuniano todos los individuos vivieron en un trance extasiado, en el cual, como mente racial, resolvieron muchos misterios antiguos y saludaron muchas bellezas inesperadas. La inefable experiencia, vivida totalmente bajo la amenaza de la muerte, fue la culminación de todo el ser de la humanidad. Pero no puedo decir nada acerca de ella, salvo que cuando concluyó poseíamos una nueva paz incluso como individuos, en la cual, extraña pero armoniosamente, se mezclaban la pena, la exaltación y la risa de un dios.

Como consecuencia de esta experiencia racial, nos encontramos enfrentados a dos tareas que antes no habíamos tenido en cuenta. Una se refiere al futuro; la otra, al pasado.

Con respecto al futuro, ahora nos disponemos a llevar a cabo la desesperada tarea de diseminar entre las estrellas las simientes de una nueva humanidad. Con ese propósito, utilizaremos la presión de la radiación del Sol, y en especial la potente y extraordinaria radiación de la que se dispondrá más adelante. Tenemos la esperanza de producir unos «sistemas de ondas» electromagnéticas extremadamente pequeñas, semejantes a los protones y electrones normales, que podrán desplazarse individualmente llevadas por el huracán de radiación solar a una velocidad no muy lejana de la luz. Ésta es una tarea ímproba. Pero, además, esas unidades deben estar sutilmente interrelacionadas para que, en condiciones favorables, tiendan a combinarse para formar esporas de vida y desarrollarse, por supuesto no como seres humanos, sino como organismos inferiores con una definida tendencia evolutiva hacia los elementos esenciales de la naturaleza humana.

Dirigiremos inmensas cantidades de esos objetos, desde más allá de nuestra atmósfera hacia ciertos puntos de la órbita de nuestro planeta, de modo que la radiación solar pueda transportarlos hasta las regiones más promisorias de la galaxia. La probabilidad de que algunos de ellos sobrevivan para llegar a su destino es pequeña, y más pequeña aún es la de que alguno de ellos encuentre un medio adecuado. Pero, si alguna de esas simientes humanas cae en terreno adecuado, iniciará, según esperamos, una evolución biológica bastante rápida, y producirá a su debido tiempo las formas orgánicas complejas que sean posibles en su medio. Y tendrá una verdadera tendencia fisiológica hacia la evolución de la inteligencia, sin duda mucho mayor que la que poseían los agrupamientos atómicos subvitales de la Tierra a partir de los cuales finalmente surgió la vida terrestre.

Cabe imaginar pues que, por una fortuna extremadamente favorable, el hombre pueda aún influir en el futuro de esta galaxia, no en forma directa sino por medio de su criatura. Pero, en la vasta música de la existencia, el tema real de la humanidad ahora cesa para siempre. Se han terminado las prolongadas reiteraciones de la historia de la humanidad; se ha frustrado la orgullosa empresa de su madurez. La experiencia acumulada de muchas humanidades se hundirá en el olvido, y la sabiduría de hoy desaparecerá.

La otra tarea que nos ocupa, la que se relaciona con el pasado, seguramente os parecerá una tontería.

Hace tiempo que podemos penetrar en las mentes del pasado y participar en su experiencia. Hasta el presente, hemos sido tan sólo espectadores pasivos, pero en fecha reciente hemos adquirido el poder de influir en ellas. Eso parece imposible, pues un hecho pasado es lo que es; por lo tanto, ¿cómo concebir que se pueda alterar en una fecha posterior, aunque sea mínimamente?

Ahora bien, es cierto que los hechos pasados son lo que son, de manera irrevocable; pero en ciertos casos algunos aspectos de un evento del pasado pueden depender de un acontecimiento del futuro lejano. El hecho pasado jamás habría sido como realmente fue —y es, eternamente—, si no fuera a ocurrir cierto acontecimiento futuro, el cual, aunque no sea contemporáneo del hecho pasado, lo influye directamente en la esfera del ser eterno. El tránsito de eventos es real, y el tiempo es la sucesión de hechos que pasan; pero, si bien esos hechos se dan en tránsito, también tienen una existencia eterna. Y, en ciertos casos raros, hechos mentales muy separados en el tiempo se determinan mutuamente de forma directa por medio de la eternidad.

Nuestra propia mente ha recibido profundas influencias por la incidencia directa de mentes del pasado, y ahora descubrimos que ciertos sucesos de ciertas mentes del pasado están determinados por acontecimientos presentes en nuestra mente presente. Sin duda hay algunos hechos mentales pasados que son lo que son en virtud de procesos mentales que realizaremos, pero que aún no hemos realizado. Nuestros historiadores y psicólogos, dedicados a inspeccionar las mentes del pasado, a menudo se han quejado de ciertos puntos «singulares» hallados en ellas, en los que los principios ordinarios de la psicología no logran brindar una explicación satisfactoria del curso de los eventos mentales; en los que, de hecho, parece que actúe una influencia totalmente desconocida. Luego se descubrió que, en algunos casos al menos, esa perturbación de los principios ordinarios de la psicología se correspondía con ciertas ideas o deseos presentes en la mente del observador, que vivía en nuestro tiempo. Por supuesto, sólo los temas que tenían alguna significación para las mentes del pasado podían influir en ellas. Las ideas y deseos nuestros que no tienen significado alguno para el pasado individual no logran penetrar en su experiencia. Las nuevas ideas y los nuevos valores sólo se pueden introducir modificando los temas conocidos de modo que adquieran un nuevo significado. Sin embargo, ahora nos encontramos en posesión de una sorprendente capacidad de comunicación con el pasado, y con la posibilidad de contribuir a su pensamiento y acción, aunque, por supuesto, no podemos alterarlo. Podría preguntarse, pues: ¿qué ocurre si, con respecto a una «singularidad» particular en alguna mente del pasado, no decidimos, después de todo, a ejercer la necesaria influencia para dar cuenta y razón de ella? La cuestión no tiene sentido. No existe posibilidad alguna de que decidamos no influir en las mentes del pasado que dependen, de hecho, de nuestra influencia. Pues es en la esfera de la eternidad —el único lugar en que encontramos las mentes del pasado— donde realmente tomamos esa libre decisión. Y, en cuanto a la esfera del tiempo, si bien la decisión se relaciona con nuestra era moderna y se puede decir que ocurre en esa era, también se relaciona con la mente del pasado, y se puede decir que ha ocurrido hace mucho tiempo.

En algunas mentes del pasado hay singularidades que no son producto de una influencia que hayamos ejercido hoy. Algunas de esas singularidades, sin duda, las habremos de producir en alguna ocasión antes de nuestra destrucción. Pero es posible que algunas se deban a una influencia que no sea la nuestra, quizá de seres que, por suerte, provengan de muy lejos, de nuestra desesperada empresa seminal; o quizá se deban a la mente cósmica, cuyo advenimiento futuro y existencia eterna deseamos fervientemente. Sea como fuere, existen unas cuantas mentes notables, esparcidas aquí y allá en las eras pasadas y aun en las razas humanas más primitivas, que sugieren una influencia que no es la nuestra. Son tan «singulares», en un aspecto u otro, que no podemos dar una explicación psicológica perfectamente clara de ellos si sólo nos ceñimos al pasado; y, sin embargo, nosotros no somos los instigadores de su singularidad. Vuestro Jesús, vuestro Sócrates, vuestro Gautama, presentan rasgos de esa singularidad. Pero los más originales eran demasiado excéntricos para ejercer influencia en sus contemporáneos. Es posible que en nosotros también existan

«singularidades» que no se puedan explicar totalmente según los principios biológicos y psicológicos ordinarios. Si pudiésemos demostrar que ése es el caso, contaríamos con una clara prueba de que en el futuro habrá una mentalidad de orden superior, y sabríamos que su existencia será eterna. Pero hasta el presente ese problema ha resultado ser demasiado sutil para nosotros, aun en la forma racial. Incluso puede ser que el simple hecho de que hayamos logrado alcanzar la mentalidad racial implique alguna remota influencia futura. Hasta es concebible que todo avance creativo que una mente haya realizado implique una cooperación inconsciente con la mente cósmica que, quizá, despertará en algún momento antes del fin.

Tenemos dos métodos para influir en el pasado por medio de individuos del pasado: o bien podemos actuar sobre mentes de gran originalidad y capacidad, o bien sobre el individuo medio cuyas circunstancias se adapten a nuestros propósitos. En las mentes originales sólo podemos sugerir una muy vaga intuición, que luego es «elaborada» por el mismo individuo de forma muy diferente de la que nosotros pretendíamos, pero muy poderosa como factor de influencia en la cultura de su era. Por otra parte, podemos valernos de las mentes ordinarias como instrumentos pasivos para la traslación de ideas específicas. Pero en esos casos el individuo es incapaz de elaborar el material hasta darle una forma grande y poderosa, adecuada para su era.

Tal vez os preguntéis qué es lo que buscamos al incidir en el pasado. Tratamos de aportar intuiciones de la verdad y el valor que, si bien resultan fáciles para nosotros desde nuestro ventajoso punto, resultarían imposibles para el pasado si no contaran con ayuda. Tratamos de ayudar al pasado a conseguir lo mejor de sí mismo, del mismo modo que un hombre puede ayudar a otro. Tratamos de dirigir la atención de los individuos y de las razas del pasado hacia verdades y bellezas que, aunque implícitas en su experiencia, de otro modo pasarían por alto.

Intentamos hacerlo por dos razones. Al penetrar en las mentes del pasado, llegamos a conocerlas perfectamente y no podemos dejar de amarlas; por lo tanto, deseamos ayudarlas. Al influir en individuos selectos, tratamos de influir indirectamente en las grandes multitudes. Pero nuestro segundo motivo es muy diferente. Vemos el curso de la humanidad en sus sucesivos hogares planetarios como un proceso de gran belleza. Dista mucho, claro está, de la perfección; pero es muy hermoso, tiene la belleza del arte trágico. Ahora resulta que esa belleza supone nuestra actuación en varios puntos del pasado. Por lo tanto, hemos de actuar.

Lamentablemente, nuestros primeros esfuerzos, por lo inexpertos, fueron desastrosos. Muchas de las necesidades que las mentes primitivas de todas las épocas han tendido a atribuir a la influencia de espíritus desencarnados, sean deidades, demonios o los muertos, no son más que la jerigonza resultante de nuestros primeros experimentos. Y esta obra que tenéis en las manos, tan admirable en nuestra concepción, ha nacido del cerebro del escritor, vuestro contemporáneo, de una forma tan desordenada, que la mayor parte no es más que basura.

Nos preocupa el pasado, no sólo en la medida en que realizamos una muy rara contribución a él, sino principalmente de otras dos maneras.

Primero, estamos comprometidos en la gran empresa de relacionarnos amorosamente con el pasado, el pasado humano, y conocerlo en todos sus detalles. Éste es, por así decirlo, nuestro supremo acto de devoción filial. Cuando un ser llega a conocer y amar a otro, se crea algo nuevo y hermoso llamado amor, que engrandece el cosmos. Tratamos, pues, de conocer y amar todas las mentes del pasado en las que podamos penetrar. En la mayoría de los casos, podemos conocerlos y comprenderlos mejor que ellos mismos. Ni el más insignificante de ellos, ni el peor de ellos, será dejado al margen de esta gran obra de comprensión y admiración.

Hay otra manera en la que nos interesamos por los seres humanos del pasado: necesitamos su ayuda. Habiéndonos reconciliado jubilosamente con nuestro destino, tenemos la obligación de dedicar nuestras últimas energías no al éxtasis de la contemplación, sino a una tarea desesperada y muy antipática: la diseminación. Esta tarea nos repugna de una manera casi intolerable. Con gusto pasaríamos nuestros últimos días dedicados al embellecimiento de nuestra comunidad y nuestra cultura, y a una devota exploración del pasado. Pero nos incumbe a nosotros, que somos artistas y filósofos por naturaleza, centrar toda la atención de nuestro mundo en la árida labor de diseñar una simiente humana artificial, producirla en grandes cantidades y sembrarla entre las estrellas.

Si existe alguna posibilidad de éxito, debemos emprender un programa muy extenso de investigación física, y finalmente organizar un sistema de elaboración de alcance mundial. La obra no estará terminada hasta que nuestra constitución física se encuentre dañada y se haya iniciado la desintegración de nuestra comunidad. Ahora bien, nunca podríamos llevar a cabo esa política sin la apasionada convicción de su importancia. Y aquí es donde nos puede ayudar el pasado. Nosotros, que ahora hemos aprendido tan a fondo el supremo arte del fatalismo extático, nos remontamos humildemente al pasado para aprender de nuevo ese otro supremo logro del espíritu, la lealtad a las fuerzas de la vida en lucha contra las fuerzas de la muerte. Vagando entre las heroicas empresas del pasado, frecuentemente desesperadas, se enciende otra vez en nosotros el primitivo ardor.

Así, cuando retornamos a nuestro mundo, y pese a que conservamos en el corazón la paz que genera la comprensión, podemos luchar como si sólo nos importara la victoria.

3. Epílogo

Os hablo ahora desde un período de unos veinte mil años terrestres posteriores a la fecha en que fue comunicada toda la parte precedente de este libro. Ha sido muy difícil llegar a vosotros, y más difícil aún hablaros; pues ya la Última Humanidad no es la humanidad que fue.

Nuestras dos grandes empresas todavía están sin acabar. Buena parte del pasado humano aún permanece imperfectamente explorado, y la siembra de la simiente ha comenzado apenas. Esa empresa ha resultado mucho más ardua de lo que se esperaba. Sólo en los últimos años hemos logrado generar un polvo humano artificial capaz de ser diseminado por la radiación solar, lo suficientemente resistente para soportar las condiciones de un viaje transgaláctico de muchos millones de años, y a la vez lo suficientemente complejo como para soportar la potencialidad de vida y de evolución espiritual. En la actualidad nos estamos preparando para elaborar la materia seminal en grandes cantidades, y desparramarla por el espacio en los puntos adecuados de la órbita planetaria.

Han transcurrido varios siglos desde que el Sol comenzó a mostrar los primeros síntomas de desintegración, a saber: un ligero cambio de color virando al azul, seguido de un definido aumento de brillantez y calor. Hoy, cuando atraviesa las densas nubes, nos asola con un brillo acerado insoportable que destruye la vista de aquel que es tan tonto como para mirarlo de frente. Aun en el clima nuboso que ahora es normal, el intenso resplandor violeta lastima y quema los ojos. Los problemas oculares nos afligen, a pesar de las gafas especiales que hemos fabricado para protegernos. Hasta el simple calor es destructivo. Estamos obligando al planeta a salir de su antigua órbita en una espiral cada vez más amplia; pero, hagamos lo que hagamos, no podemos evitar que el clima se vuelva cada vez más mortífero, incluso en los polos. Las regiones intermedias ya han quedado desiertas. La evaporación de los océanos ecuatoriales ha provocado una revolución en toda la atmósfera, de modo que hasta en los polos sufrimos las increíbles tormentas eléctricas y los ardientes huracanes húmedos. Éstos ya han destruido la mayoría de nuestros grandes edificios, a veces sepultando alguna provincia entera bajo una avalancha de rocas vítreas.

Al principio, nuestras dos comunidades polares lograron mantener comunicaciones radiales; pero ha pasado bastante tiempo desde que en el sur recibimos noticias del norte más devastado. Aun en nuestro caso, la situación ya es desesperada. Recientemente establecimos unos cuantos cientos de estaciones para proceder a la diseminación, pero sólo una veintena de ellas llegó a funcionar. Este fracaso se debe sobre todo a una falta cada vez mayor de mano de obra, debido a que un terrible bombardeo de radiación solar ha causado efectos desastrosos en el organismo humano. Epidemias de un tumor maligno, que la ciencia médica no ha logrado dominar, han reducido a la población meridional a un simple remanente, y ello a pesar de la migración de las razas tropicales a la Antártida.

Además, cada uno de nosotros no es más que una ruina del ser anterior. Las elevadas funciones mentales, alcanzadas tan sólo en las especies humanas más evolucionadas, ya se han perdido o están alteradas, a causa de la destrucción de los tejidos cerebrales especiales. No sólo ha desaparecido la mente racial, sino que los grupos sexuales han perdido su unidad mental. La descomposición de su naturaleza química ya ha exterminado a tres de los subsexos. Sin duda, los desarreglos glandulares han provocado en muchos de nosotros ansiedades y aversiones que no podemos dominar, aun sabiendo que son irracionales. Incluso la energía normal de la comunicación telepática se ha vuelto tan poco fiable, que nos hemos visto obligados a volver a adoptar la arcaica práctica del simbolismo vocal. La exploración del pasado se confía ahora a especialistas, y es una profesión peligrosa, que puede conducir a trastornos de la experiencia temporal.

La degeneración de los centros nerviosos superiores nos ha causado un problema más grave y profundo, a saber: una degradación espiritual general que antiguamente habría parecido imposible, pues la confianza que teníamos en nuestra integridad era muy grande. La voluntad totalmente desapasionada había sido universal entre nosotros durante muchos millones de años, y también era la piedra angular de toda nuestra sociedad y cultura. Casi habíamos olvidado que su base era fisiológica, y que, si esa base se dañaba, ya no podríamos tener una conducta racional. Pero, bombardeados durante miles de años por la radiación estelar única, hemos ido perdiendo gradualmente no sólo el éxtasis de la adoración desapasionada, sino también la capacidad de una conducta normalmente desinteresada.

Cada uno tiene ahora una predisposición irracional a actuar en beneficio de sí mismo como persona privada, y en contra de sus semejantes. La envidia personal, la intransigencia, incluso el asesinato y la crueldad gratuita, anteriormente desconocidos entre nosotros, ahora se están volviendo comunes. Al principio, cuando los hombres comenzaron a advertir en ellos esos impulsos arcaicos, los reprimían con divertido desdén. Pero, a medida que los centros nerviosos superiores decaían, la bestia en nosotros se fue haciendo cada vez más indómita, y lo humano, más incierto. Desde entonces, la conducta racional sólo se logra después de una lucha moral fatigosa y degradante, en vez de ser algo espontáneo y fluido. Más grave aún: cada vez más seguido, la lucha no termina en victoria sino en derrota.

Imaginaos, pues, el terror y el asco que se ha apoderado de nosotros cuando nos encontramos condenados a una batalla desesperada contra unos impulsos que nos habíamos acostumbrado a considerar como demenciales. Resulta bastante angustioso saber que, en cualquier momento, por el sólo hecho de ayudar a un individuo querido, uno puede traicionar su deber supremo para con la diseminación; pero es mucho más perturbador advertir que uno está tan hundido que es incapaz de mostrar siquiera amabilidad hacia sus semejantes. Antiguamente era impensable que un hombre prefiriera hacer algo por sí mismo en perjuicio de un amigo o persona amada, aunque fuera en el menor aspecto. En cambio, hoy, muchos de nosotros nos sentimos obsesionados por la sorprendida expresión de horror y pena presente en los ojos de un amigo herido.

En las etapas más tempranas de nuestro problema se fundaron manicomios, pero no tardaron en llenarse y constituir una pesada carga para una comunidad golpeada. Entonces se empezó a matar a los locos. Pero pronto se comprendió que, de acuerdo con las normas anteriores, todos eramos locos. Ahora nadie puede confiar en que se comportará razonablemente.

Y, por supuesto, no podemos confiar los unos en los otros. En parte a raíz de la preponderante irracionalidad del deseo, y en parte a causa de los malentendidos derivados de la pérdida de la comunicación telepática, hemos caído en toda suerte de discordias. Se ha tenido que aprobar una constitución política y una legislación, pero parece que ello no ha hecho más que aumentar nuestros problemas. Una fuerza policial, sobrecargada de trabajo, mantiene una suerte de orden. Pero eso está en manos de los organizadores profesionales, que ahora presentan todos los vicios de la burocracia. Fue principalmente en un ataque de locura que en dos de las naciones antárticas estalló una revolución social, y en estos momentos se están preparando para enfrentarse a un armamento que un gobierno mundial enloquecido está fabricando para destruirlos. Mientras tanto, al desaparecer todo orden económico, y ante la imposibilidad de llegar a las fábricas de alimentos de Júpiter, el hambre se ha sumado a nuestros problemas, y ha brindado a ciertos lunáticos ingeniosos la oportunidad de comerciar a expensas de los demás.

¡Toda esta locura, en un mundo condenado y en una comunidad que ayer era la flor de la galaxia!

Quienes aún creemos en la vida del espíritu estamos tentados a lamentar que la humanidad no hubiese decidido suicidarse decentemente antes de que comenzara esta putrefacción. Pero, sin duda, eso no podía ser: había que concluir la tarea emprendida. Pues la diseminación de la simiente ha llegado a ser para todos nosotros el supremo deber religioso.

Incluso los que continuamente pecan contra él reconocen que éste es el último cometido de la humanidad. Por eso nos hemos excedido de nuestro tiempo, y tenemos que vernos caer de un estado espiritual a la bestialidad de la cual el hombre raras veces se ha librado totalmente.

Sin embargo, ¿por qué persistimos en el esfuerzo desesperado? Aun si por un golpe de suerte la simiente echara raíces en alguna parte y prosperara, seguramente le llegaría el fin a su aventura, si no un fin rápido por el fuego, en la batalla definitiva de la vida contra el frío invasor. En el mejor de los casos, nuestra labor habrá servido para brindar a la muerte una mayor cosecha. No parece haber ninguna defensa racional ante ella, a menos que sea racional llevar a cabo el ciego propósito concebido por un estado anterior y más ilustrado.

Pero no podemos estar seguros de haber sido realmente más ilustrados. Ahora rememoramos nuestra forma de ser anterior con admiración, pero también con incomprensión y recelo. Tratamos de recordar la gloria que parecía revelársenos en la mente racial, pero no recordamos casi nada de ella. No podemos elevarnos siquiera hasta aquel estado de beatitud más simple que en un tiempo le estaba permitido alcanzar al individuo sin ayuda, aquella serenidad que, según creíamos, debía ser la respuesta del espíritu a todo acontecimiento trágico. Eso se ha esfumado para nosotros. No es sólo imposible sino también inconcebible. Ahora vemos nuestra angustia privada y la calamidad pública simplemente como algo odioso. ¡Qué después de una lucha tan prolongada para alcanzar la madurez, el hombre acabe quemado vivo como un ratón enjaulado, para entretenimiento de un lunático! ¿Cómo puede haber belleza en eso?

Pero ésta no es nuestra última palabra dirigida a vosotros. Pues, si bien hemos caído, aún queda algo en nosotros del tiempo pasado. Nos hemos vuelto ciegos y débiles; pero el conocimiento de que estamos así nos ha obligado a realizar un esfuerzo supremo. Aquéllos de nosotros que aún no se han hundido demasiado profundamente han constituido una hermandad para fortalecerse mutuamente, de modo que el espíritu humano se mantenga un tiempo más, hasta que la simiente haya sido bien sembrada, y la muerte sea tolerable. Nos llamamos a nosotros mismos la Hermandad de los Condenados. Tratamos de ser fieles entre nosotros y a nuestra empresa común, así como a la visión que ya no se nos revela. Hacemos votos por el consuelo de todas las personas angustiadas a las que aún no se les permite la muerte. Hacemos votos también por la diseminación. Y hacemos votos para mantener alto el espíritu hasta el fin.

De vez en cuando nos reunimos, ya sea en pequeños grupos o en grandes masas, para fortalecernos con la presencia de los demás. A veces, en esas ocasiones, sólo podemos permanecer callados, buscando consuelo y fuerza. A veces la palabra hablada revolotea de aquí para allá entre nosotros, proyectando una breve luz pero poco calor sobre el alma, que se congela en un mundo tórrido.

Pero hay uno entre nosotros, que va de un lado a otro y de un grupo a otro, cuya voz todos ansían oír. Es joven, el último ser nacido de la Última Humanidad; pues fue el último concebido antes de conocerse la condena de la humanidad y que ésta pusiera fin a toda concepción. Siendo el último, es también el más noble. No a él solo, sino a toda su generación, los saludamos, y buscamos fuerza en ellos; pero él, el más joven, es diferente del resto.

El espíritu, que no es más que la carne al despertar a la espiritualidad, tiene en él la capacidad de soportar las tempestades de la energía solar mucho más tiempo que el resto de nosotros. Es como si el propio Sol quedara eclipsado por el brillo de ese espíritu. Es como si en él, por fin, y durante un día tan sólo, se cumpliera la promesa de la humanidad. Pues, si bien sufre en la carne como los demás, él está por encima del sufrimiento. Y, pese a que siente más que todos nosotros el sufrimiento de los demás, él está por encima de la compasión. En su consuelo hay una extraña y dulce bufonada que puede llevar al sufriente a sonreír en su dolor. Cuando ese hermano nuestro más joven contempla el mundo agonizante y la frustración de todos los anhelos de la humanidad, no se siente desanimado, como nosotros, sino sereno. En presencia de tanta serenidad, la desesperación se convierte en paz. Ante su discurso racional, casi ante el simple sonido de su voz, nuestros ojos se abren, y una misteriosa exultación invade nuestros corazones. Sin embargo, sus palabras son graves.

Dejemos que sus palabras, no las mías, cierren esta historia:

«Grandes son las estrellas, y el hombre es despreciable para ellas. Pero el hombre es un espíritu hermoso, a quien una estrella concibe y otra estrella mata. Es más grande que aquellas brillantes masas ciegas. Pues, si bien en ellas hay un incalculable poder, en él hay logros, pequeños pero reales. Demasiado pronto, al parecer, llega su fin. Pero, cuando haya fenecido, no desaparecerá en la nada como si nunca hubiese sido; pues es eternamente una belleza en la forma eterna de las cosas». La humanidad tuvo las alas de la esperanza. El hombre tenía que ir más allá que su corto vuelo, que ahora termina. Incluso se propuso llegar a ser la flor de todas las cosas, y aprender a ser omnisciente, el enamorado de todo. En vez de ello, va a ser destruido. Es tan sólo un pajarillo atrapado en un incendio del bosque. Es muy pequeño, muy simple, muy poco capaz de discernimiento. Su conocimiento pretendidamente universal no es más que el conocimiento de un pajarillo. Su enamoramiento no es más que la admiración de un pichón por las cosas favorables a su pequeña naturaleza. Goza sólo de la comida y de la llamada que anuncia la comida. La música de las esferas pasa sobre él, a través de él, y no es oída.

»Sin embargo, lo ha utilizado. Y ahora utiliza su destrucción. Grande, terrible y muy bello es el Todo; y lo mejor para el hombre es que el Todo lo utilice.

»Pero... ¿lo utiliza realmente? ¿Acaso nuestra agonía de verdad realza la belleza del Todo? Y el Todo, ¿es realmente bello? ¿Y qué es la belleza? En toda su existencia, el hombre se ha esforzado por oír la música de las esferas, y le ha parecido que, de vez en cuando, captaba algún fraseo, o incluso una insinuación de la forma total. Aun así, nunca puede estar seguro de haberla oído realmente, ni siquiera de que exista esa música perfecta que ansia oír. Inevitablemente es así; pues, si existe, no es para que él, en su insignificancia, pueda escucharla.

»No obstante, una cosa es cierta. El hombre, por lo menos, es música; un tema magnífico que convierte también en música su vastísimo acompañamiento, su matriz de tormentas y estrellas. El hombre mismo en su condición es eternamente una belleza en la forma eterna de las cosas. Está muy bien

443

haber sido hombre. Y así podemos seguir adelante con el gozo en el corazón, y en paz, dando gracias por el pasado y por nuestro propio coraje. Pues, no obstante, hemos de concluir con una nota justa esta breve música que es el hombre».

FIN....